新编高等院校计算机科学与技术规划教材

数据库原理及应用实验指导

（第 3 版）

钱雪忠　陈国俊　周　顿　主　编

徐　华　钱　瑛　王月海　副主编

北京邮电大学出版社

·北京·

内 容 简 介

本书是作者在长期从事数据库课程教学和科研的基础上,为满足"数据库原理及应用"课程的教学需要而编写的实验指导书。

全书共有 15 个实验及 1 个附录。实验内容全面并与"数据库原理及应用"课程的内容基本对应。实验内容主要包括数据库系统基础操作,数据库基础操作,表与视图的基础操作,SQL 语言操作,嵌入式 SQL 应用,索引及其应用实践、存储过程与触发器的基本操作,数据库安全性,数据库完整性,数据库并发控制,数据库备份与恢复,数据库应用系统设计等。

本书实验内容循序渐进、深入浅出,可作为本科、专科及相关专业"数据库原理及应用"课程的配套实验教材,同时也可以供参加自学考试人员、数据库应用系统开发设计人员等阅读参考使用。

图书在版编目(CIP)数据

数据库原理及应用实验指导 / 钱雪忠,陈国俊,周頔主编. --3 版. -- 北京:北京邮电大学出版社,2015.8 (2025.1 重印)

ISBN 978-7-5635-4416-5

Ⅰ. ①数…　Ⅱ. ①钱…②陈…③周…　Ⅲ. ①数据库系统—高等学校—教学参考资料　Ⅳ. ①TP311.13

中国版本图书馆 CIP 数据核字(2015)第 169142 号

书　　　名:	数据库原理及应用实验指导(第 3 版)
著作责任者:	钱雪忠　陈国俊　周　頔　主编
责 任 编 辑:	徐振华　孙宏颖
出 版 发 行:	北京邮电大学出版社
社　　　址:	北京市海淀区西土城路 10 号(邮编:100876)
发 行 部:	电话:010-62282185　传真:010-62283578
E-mail:	publish@bupt.edu.cn
经　　　销:	各地新华书店
印　　　刷:	保定市中画美凯印刷有限公司
开　　　本:	787 mm×1 092 mm　1/16
印　　　张:	17.75
字　　　数:	466 千字
版　　　次:	2005 年 8 月第 1 版　2010 年 7 月第 2 版　2015 年 8 月第 3 版　2025 年 1 月第 13 次印刷

ISBN 978-7-5635-4416-5　　　　　　　　　　　　　　　　　定　价: 36.00 元

前 言

　　数据库技术是计算机科学技术中发展最快的领域之一,也是应用范围最广、实用性很强的技术之一,它已成为信息社会的核心技术和重要基础。"数据库原理及应用"是计算机科学与技术专业学生的专业必修课程,其主要目的是使学生在较好地掌握数据库系统原理的基础上,熟练掌握较新主流数据库管理系统(如 SQL Server 等)的应用技术,并利用常用的数据库应用系统开发工具(如 Java、.NET、Delphi、PB 平台等)进行数据库应用系统的设计与开发。

　　在 Internet 高速发展的信息化时代,信息资源的经济价值和社会价值越来越明显,建设以数据库为核心的各类信息系统,对提高企业的竞争力与效益、改善部门的管理能力与管理水平,均具有实实在在的重要意义。本实验指导书能合理安排课程实验,引导读者逐步掌握数据库应用的各种技术,为数据库应用系统设计与开发打好基础。

　　目前,在高校教学中,介绍数据库原理与技术类的教材比较多,但与之相适应的实验指导书却比较少,本书是作者在长期从事数据库课程教学和科研的基础上,为满足"数据库原理及应用"课程的教学需要,配合选用《数据库原理及应用(第 4 版)》(钱雪忠等主编,北京邮电大学出版社)教材而编写的实验指导书。由于本实验内容全面,并紧扣课程理论教学内容,使它同样能适用于选用其他数据库课程教材的教学实验需要。

　　本书内容循序渐进、深入浅出、全面连贯,一个个实验使读者可以充分利用较新的 SQL Server 平台来深刻理解并掌握数据库概念与原理,能充分掌握数据库应用技术,能利用 Java、C♯等开发工具进行数据库应用系统的初步设计与开发,达到理论联系实践、学以致用的教学目的与教学效果。本书共有 15 个实验及一个附录,具体如下:

- 实验 1　数据库系统基础操作
- 实验 2　数据库的基本操作
- 实验 3　表与视图的基础操作
- 实验 4　SQL 语言——SELECT 查询操作
- 实验 5　SQL 语言——更新操作命令
- 实验 6　嵌入式 SQL 应用
- 实验 7　索引、关系图等的基本操作
- 实验 8　数据库存储及效率
- 实验 9　存储过程的基本操作
- 实验 10　触发器的基本操作
- 实验 11　数据库安全性
- 实验 12　数据库完整性
- 实验 13　数据库并发控制
- 实验 14　数据库备份与恢复

- 实验15　数据库应用系统设计与开发
- 附录A　PowerDesigner安装与使用简介

本书各实验内容翔实，可边学习、边操作实践、边思考与扩展延伸实验，教学中可按需选做实验，而且各实验内容也可按课时与课程要求的不同而作取舍。

本书可作为本科、专科"数据库原理及应用""数据库系统原理""数据库系统概论""数据库系统导论""数据库系统技术"等课程的配套实验教材，也可以供参加自学考试人员阅读参考，也可以供数据库应用系统开发设计人员应用参考。

本书由江南大学物联网工程学院钱雪忠等主编，全书由钱雪忠、陈国俊、周頔、徐华、钱瑛、王月海、程建敏、马晓梅、陶向东等参与编写，另外，钱恒、邓杰、任看看、施亮、孙志鹏、冯振华、罗靖、韩利钊等参与实验并支持编写。编写中得到江南大学物联网工程学院数据库课程组教师们的大力协助与支持，使编者获益良多，谨此表示衷心的感谢。

由于时间仓促，编者水平有限，书中难免有错误、疏漏和欠妥之处，敬请广大读者与同行专家批评指正。

钱雪忠

目 录

实验 1 数据库系统基础操作 ……………………………………………………… 1

实验目的 ……………………………………………………………………………… 1

背景知识 ……………………………………………………………………………… 1

实验示例 ……………………………………………………………………………… 1

1.1 安装 SQL Server 2014 …………………………………………………… 1

1.2 如何验证 SQL Server 2014 服务的安装成功 …………………………… 7

1.3 认识安装后的 SQL Server 2014 ………………………………………… 8

1.4 SQL Server 服务的启动与停止——SQL Server 配置管理器 ………… 9

1.5 SQL Server 2014 的一般使用 …………………………………………… 11

实验内容与要求 …………………………………………………………………… 20

实验 2 数据库的基本操作 ……………………………………………………… 22

实验目的 …………………………………………………………………………… 22

背景知识 …………………………………………………………………………… 22

实验示例 …………………………………………………………………………… 23

2.1 创建数据库 ………………………………………………………………… 23

2.2 查看数据库 ………………………………………………………………… 27

2.3 维护数据库 ………………………………………………………………… 28

实验内容与要求 …………………………………………………………………… 36

实验 3 表与视图的基本操作 …………………………………………………… 39

实验目的 …………………………………………………………………………… 39

背景知识 …………………………………………………………………………… 39

实验示例 …………………………………………………………………………… 41

3.1 创建和修改表 ……………………………………………………………… 41

3.2 表信息的交互式查询与维护 ……………………………………………… 49

3.3 删除表 ……………………………………………………………………… 52

3.4 视图的创建与使用 ………………………………………………………… 52

3.5 表或视图的导入与导出操作 ······················· 58

实验内容与要求 ·· 60

实验 4   SQL 语言——SELECT 查询操作 ········· 62

实验目的 ·· 62

背景知识 ·· 62

实验示例 ·· 63

实验内容与要求 ·· 71

实验 5   SQL 语言——更新操作命令 ················ 75

实验目的 ·· 75

背景知识 ·· 75

实验示例 ·· 75

实验内容与要求 ·· 79

实验 6   嵌入式 SQL 应用 ···························· 81

实验目的 ·· 81

背景知识 ·· 81

实验示例 ·· 81

6.1 应用系统背景情况 ····································· 81

6.2 系统的需求与总体功能要求 ························· 82

6.3 系统概念结构设计与逻辑结构设计 ·················· 83

6.4 典型功能模块介绍 ····································· 84

6.5 系统运行情况 ·· 91

6.6 其他高级语言中嵌入式 SQL 的应用情况 ············· 92

实验内容与要求（选做） ·· 95

实验 7   索引、数据库关系图等的基本操作 ·········· 96

实验目的 ·· 96

背景知识 ·· 96

实验示例 ·· 96

7.1 索引 ·· 96

7.2 数据库关系图 ··· 101

实验内容与要求（选做） ·· 104

实验 8   数据库存储及效率 ·························· 105

实验目的 ·· 105

背景知识 ……………………………………………………………… 105

实验示例 ……………………………………………………………… 106

实验内容与要求(选做) ……………………………………………… 109

实验 9　存储过程的基本操作 …………………………………… 112

实验目的 ……………………………………………………………… 112

背景知识 ……………………………………………………………… 112

实验示例 ……………………………………………………………… 112

实验内容与要求(选做) ……………………………………………… 118

实验 10　触发器的基本操作 …………………………………… 121

实验目的 ……………………………………………………………… 121

背景知识 ……………………………………………………………… 121

实验示例 ……………………………………………………………… 122

　10.1　DML 触发器 ………………………………………………… 122

　10.2　DDL 触发器 ………………………………………………… 131

实验内容与要求(选做) ……………………………………………… 135

实验 11　数据库安全性 ………………………………………… 139

实验目的 ……………………………………………………………… 139

背景知识 ……………………………………………………………… 139

实验示例 ……………………………………………………………… 140

　11.1　SQL Server 安全性概述 …………………………………… 140

　11.2　SQL Server 的验证模式 …………………………………… 141

　　11.2.1　Windows 身份验证模式 ……………………………… 141

　　11.2.2　混合身份验证模式 ……………………………………… 141

　　11.2.3　设置验证模式 …………………………………………… 141

　11.3　登录管理 …………………………………………………… 142

　　11.3.1　系统管理员登录账户 …………………………………… 142

　　11.3.2　使用 Management Studio 管理 SQL Server 登录账户 …… 142

　　11.3.3　用 T-SQL 管理 SQL Server 登录账户 ………………… 143

　　11.3.4　管理登录的最新 T-SQL 命令 ………………………… 145

　11.4　用户管理 …………………………………………………… 146

　　11.4.1　登录名与数据库用户名的关系 ………………………… 146

　　11.4.2　使用 Management Studio 管理数据库用户 …………… 146

　　11.4.3　用 T-SQL 管理数据库用户 …………………………… 147

11.4.4 改变数据库所有权 ··· 148

11.5 角色管理 ·· 149

11.5.1 public 角色 ··· 149

11.5.2 固定服务器角色 ·· 149

11.5.3 数据库角色 ··· 151

11.5.4 用户定义的角色 ·· 152

11.5.5 应用程序角色 ·· 154

11.5.6 安全存储过程 ·· 156

11.6 权限管理 ·· 156

11.6.1 权限类型 ··· 157

11.6.2 管理权限 ··· 158

11.7 加密机制 ·· 164

11.7.1 SQL Server 数据库最新加密特性 ··· 164

11.7.2 用户架构分离 ·· 166

11.7.3 安全与加密函数 ·· 166

11.7.4 密码策略 ··· 167

实验内容与要求（选做） ·· 167

实验 12 数据库完整性 ·· 172

实验目的 ·· 172

背景知识 ·· 172

实验示例 ·· 172

实验内容与要求（选做） ·· 177

实验 13 数据库并发控制 ·· 179

实验目的 ·· 179

背景知识 ·· 179

实验示例 ·· 182

实验内容与要求（选做） ·· 192

实验 14 数据库备份与恢复 ·· 193

实验目的 ·· 193

背景知识 ·· 193

实验示例 ·· 194

14.1 指定数据库的恢复模式 ··· 194

14.2 备份设备管理 ··· 195

14.3 数据库备份 ………………………………………………………… 196

14.3.1 使用 Management Studio 创建完整备份 ………………… 196

14.3.2 使用 Management Studio 创建完整差异备份 …………… 197

14.3.3 使用 Management Studio 创建事务日志备份 …………… 197

14.3.4 使用 Management Studio 创建文件和文件组备份 ……… 197

14.3.5 BACKUP 命令 …………………………………………… 198

14.4 数据库还原 ………………………………………………………… 200

14.4.1 还原完整备份 ……………………………………………… 200

14.4.2 使用 Management Studio 还原事务日志备份 …………… 202

14.4.3 RESTORE 命令 …………………………………………… 203

14.5 SQL Server 的数据复制或移动方法 ……………………………… 206

实验内容与要求(选做) ………………………………………………… 207

实验 15 数据库应用系统设计与开发 ………………………………… 210

实验目的 …………………………………………………………………… 210

背景知识 …………………………………………………………………… 210

实验示例 …………………………………………………………………… 211

15.1 企业员工管理系统 ………………………………………………… 211

15.1.1 开发环境与开发工具 ……………………………………… 211

15.1.2 系统需求分析 ……………………………………………… 211

15.1.3 功能需求分析 ……………………………………………… 211

15.1.4 系统设计 …………………………………………………… 212

15.1.5 系统功能的实现 …………………………………………… 215

15.1.6 测试运行和维护 …………………………………………… 223

15.2 企业库存管理及 Web 网上订购系统 …………………………… 225

15.2.1 开发环境与开发工具 ……………………………………… 225

15.2.2 系统需求分析 ……………………………………………… 226

15.2.3 功能需求分析 ……………………………………………… 230

15.2.4 系统设计 …………………………………………………… 231

15.2.5 数据库初始数据的加载 …………………………………… 238

15.2.6 库存管理系统的设计与实现 ……………………………… 238

15.2.7 系统的编译与发行 ………………………………………… 249

15.2.8 网上订购系统的设计与实现 ……………………………… 249

15.2.9 小结 ………………………………………………………… 253

实验内容与要求(选做) ………………………………………………… 254

附录 A   PowerDesigner 安装与使用简介 ······················· 258

A.1   安装与了解 PowerDesigner ····························· 258

A.1.1   目标 ··· 258

A.1.2   背景知识 ··· 258

A.1.3   实验内容 ··· 258

A.2   PowerDesigner 概念模型设计 ························· 260

A.2.1   目标 ··· 260

A.2.2   背景知识 ··· 260

A.2.3   实验内容 ··· 260

A.3   PowerDesigner 自动生成 PDM ······················· 271

A.3.1   目标 ··· 271

A.3.2   背景知识 ··· 271

A.3.3   实验内容 ··· 272

参考文献 ·· 274

实验1　数据库系统基础操作

实验目的

安装某数据库系统,了解数据库系统的组织结构和操作环境,熟悉数据库系统的基本使用方法。

背景知识

学习与使用数据库,首先要选择并安装某数据库系统产品(数据库管理系统,DBMS)。目前,主流中大型数据库系统有 ORACLE、SQL Server、Sybase、MySQL、Informix、Ingres、DB2、Interbase、PostgreSQL、MaxDB、SQL/DS 等。桌面或小型数据库系统有 Access 系列、VFP 系列、DBASE、Foxbase、Foxpro 等。

而国产数据库产品或原型系统有中国人民大学、北京大学、中软总公司和华中理工大学合作研发的 COBASE 数据库管理系统,人大金仓信息技术有限公司研制的通用并行数据库管理系统 Kingbase ES 和小金灵嵌入式数据库系统,中国人民大学数据与知识工程研究所研发的 PBASE 并行数据库管理系统、EASYBASE 桌面数据库管理系统和 PBASE 并行数据库安全版等。此外,还有东软集团的 Openbase 数据库管理系统、武汉达梦的 DM 系列(http://www.dameng.com/)、南大通用(天津南开创元信息技术有限公司和北京宏泰安信息技术有限公司联合创立)、神舟通用等。但这些产品在商品化和成熟度方面还不令人满意,在应用方面缺乏规模,还有待进一步扩展国内市场。

这里将以 SQL Server 2014 Express 为例介绍数据库系统的基本操作,相关数据库基本内容也涵盖了 SQL Server 2012/2008/2005 等版本,为此也是同样可参考的。

实验示例

1.1　安装 SQL Server 2014

SQL Server 2014 有 32 位和 64 位两种版本可用。SQL Server 2014 的 64 位版本安装方法与 32 位版本基本相同,即通过安装向导或命令提示符进行安装。

SQL Server 2014 有企业版、商务智能版、标准版、Web 版、Express 版等不同版本。

 自己动手

　　了解 SQL Server 2014 各版本支持的功能及安装等，请参见网址：http://technet. microsoft. com/library/cc645993。

　　SQL Server 的 Express 版本是免费版本，功能较企业版、标准版等稍逊色，但对于学习或普通的基本使用是足够的，为此本书将以 SQL Server 2014 Express 版为主要介绍与使用对象，其他版本的安装与基本使用类似。

　　下载 Microsoft SQL Server 2014 Express 的网址为：http://msdn. microsoft. com/zh-cn/evalcenter/dn434042. aspx，其中有多个 Express 版本可供选择。本实验选用"Express 及工具（SQLEXPRWT）"，该软件包含将 SQL Server 作为数据库服务器进行安装和配置所需的所有内容，包括完整 SQL Server 2014 Management Studio 版本（其他稍有差异的 Express 版本详见网址 http://technet. microsoft. com/library/cc645993）。

　　下载一般要求先注册或登录一个已有的 Microsoft 账户，再选择下载。这里选择"Express 及工具（SQLEXPRWT）"后下载到的自压缩与自安装文件为 SQLEXPRWT_x86_CHS-2014. exe。

　　双击"SQLEXPRWT_x86_CHS-2014. exe"文件，开始安装 SQL Server 2014 Express 版。

图 1-1　稍候消息框

　　（1）双击"SQLEXPRWT_x86_CHS-2014. exe"文件，经过自释放、自动运行过程，有一个时间过程，中间会出现如图 1-1 所示的消息框，告知请稍候。

　　（2）稍候出现如图 1-2 所示的安装中心选择窗。左边"计划""安装""维护""工具""资源"是一级功能菜单，如是首次安装则目前处在安装阶段。右边显示有全新独立安装或从低版本升级到 2014 两个操作选项。在此，选"全新 SQL Server 独立安装或向现有安装添加功能"操作项。

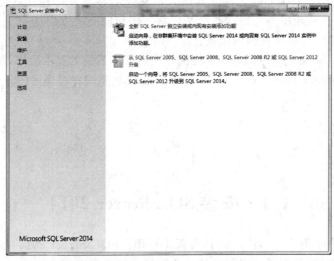

图 1-2　SQL Server 安装中心

（3）许可条款。要安装 SQL Server 2014 必须要接受 Microsoft 软件许可条款。因此,选中"我接受许可条款(A)"后,单击"下一步(N)",如图 1-3 所示。

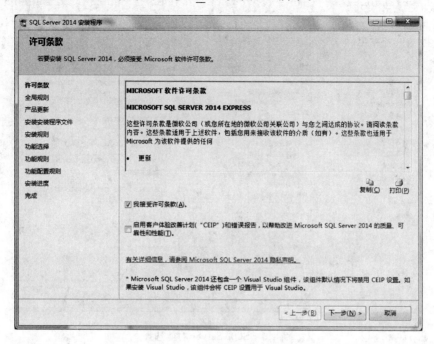

图 1-3 SQL Server 许可条款

（4）安装程序文件。如果找到 SQL Server 安装程序的更新并指定要包含在内,则将安装该更新,然后单击"下一步(N)",如图 1-4 所示。

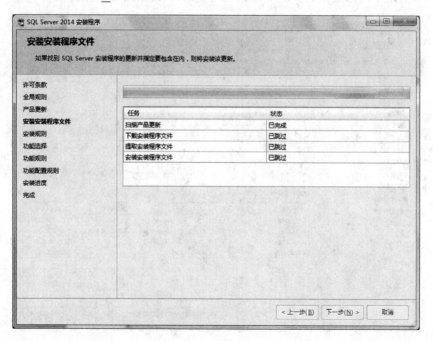

图 1-4 SQL Server 安装更新程序文件

（5）功能选择。选择要安装的 SQL Server Express 功能,然后单击"下一步(N)",如

图 1-5 所示。

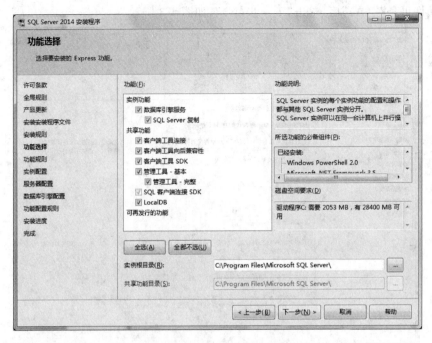

图 1-5　SQL Server 功能选择

（6）实例配置。指定 SQL Server 实例的名称和实例 ID，实例 ID 将成为安装路径的一部分。PC 上若是首次安装，可选择"默认实例"，即实例为机器名；若安装多个 SQL Server 软件版本时，必须指定不同的实例名。然后单击"下一步(N)"，如图 1-6 所示。

图 1-6　SQL Server 实例配置

（7）服务器配置。服务账号与排序规则的配置，指定服务账号后，右边列可指定启动类型。排序规则将决定以后数据库中内容的排序效果。指定后单击"下一步(N)"，如图 1-7 所示。

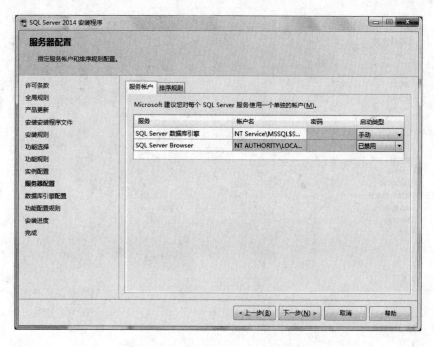

图 1-7　SQL Server 服务器配置

　　(8) 数据库引擎配置。本步骤指定数据库引擎身份验证安全模式、管理员和数据目录等。如指定混合模式(SQL Server 身份验证和 Windows 身份验证)，需对系统管理员(sa)账户指定密码，指定后单击"下一步(N)"，如图 1-8 所示，注意：这里采用了混合模式。

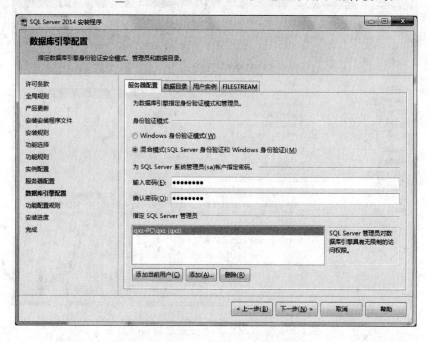

图 1-8　SQL Server 数据库引擎配置

（9）安装进度。本步骤显示数据库系统的安装进度，安装完成后，单击"下一步(N)"，如图 1-9 所示。

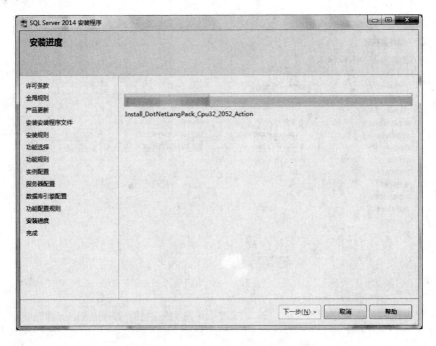

图 1-9　显示 SQL Server 安装进度

（10）完成。显示成功完成信息，查看产品文档及摘要日志等，单击"关闭"。至此，SQL Server 2014 Express 版本已成功完成安装，如图 1-10 所示。

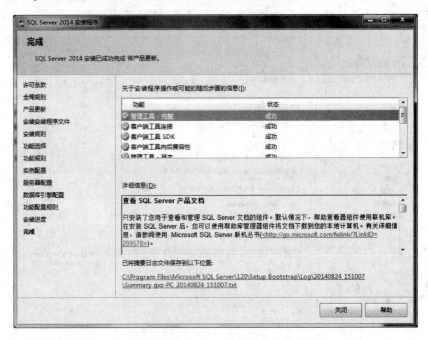

图 1-10　显示 SQL Server 已成功安装完成

自己动手

① 下载并安装 Microsoft SQL Server 2005 Express，网址为 http://www.microsoft.com/zh-cn/download/details.aspx? id＝21844。

② 下载并安装 Microsoft SQL Server 2008 Express with Tools，网址为 http://www.microsoft.com/zh-cn/download/details.aspx? id＝22973。

③ 下载并安装 Microsoft SQL Server 2008 R2 RTM － Express，网址为 http://www.microsoft.com/zh-cn/download/details.aspx? id＝3743。

④ 下载并安装 Microsoft SQL Server 2012 Express，网址为 http://www.microsoft.com/zh-cn/download/details.aspx? id＝29062。

⑤ 下载并安装 Microsoft SQL Server 2014 Express，网址为 http://msdn.microsoft.com/zh-cn/evalcenter/dn434042.aspx。

注意：随时间推移下载地址可能会有变化。

1.2　如何验证 SQL Server 2014 服务的安装成功

若要验证 SQL Server 2014 安装成功，需确保安装的服务正运行于计算机上。检查 SQL Server 服务是否正在运行的方法：在"控制面板"中，双击"管理工具"，再双击"服务"，然后查找相应的服务显示名称，如图 1-11 所示。

图 1-11　Windows 系统服务操作界面

表 1-1 列出了服务显示名称及其提供的服务（表中有的服务 Express 版并不具有）。

表 1-1　SQL Server 2014 服务显示名称及其提供的服务

名　称	服　务
SQL Server（MSSQLSERVER）	SQL Server 数据库引擎的默认实例
SQL Server（instancename）	SQL Server 数据库引擎的命名实例，其中 instancename 是实例的名称

名　称	服　务
SQL Server 代理 （MSSQLSERVER）	SQL Server 代理的默认实例。SQL Server 代理可以运行作业，监视 SQL Server，激发警报，以及允许自动执行某些管理任务
SQL Server 代理 （instancename）	SQL Server 代理的命名实例，其中 instancename 是实例的名称。SQL Server 代理可以运行作业，监视 SQL Server，激发警报，以及允许自动执行某些管理任务
Analysis Services （MSSQLSERVER）	Analysis Services 的默认实例
分析服务器 （instancename）	Analysis Services 的命名实例，其中 instancename 是实例的名称
Reporting Services	Microsoft Reporting Services 的默认实例
Reporting Services （instancename）	Reporting Services 的命名实例，其中 instancename 是实例的名称

提示与技巧：实际服务名称与其显示名称会略有不同，通过右键单击服务并选择"属性"可以查看服务名称；如果服务没有运行，通过右键单击服务再单击"启动"启动服务；如果服务无法启动，则请检查服务属性中的.exe路径，确保指定的路径中存在.exe。

1.3　认识安装后的 SQL Server 2014

SQL Server 2014 安装成功后会在开始菜单中生成类似如图 1-12 所示的程序组与程序项。

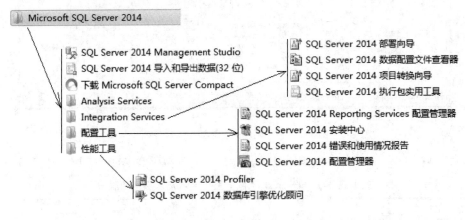

图 1-12　安装后 SQL Server 2014 程序菜单情况

SQL Server 2014 默认安装在 C 盘的"\Program Files"目录下，其目录布局类似图 1-13。

SQL Server 2014 包括一组完整的图形工具和命令行实用工具，有助于用户、程序员和管理员提高工作效率。下面就 SQL Server 2014 主要组件及其使用作一些介绍。

图1-13 SQL Server 2014安装后目录文件布局情况

1.4 SQL Server 服务的启动与停止
——SQL Server 配置管理器

SQL Server 配置管理器(SQL Server Configuration Manager)管理与 SQL Server 相关的服务。尽管其中许多任务可以使用 Windows 服务对话框来完成,但值得注意的是 SQL Server 配置管理器还可以对其管理的服务执行更多的操作(如在服务账户更改后应用正确的权限)。使用普通的 Windows 服务对话框配置任何 SQL Server 服务都可能会造成服务无法正常工作。使用 SQL Server 配置管理器可以完成下列服务任务:①启动、停止和暂停服务;②将服务配置为自动启动或手动启动,禁用服务,或者更改其他服务设置;③更改 SQL Server 服务所使用的账户的密码;④使用跟踪标志(命令行参数)启动 SQL Server;⑤查看服务的属性等。

下面就 SQL Server 配置管理器的基本使用作简单的介绍。

先启动 SQL Server 配置管理器,方法是:依次单击"开始"→"所有程序"→"Microsoft SQL Server 2014"→"配置工具"→"SQL Server 配置管理器"。SQL Server 配置管理器启动后的界面如图1-14所示。选中某服务后能通过菜单或工具或鼠标右键弹出的快捷菜单实施操作。

图1-14 SQL Server Configuration Manager 主界面

如图 1-14 所示，在"SQL Server（SQLEXPRESS）"服务记录上弹出快捷菜单，可以停止或暂停该服务。若按"属性"菜单，则出现如图 1-15 所示的属性对话框，可设置登录身份为"内置账户"或"本地账户"。选择"服务"选项卡，可查看服务信息，能设置启动模式，在"高级"选项卡中能查看与设置高级选项。

图 1-15　SQL Server（MSSQLSERVER）属性对话框

在 SQL Server 配置服务器左边，单击"SQL Server 2014 网络配置"中的"MSSQLSERVER 的协议"，右边呈现可用协议名，在"TCP/IP"协议上按鼠标右键，能"禁用"或"启用"该协议，按"属性"菜单项（或双击该协议）能弹出"TCP/IP"属性对话框，从中能做一些设置工作或查看属性信息。

使用 SQL Server 2014 之前，首先要启动并连接到 SQL Server 2014 数据库引擎基本服务。数据库服务器引擎一般在 Windows（如 Windows XP 等）任务栏最右端的信息栏中有图标指示，如图 1-16 所示，图左边状态表示服务器引擎正在运行，图右边状态表示服务器引擎已停止工作。服务器引擎的启动与停止操作，也能利用服务器引擎图标上的快捷菜单（按鼠标右键）来直接操作，参见图 1-17。

图 1-16　SQL Server 服务器引擎在信息栏中的状态

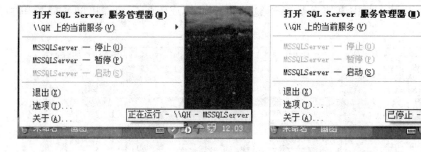

图 1-17　SQL Server 服务器引擎图标上的快捷菜单

1.5 SQL Server 2014 的一般使用

1. SQL Server 管理集成器

SQL Server 集成管理器（SQL Server Management Studio，SSMS）是为 SQL Server 数据库管理员和开发人员提供的新工具。此工具由 Microsoft Visual Studio 内部承载，它提供了用于数据库管理的图形工具和功能丰富的开发环境。SSMS 将 SQL Server 2000 企业管理器、Analysis Manager 和 SQL 查询分析器的功能集于一身，还可用于编写 MDX，XMLA 和 XML 语句。

SSMS 是一个功能强大且灵活的工具。但是，初次使用 Visual Studio 的用户有时无法以最快的方式访问所需的功能。下面来介绍 Management Studio 的基本使用方法。

启动 SQL Server Management Studio，在"开始"菜单上，依次单击"所有程序"→"Microsoft SQL Server 2014"→"SQL Server Management Studio"。出现如图 1-18 所示的展示屏幕。

图 1-18 SQL Server 2014 展示屏幕

接着打开 Management Studio 窗体，首先会弹出"连接到服务器"对话框（如图 1-19）。在"连接到服务器"对话框中，采用默认设置（Windows 身份验证），再单击"连接"。默认情况下，Management Studio 中将显示 2 个组件窗口，如图 1-20 所示。

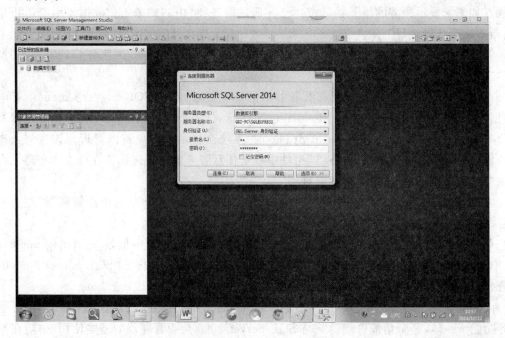

图 1-19 打开时的 SQL Server Management Studio

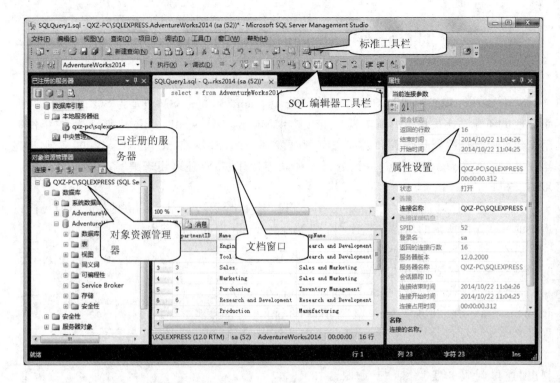

图 1-20　SQL Server Management Studio 的窗体布局

　　"已注册的服务器"窗口列出的是经常管理的服务器。可以在此列表中添加和删除服务器。如果计算机上以前安装了 SQL Server 2000 企业管理器，则系统将提示导入已注册服务器的列表。否则，列出的服务器中仅包含运行 Management Studio 的本机上的 SQL Server 实例。如果未显示所需的服务器，请在"已注册的服务器"中右键单击"数据库引擎"，再单击"更新本地服务器注册"。

　　"已注册的服务器"功能区其功能对应于早期"SQL Server 2000 的服务管理器"程序所具有的功能。

　　对象资源管理器可以管理所有服务器中的所有对象，包括 SQL Server Database Engine（数据库引擎）、Analysis Services、Reporting Services、Integration Services 和 Azure 存储系统等服务器的对象。打开 Management Studio 时，系统会提示将对象资源管理器连接到上次使用的设置。可以在"已注册的服务器"组件中双击任意服务器进行连接或在任意服务器上右击并在"连接"菜单中单击"对象资源管理器"。

　　"对象资源管理器"功能区的功能对应于早期"SQL Server 2000 的企业管理器"左边的树型目录结构所具有的功能。

　　单击标准工具栏上的"新建查询"，将出现文档窗口，文档窗口一般是在 Management Studio 中的中间或右边。打开着的"查询编辑器"文档窗口的功能对应于"SQL Server 2000 的查询分析器"所具有的功能。

　　由此可见 Management Studio 集 SQL Server 2000 的企业管理器、查询分析器、服务管理器等功能于一体，是个集成管理器。与 SQL Server 2000 企业管理器的基本使用一样，在对象资源管理器中，在对象上通过快捷菜单尝试各种对相应对象的操作，是学习并掌握 SSMS 基本使用的最基本方法。下面是基本使用举例说明。

在对象资源管理器中展开某数据库,如 AdventureWorks 及其表文件夹,选中某表如 HumanResources.Department,在其上单击鼠标右键,在弹出的快捷菜单中单击"编辑前 200 行"菜单项,出现如图 1-21 所示的界面,该界面功能同 SQL Server 2000 的企业管理器中打开表的表内容管理功能界面,在显示的表内容上可以完成表记录的添加、修改、删除等的维护功能,请读者尝试操作。

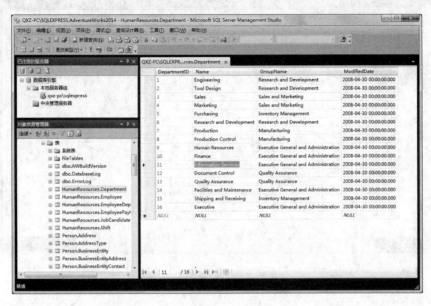

图 1-21　在 SSMS 中打开并维护表内容的界面

在打开表 HumanResources.Employee 后,单击查询设计器工具条上的 键,表维护子窗体拆分成上下两部分(如图 1-22 所示),上部分显示打开表相应的 SELECT 查询命令,在这里可以输入并执行其他 SQL 命令。读者可改换另一表名来修改查询命令,并单击查询设计器工具条上的 键来执行新命令。读者可尝试按查询设计器工具条上的其他按钮来执行不同的功能。

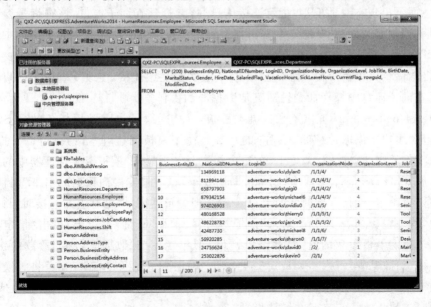

图 1-22　打开的维护表拆分成上下两部分

　　如图 1-22 所示，右部文档子窗体以"选项卡式文档"方式出现，鼠标点选某选项卡并拖动，选项卡文档能以独立窗口形式操作，如图 1-23 所示。

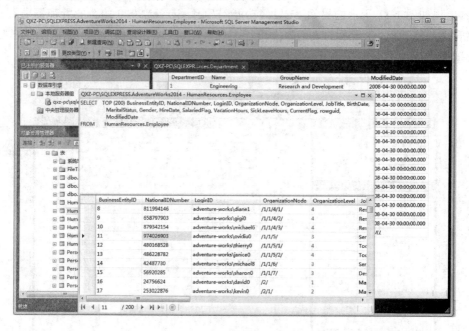

图 1-23　在查询子窗口中执行一批 T-SQL 命令

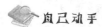自己动手

　　类似地，可以通过拖动，当拖动到十字形定位器中心出现时，再设置还原到选项卡式文档布局。

　　直接单击标准工具条上的"新建查询(N)"，在出现"连接到服务器"对话框（也可能继承原有连接信息而不出现本对话框）并指定连接信息后，能打开查询子窗口，该查询子窗口提供了类似于早期 SQL Server 2000 的查询分析器查询窗口所提供的功能。在此子窗口中能输入并执行各种 Transact-SQL 命令。根据需要，单击"新建查询(N)"能打开多个查询子窗口分别独立执行各自的命令。单击"SQL 编辑器"工具条上的 更改连接，能改变查询子窗口的连接信息，可实现查询子窗口中操作命令针对其他数据源的操作。

　　Management Studio 还提供了大量脚本模板，其中包含了许多常用任务的 T-SQL 语句。这些模板包含用户提供的值（如表名称）的参数。使用模板创建脚本，请执行以下操作：①在 Management Studio 的"视图"菜单上，单击模板资源管理器；②模板资源管理器中的模板是分组列出的，展开"Database"，再双击"Create Database"；③在"连接到数据库引擎"对话框中，填写连接信息，再单击"连接"，此时将打开一个新查询编辑器窗口（已有当前连接时，将直接打开查询窗口），其中包含"Create Database"模板的内容；④在"查询"菜单上，单击"指定模板参数的值"；⑤在"指定模板参数的值"对话框中，"值"列包含一个"数据库名称"参数的建议值，在"数据库名称"参数框中，键入 Marketing，再单击"确定"，请注意"Marketing"将替换脚本中的几个位置；⑥单击"执行"或按 F5 或在"查询"菜单中单击"执行"菜单项，来运行生成脚本，这样能成功创建"Marketing"数据库（如图 1-24 所示）。

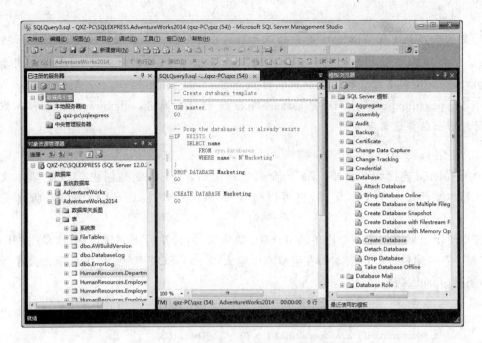

图 1-24　使用模板创建并执行模板脚本

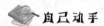 自己动手

　　请利用同样的使用模板创建脚本的方法来删除刚创建的数据库"Marketing"。

2. sqlcmd 实用工具教程

　　可以使用 sqlcmd 实用工具（Microsoft Win32 命令提示实用工具）来运行特殊的 T-SQL 语句和脚本。若要以交互方式使用 sqlcmd，或要生成可使用 sqlcmd 来运行的脚本文件，则需要了解 T-SQL。通常以下列方式使用 sqlcmd 实用工具：在 sqlcmd 环境中，以交互的方式输入 T-SQL 语句，输入方式与在命令提示符下输入的方式相同，命令提示符窗口中会显示结果（选择其他方式除外）。

　　可以通过下列方式提交 sqlcmd 作业：指定要执行的单个 T-SQL 语句，或将实用工具指向包含要执行的 T-SQL 语句的脚本文件。

　　（1）启动 sqlcmd

　　使用 sqlcmd 的第一步是启动该实用工具。启动 sqlcmd 时，可以指定也可以不指定连接的 SQL Server 实例。

　　① 依次单击"开始"→"所有程序"→"附件"→"命令提示符"。闪烁的下划线字符即为命令提示符。在命令提示符处，键入 sqlcmd，按 Enter 键。

　　②"1>"是 sqlcmd 提示符，可以指定行号。每按一次 Enter 键显示的数字就会加 1。

　　③ 现在已使用可信连接连接到计算机上运行的默认 SQL Server 实例。

　　④ 若要终止 sqlcmd 会话，请在 sqlcmd 提示符处键入 EXIT。

　　⑤ 若要使用 sqlcmd 连接到名为 myServer 的 SQL Server 命名实例，必须使用"-S"选项启动 sqlcmd，如键入 sqlcmd -S myServer，按 Enter 键。

提示与技巧：①Windows 身份验证是默认的身份验证。若要使用 SQL Server 身份验证，必须使用-U 和-P 选项指定用户名和密码，"sqlcmd -?"能得到选项说明；②请使用要连接的 SQL Server 实例名称替换上述步骤中的 myServer，如 sqlcmd -S qxz-pc\sqlexpress 或 sqlcmd -S qxz-pc\sqlexpress -U sa -Psasasasa（qxz-pc 为服务器名，sqlexpress 为实例名，默认实例名时只给出服务器名即可）。

（2）使用 sqlcmd 运行 T-SQL 脚本文件

使用 sqlcmd 连接到 SQL Server 的命名实例之后，下一步便是创建 T-SQL 脚本文件。T-SQL脚本文件是一个文本文件，它可以包含 T-SQL 语句、sqlcmd 命令以及脚本变量的组合。

若要使用记事本创建一个简单的 T-SQL 脚本文件，请执行下列操作：依次单击"开始"→"所有程序"→"附件"→"记事本"；在记事本中输入以下 T-SQL 代码，并在 C 驱动器中保存为C:\myScript. sql 文件。

```
USE AdventureWorks  -- 缺省时均认为使用 SQL 2005 的 AdventureWorks 数据库
SELECT c.FirstName + ' ' + c.LastName AS 'Employee Name',
        a.AddressLine1 , a.AddressLine2 , a.City, a.PostalCode
FROM Person.Contact AS c INNER JOIN HumanResources.Employee AS e
    ON c.ContactID = e.ContactID INNER JOIN HumanResources.EmployeeAddress ea ON
ea.EmployeeID = e.EmployeeID INNER JOIN Person.Address AS a ON a.AddressID = ea.AddressID


--或
USE AdventureWorks2014  -- 使用了 SQL 2014 的 AdventureWorks2014 数据库
/ ****** Script for SelectTopNRows command from SSMS   ****** /
SELECT TOP 1000 *
  FROM [AdventureWorks2014].[HumanResources].[Employee] e INNER JOIN
  [AdventureWorks2014].[HumanResources].[Department] d on e.BusinessEntityID = d.DepartmentID
```

① 运行脚本文件：打开命令提示符窗口，在命令提示符窗口中，键入 sqlcmd -S myServer -i C:\myScript. sql，按 Enter 键。AdventureWorks 员工的姓名和地址列表便会输出到命令提示符窗口。

② 将此输出保存到文本文件中：打开命令提示符窗口。在命令提示符窗口中，键入 sqlcmd -S myServer -i C:\myScript. sql -o C:\EmpAdds. txt，按 Enter 键。命令提示符窗口中不会生成任何输出，而是将输出发送到 EmpAdds. txt 文件。可以打开 EmpAdds. txt 文件来查看此输出操作，如图 1-25 所示。

3. SQL Server Profiler

SQL Server Profiler（事件探查器）是一个功能丰富的界面，用于创建和管理跟踪，并分析和重播跟踪结果。对 SQL Server Profiler 的使用取决于出于何种目的监视 SQL Server Database Engine 实例。例如，如果正处于生产周期的开发阶段，则您会更关心如何尽可能地获取所有的性能详细信息，而不会过于关心跟踪多个事件会造成多大的系统开销。相反，如果正在监视生产服务器，则会希望跟踪更加集中，并尽可能占用较少的时间，以便尽可能地减轻服务器的跟踪负载。使用 SQL Server Profiler 可以：

① 监视 SQL Server Database Engine、分析服务器或 Integration Services 的实例（在它们发生后）的性能；

② 调试 T-SQL 语句和存储过程；

③ 通过标识低速执行的查询来分析性能；

④ 通过重播跟踪来执行负载测试和质量保证；

⑤ 重播一个或多个用户的跟踪；

⑥ 通过保存显示计划的结果来执行查询分析；

⑦ 在项目开发阶段，通过单步执行语句来测试 T-SQL 语句和存储过程，以确保代码按预期方式运行；

⑧ 通过捕获生产系统中的事件并在测试系统中重播这些事件来解决 SQL Server 中的问题，这对测试和调试很有用，并使得用户可以不受干扰地继续使用生产系统；

⑨ 审核和检查在 SQL Server 实例中发生的活动，这使得安全管理员可以检查任何审核事件，包括登录尝试的成功与失败，以及访问语句和对象的权限的成功与失败；

⑩ 将跟踪结果保存在 XML 中，以提供一个标准化的层次结构来跟踪结果，这样可以修改现有跟踪或手动创建跟踪，然后对其进行重播；

⑪ 聚合跟踪结果以允许对相似事件类进行分组和分析，这些结果基于单个列分组提供计数；

⑫ 允许非管理员用户创建跟踪；

⑬ 将性能计数器与跟踪关联以诊断性能问题；

⑭ 配置可用于以后跟踪的跟踪模板。

图 1-25　sqlcmd 运行示意图

下面以新建一个一般跟踪来说明事件探查器的基本使用。先启动事件探查器，方法是：依次单击"开始"→"所有程序"→"Microsoft SQL Server 2014"→"性能工具"→"SQL Server 2014 Profiler"。单击"文件"菜单中的"新建跟踪"菜单项或直接单击工具栏上的"新建跟踪"，出现"连接到服务器"对话框。设置连接信息后单击"连接"，能出现跟踪属性对话框。

在对话框中，在"跟踪名称"文本框中输入本次新建跟踪的名称 P3，使用模板选择为标准默认值，选择"保存到文件"复选框，指定要保存的跟踪文件（C:\Documents and Settings\Administrator\My Documents\P3.trc），选择"保存到表"复选框，在弹出的对话框中指定要保存到的数据库及表（QXZ-2.［AdventureWorks］.［dbo］.［P3］）。还可以指定其他选项。

单击"事件选择"选项卡，可以选择并指定要跟踪的事件。

确定后单击"运行"。新建跟踪 P3 创建完成，能看到如图 1-26 所示的跟踪画面。可以在 Management Studio 的某一查询窗口中执行一条查询命令，如 select ＊ from Person.contact，可以在跟踪窗中立即看到被跟踪到的该条命令。跟踪时可以通过工具栏上的工具键直接控制跟踪的相关操作，如查找字符串（🔍）、清除跟踪窗口（🧹）、暂停所选跟踪（▋▋）、停止所选跟踪（■）等。P3 跟踪产生的信息除了在跟踪窗口中能查看外，它还同时保存到了跟踪文件及跟踪表中，能被同时或以后打开查看。

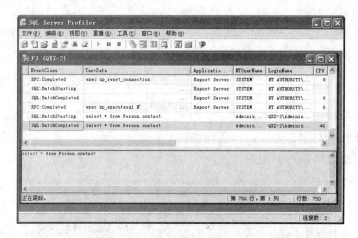

图 1-26   事件跟踪中

自己动手

①执行其他数据库操作观察事件跟踪情况。②找到同时生成的跟踪文件及跟踪表，打开并查看跟踪信息。③自己新建一个跟踪，掌握对事件探查器的基本使用。

4. 数据库引擎优化顾问

使用数据库引擎优化顾问（Database Engine Tuning Advisor）可以优化数据库，提高查询处理的性能。数据库引擎优化顾问检查指定数据库中处理查询的方式，然后建议如何通过修改物理设计结构（如索引、索引视图和分区）来改善查询处理性能。

数据库引擎优化顾问取代了 SQL Server 2000 中的索引优化向导，并提供了许多新增功能。例如，数据库引擎优化顾问提供两个用户界面：图形用户界面（GUI）和 dta 命令提示实用工具。使用 GUI 可以方便快捷地查看优化会话结果，而使用 dta 实用工具则可以轻松地将数据库引擎优化顾问功能并入脚本中，从而实现自动优化。此外，数据库引擎优化顾问可以接受 XML 输入，该输入可对优化过程进行更多控制。

通过数据库引擎优化顾问，可以优化数据库、管理优化会话并查看优化建议。对物理设计结构很熟悉的用户可使用此工具执行探索性数据库优化分析。数据库优化初学者也可使用此工具为其优化的工作负荷找到最佳物理设计结构配置。

第一次使用时,必须由 sysadmin 固定服务器角色的成员来启动数据库引擎优化顾问,以初始化应用程序。初始化后,db_owner 固定数据库角色的成员便可使用数据库引擎优化顾问来优化他们拥有的数据库。

下面来实现数据库引擎优化顾问的基本操作(即实现对工作负荷 T-SQL 脚本文件的优化工作),先启动数据库引擎优化顾问,方法是:依次单击"开始"→"所有程序"→"Microsoft SQL Server 2014"→"性能工具"→"SQL Server 2014 数据库引擎优化顾问"。数据库引擎优化顾问启动时首先会出现"连接到服务器"对话框,如图 1-27 所示。

默认情况下,数据库引擎优化顾问将打开类似如图 1-28 所示的界面(数据库引擎优化顾问不支持 SQL Server Express 版本),数据库引擎优化顾问 GUI 中将显示两个主窗格。

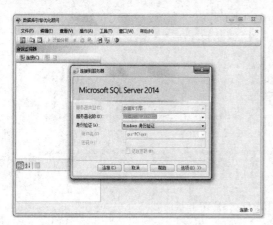

图 1-27　连接到数据库引擎优化顾问

图 1-28　SQL Server 2005 默认新建会话

左窗格包含会话监视器,其中列出已对此 SQL Server 实例执行的所有优化会话。打开数据库引擎优化顾问时,在窗格顶部将显示一个新会话。这是数据库引擎优化顾问为您自动创建的默认会话。

右窗格包含"常规"和"优化选项"两个选项卡。在此可以定义数据库引擎优化会话。在"常规"选项卡中,键入优化会话的名称,指定要使用的工作负荷文件或表,并选择要在该会话中优化数据库和表等。

工作负荷是对要优化的一个或多个数据库执行的一组 T-SQL 语句,这里指定工作负荷文件为 myScript. sql,其脚本内容详见 1.5 节中"sqlcmd 实用工具教程"。限于篇幅,详细的优化过程自己摸索试用。

5. SQL Server 联机丛书

SQL Server 2014 Express 安装不带联机丛书,SQL Server 2014 联机丛书可由如下网址获得：http://msdn. microsoft. com/zh-cn/library/ms130214. aspx 或 http://technet. microsoft. com/zh-cn/library/ms130214. aspx。

单击 MSDN 网址后,SQL Server 2014 联机丛书如图 1-29 所示。

该 Web 帮助界面可直观操作,窗口区域分为左右两部分,左边是树型目录结构,能单击展开各级分类帮助项,右边为含文档链接或超链接的帮助信息。请读者自己展开浏览来查阅联机帮助。

6. SQL Server 2014 的退出

退出有两个层次,一个层次是退出或关闭 SQL Server 2014 某程序项,如 SQL Server

2014 的集成管理器，方法即关闭相应窗体，这时对其他人的使用不产生实质的影响；另一层次是停止或关闭 SQL Server 2014 的数据库服务器引擎，方法见"SQL Server 服务的启动与停止"一节，此时，其他人将不能再使用 SQL Server 2014 数据库服务器。

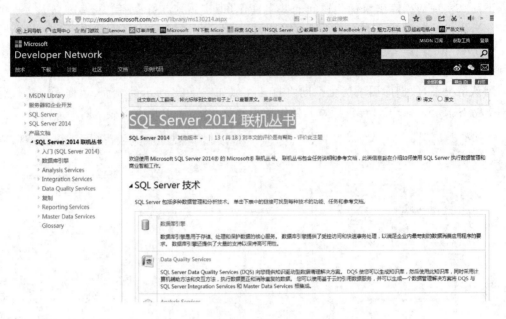

图 1-29 "SQL Server 2014 联机丛书"Web 帮助界面

实验内容与要求

（1）选择一个常用的数据库产品，如 ORACLE、SQL Server、Sybase、MySQL、Informix、Ingres、DB2、Interbase、PostgreSQL、MaxDB、SQL/DS、VFP、Access 等，进行实际的安装操作，并记录安装过程。可参照实验示例，亲自安装 SQL Server 2014/2012/2008/2005（或 Express 版）的某一版本于计算机上，并记录安装机器的软件、硬件平台、网络状况等。

（2）运行选定的数据库产品，了解数据库启动与停止、运行与关闭等情况。了解数据库系统可能有的运行参数、启动程序所在目录、其他数据库文件所在目录等情况。可参照实验示例，重点对 SQL Server 2014/2012/2008/2005（或 Express 版）数据库管理系统实施基本操作。

（3）熟悉数据库产品的操作环境，如字符界面还是图形界面，熟悉数据库产品的基本操作方法。

① 参照实验示例，初步使用 SQL Server 2014 集成管理器及 Web 联机丛书，在联机丛书中全面了解把握 SQL Server 2014 的基本概念、知识、功能增强等。

② SQL Server 2014 也提供 DOS 字符操作界面，可以依次单击"开始"→"所有程序"→"附件"→"命令提示符"，进入 DOS 命令提示符窗口；或依次单击"开始"→"运行"，输入 cmd 然后单击"确定"来启动 DOS 命令提示符窗口。在 DOS 窗口中学习使用 sqlcmd 或 osql 字符界面操作程序（sqlcmd. exe 与 osql. exe 程序一般位于 C:\Program Files\Microsoft SQL Server\120\Tools\Binn 或 C:\Program Files\Microsoft SQL Server\Client SDK\ODBC\110\Tools\Binn 目录中）。可以输入 sqlcmd -? 或 osql -? 先得到帮助，然后通过命令使用它们，

如在 DOS 命令提示符窗口中输入并执行(不要输入括号内的说明):

```
> sqlcmd -E ↙                          (信任方式登录到本机的 SQL Server 服务器上,"↙"表示回车键)
1 > Use AdventureWorks↙                (这里选定了 SQL 2005 的 AdventureWorks 数据库)
2 > Go ↙                               (执行 use AdventureWorks 命令)
1 > SELECT * FROM Production.ProductCategory ↙
                                       (从 Production.ProductCategory 表中查询所有记录)
2 > Go ↙                               (执行 Select * from Production.ProductCategory 命令)
1 > Exit↙                              (退出 sqlcmd 程序)
```

(4) 了解 SQL Server 中的示例数据库 AdventureWorks2014、AdventureWorks2012、AdventureWorks2008、AdventureWorks2005 或 SQL Server 2000 中的示例数据库 pubs 和 Northwind,查看其中有哪些用户表,表中有哪些记录数据,各表及其属性的含义等。

(5) 了解数据库系统提供的其他辅助工具,并初步了解其功能,初步掌握其使用方法。

(6) 选择若干典型的数据库管理系统产品,如 VFP 系列、Access 系列、SQL Server 系列、Oracle 等,了解它们包含哪些主要模块及各模块主要功能,初步比较各数据库管理系统在功能上的异同和强弱。

(7) 根据以上实验内容与要求,上机操作后组织编写实验报告。

实验2 数据库的基本操作

实验目的

掌握数据库的基础知识,了解数据库的物理组织与逻辑组成情况,学习创建、修改、查看、缩小、更名、删除等数据库的基本操作方法。

背景知识

数据库管理系统是操作与管理数据的系统软件,它一般都提供两种操作与管理数据的手段:一种是相对简单易学的交互式界面操作方法;另一种是程序设计人员通过命令或代码(SQL Server 中称为 Transact-SQL)的方式来操作与管理数据的使用。前一种方法无须掌握命令,初学者能较快学习与掌握,是本次实验重点要介绍与安排的实验内容。后一种方法主要采用于程序或开发设计出的应用系统中,是深入应用数据库技术所必需的。

中大型数据库系统数据的组织方式一般是:数据库是一个逻辑总体,它由表、视图、存储过程、索引、用户等其他众多逻辑单位组成。数据库作为一个整体对应于磁盘中的一个或多个磁盘文件。SQL Server 即是这种组织方式。

SQL Server 的数据库有 3 种类型的文件来组织与存储数据:①主文件(.mdf)包含数据库的启动信息,主文件还可以用来存储数据,每个数据库都包含一个主文件;②次要文件(.ndf)保存所有主要数据文件中容纳不下的数据。如果主文件大到足以容纳数据库中的所有数据,就不需要有次要数据文件,而另一些数据库可能非常大,需要多个次要数据文件,也可能使用多个独立磁盘驱动器上的次要文件,以将数据分布在多个磁盘上;③事务日志文件(.ldf)用来保存恢复数据库的日志信息,每个数据库必须至少有一个事务日志文件(尽管可以有多个),事务日志文件大小最小为 512 KB,为此,每个数据库至少有两个文件,即一个主文件和一个事务日志文件。

例如,可以创建一个简单的数据库 Sales,其中只包括一个包含所有数据和对象的主要文件和一个包含事务日志信息的日志文件。也可以创建一个更复杂的数据库 Orders,其中包括 1 个主要文件和 5 个次要文件,数据库中的数据和对象分散在所有 6 个文件中,而 4 个日志文件包含事务日志信息。

默认情况下,数据和事务日志被放在同一个驱动器上的同一个路径下。这是为处理单磁盘系统而采用的方法。但是,在实际企业应用环境中,这可能不是最佳的方法。建议将数据和日志文件放在不同的磁盘上。

为了便于分配和管理,可以将数据文件集合起来放到文件组中。每个数据库有一个主要文件组。此文件组包含主要数据文件和未放入其他文件组的所有次要文件。可以创建用户定义的文件组,用于将数据文件集合起来,以便于管理、数据分配和放置。

数据库总是处于一个特定的状态中,这些状态包括 ONLINE、OFFLINE 或 SUSPECT。

本章实验中虽然也给出了 Transact-SQL 命令操作方法,但重点为交互式界面操作方法,而交互式界面操作的核心操作方法是灵活利用鼠标在不同对象上弹出的快捷菜单上来操作,请在操作中充分体会这一点。

◉ 实验示例

创建数据库是实施数据库应用系统的第一步,创建合理结构的数据库需要合理的规划与设计,需要了解数据库物理存储结构与逻辑结构。数据库是表的集合,数据库中包含的各类对象如视图、索引、存储过程、同义词、可编程性对象、安全性对象等,都是以表的形式存储在数据库中的。

2.1 创建数据库

若要创建数据库,必须确定数据库的名称、所有者、大小以及存储该数据库的文件和文件组。请注意,创建数据库的用户将成为该数据库的所有者。

可以通过在 Management Studio 中的交互方式或利用 CREATE DATABASE 语句来创建数据库。

1. 使用 Management Studio 创建数据库

在 Management Studio 的"对象资源管理器"中展开已连接数据库引擎的节点。在"对象资源管理器"中,在"数据库"节点或某用户数据库节点上单击鼠标右键,在弹出的快捷菜单中,选择"新建数据库"菜单项,会弹出如图 2-1 所示的对话框。在右边常规页框中,要求用户确定数据库名称、所有者、是否使用全文索引、数据库文件信息等。数据库文件信息包括分别对数据文件与日志文件的逻辑名称、文件类型、文件组、初始大小、自动增长要求、文件所在路径等的交互指定。当需要更多数据库文件时,可以单击下边的"添加"。实际上对于初学者,只要输入数据库名称就可以了,因为输入后,其他需指定内容都是有缺省值的(以后还可修改)。

完成"常规"页信息指定后,在图 2-1 左边的选择页中单击"选项"页,出现如图 2-2 所示的"选项"页,可按需指定排序规则、恢复模式、兼容级别、其他选项等选项值。

单击"文件组"页能对数据库的文件组信息进行指定(图略),能添加新的"文件组"页以备数据库使用。

如图 2-1、图 2-2 所示,在右边第一行有"脚本"下拉列表框与"帮助"两选项,"脚本"下拉列表框能把新建数据库对话框中已指定的创建数据库信息以脚本(或命令)的形式保存到"新建查询"窗口、文件、剪贴板或作业中。产生的脚本能保存起来,以备以后修改使用。完成所有设定,最后单击"确定",就完成了新数据库的创建。

 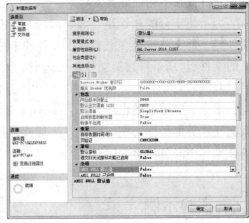

图 2-1 新建数据库对话框   图 2-2 新建数据库选项的指定

2. 使用 T-SQL 命令创建数据库

创建数据库的 T-SQL 命令是 CREATE DATABASE,掌握该命令的语法结构后,可直接写出数据库创建命令。

（1）使用 CREATE DATABASE 命令

使用 CREATE DATABASE 命令,能创建一个新数据库及存储该数据库的文件,能创建一个数据库快照,或能从先前创建的数据库的已分离文件中附加数据库。具体基本语法:

```
CREATE DATABASE database_name [ CONTAINMENT = {NONE| PARTIAL}][ ON [ PRIMARY ] [ <filespec>
[,…n] [ , <filegroup> [,…n ] ] [ LOG ON {<filespec> [,…n]}]] [COLLATE collation_name ][ WITH <
external_access_option> ]][;]
    CREATE DATABASE database_name  ON <filespec> [,…n ] FOR { ATTACH [ WITH <service_broker_op-
tion> ] | ATTACH_REBUILD_LOG } [;]          -- 附件一个数据库
    CREATE DATABASE database_snapshot_name ON (NAME = logical_file_name,FILENAME =
´os_file_name´)[,…n ] AS SNAPSHOT OF source_database_name[;] -- 创建数据库快照
    <filespec>:: = { ( NAME = logical_file_name , FILENAME = ´os_file_name´
    [,SIZE = size [KB|MB|GB|TB]] [,MAXSIZE = {max_size [ KB | MB | GB | TB ] | UNLIMITED }] [,FILEGROWTH
= growth_increment [KB|MB|GB|TB| % ] })[,…n]}
    <filegroup> :: = { FILEGROUP filegroup_name [ DEFAULT ] <filespec> [,…n ] }
```

请查阅 SQL Server 2014 的联机帮助,以便了解更详细的命令信息（下同,不再提示）。完整的 CREATE DATABASE 命令较复杂,但采用缺省值最简单的创建命令只要提供数据库名称即可,如 CREATE DATABASE jxgl,它创建了一个新的数据库"jxgl"。

例 2.1 创建未指定详细文件信息的数据库,本例创建名为 jxgl 的数据库,并创建相应的主文件和事务日志文件。因为语句没有<filespec>项,所以主数据库文件的大小为 model 数据库主文件的大小。事务日志将设置为下列值中的较大者:512 KB 或主数据文件大小的25％。因为没有指定 MAXSIZE,文件可以增大到填满所有可用的磁盘空间为止。

```
USE master;  -- 操作数据库,往往要求 master 为当前数据库,以下可略该命令
IF DB_ID(N´jxgl´) IS NOT NULL DROP DATABASE jxgl;      --判断是否已有? 有则先删
CREATE DATABASE jxgl;                     -- 创建数据库
SELECT name, size,size * 1.0/128 AS [Size in MBs]
FROM sys.master_files WHERE name = N´jxgl´;      -- 验证数据库文件和其文件大小
-- 比较早期版本,创建数据库的缺省大小有所变大
```

例 2.2　创建指定数据和事务日志文件的数据库,本例将创建数据库 Sales。因为没有使用关键字 PRIMARY,第一个文件(Sales_dat)将成为主文件。因为在 Sales_dat 文件的 SIZE 参数中没有指定 MB 或 KB,将使用 MB 并按 MB 分配。Sales_log 文件以 MB 为单位进行分配,因为 SIZE 参数中显式声明了 MB 后缀。

```
IF DB_ID (N´Sales´) IS NOT NULL DROP DATABASE Sales;
-- 得到 SQL Server 存放数据库文件的路径
DECLARE @data_path nvarchar(256);        -- @data_path 中存放 SQL Server 数据库路径
SET @data_path = (SELECT SUBSTRING(physical_name,1,CHARINDEX(N´master.mdf´, LOWER(physical_
name))-1) FROM master.sys.master_files WHERE database_id = 1 AND file_id = 1);
EXECUTE (´CREATE DATABASE Sales ON (NAME = Sales_dat, FILENAME = ´´´ + @data_path + ´saledat.
mdf´´,SIZE = 10,MAXSIZE = 50, FILEGROWTH = 5) LOG ON (NAME = Sales_log, FILENAME = ´´´ + @data_path
+ ´salelog.ldf´´,SIZE = 5MB, MAXSIZE = 25MB, FILEGROWTH = 5MB)´);
-- 上命令,通过 EXECUTE 执行 CREATE DATABASE 命令
```

例 2.3　创建一个 student 数据库,其中主文件组包含主要数据文件 student1_dat(该文件放在 C 盘根目录)和次要数据文件 student2_dat(其他文件均放在 SQL Server 数据缺省的安装目录中)。另有两个次要文件组:studentGroup1 包含 studentg11_dat 和 studentg12_dat 两个次要数据文件;次要文件组 studentGroup2 包含 studentg21_dat 和 studentg22_dat 两个次要数据文件。日志的逻辑文件名为 student_log。根据这些要求,在新建查询窗口中,输入创建数据库的完整命令如下:

```
IF DB_ID (N´student´) IS NOT NULL DROP DATABASE student;
-- @data_path 的取值请参阅上例中的设置语句,即运行本例时上例 DECLARE、SET 语句应放此处
EXECUTE (´CREATE DATABASE student ON PRIMARY
( NAME = student1_dat,FILENAME = ´´c:\student1_dat.mdf´´,SIZE = 5,MAXSIZE = 50,FILEGROWTH = 15 % ),
( NAME = student2_dat,FILENAME = ´´´ + @data_path + ´student2_dat.ndf´´,SIZE = 5,MAXSIZE = 50,FILE-
GROWTH = 15 % ),
FILEGROUP studentGroup1
(NAME = studentg11_dat,FILENAME = ´´´ + @data_path + ´studentg11_dat.ndf´´,SIZE = 5,MAXSIZE = 50,
FILEGROWTH = 5),( NAME = studentg12_dat,FILENAME = ´´´ + @data_path + ´studentg12_dat.ndf´´,SIZE = 5,
MAXSIZE = 50,FILEGROWTH = 5),
FILEGROUP studentGroup2
(NAME = studentg21_dat,FILENAME = ´´´ + @data_path + ´studentg21_dat.ndf´´,SIZE = 5,MAXSIZE = 50,
FILEGROWTH = 5),( NAME = studentg22_dat,FILENAME = ´´´ + @data_path + ´studentg22_dat.ndf´´,SIZE = 5,
MAXSIZE = 50,FILEGROWTH = 5)
LOG ON ( NAME = student_log,FILENAME = ´´´ + @data_path + ´studentlog.ldf´´,
SIZE = 5MB,MAXSIZE = 25MB,FILEGROWTH = 5MB)´);  -- 以执行字符串命令形式执行
```

提示与技巧:使用文件组对文件进行分组,以便于管理和数据的分配与放置,提高数据存取的整体性能。

例 2.4　附加数据库。以下示例分离示例 2.2 中创建的数据库 Sales,然后使用 FOR AT-TACH 子句附加该数据库。Sales 定义为具有多个数据和日志文件。但是,由于文件的位置自创建后没有发生更改,所以只需在 FOR ATTACH 子句中指定主文件。在 SQL Server 2014 中,要附加的数据库中包含的所有全文文件也将随之一起附加。

SP_DETACH_DB Sales;

GO --得到 SQL Server 存放数据库文件的路径，@data_path 的取值请参阅例 2.2，注意运行本例时 DE-CLARE、SET 语句应放此处（GO 语句后）

EXEC（´CREATE DATABASE Sales ON（FILENAME = ´´´ + @data_path + ´saledat.mdf´´）FOR ATTACH´）; -- 执行 CREATE DATABASE 附加 Sales 数据库

例 2.5 创建数据库快照。以下示例创建数据库快照 sales_snapshot0800。由于数据库快照是只读的，所以不能指定日志文件。为了符合语法要求，指定了源数据库中的每个文件，但没有指定文件组。该示例的源数据库是在示例 2.2 中创建的 Sales 数据库。

EXECUTE（´CREATE DATABASE sales_snapshot0800 ON（NAME = Sales_dat，FILENAME = ´´´ + @data_path + ´saledat_0800.ss´´）AS SNAPSHOT OF Sales´）; --注意 Express 版本不支持 Database Snapshot

（2）通过模板创建数据库

掌握 CREATE DATABASE 命令有困难时，还可利用 SQL Server 2014 提供的命令模板，产生创建数据库的命令脚本，这样基本能傻瓜型地完成命令式数据库的创建。方法为：

① 在标准工具栏上单击模板资源管理器按钮，在 Management Studio 右边，能出现图 2-3 所示的模板资源管理器。

② 展开"Database"节点。其中包含了关于数据库的一系列模板，如 Attach Database、Bring Database Online、CREATE DATABASE on Multiple Filegroups、CREATE DATABASE、Create Snapshot 等。

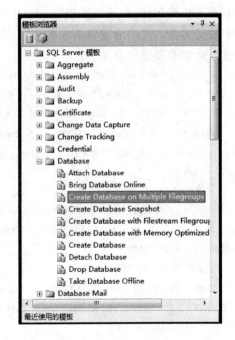

③ 双击一种创建数据库的模板如"CREATE DATABASE on Multiple Filegroups"，出现"连接到数据库引擎"对话框（或采用当前连接而不出现对话框），指定连接信息后单击"连接"，在打开的新查询窗口中已生成了含多文件组的数据库创建脚本。脚本中尖括号括起部分为模板参数，含参数的模板脚本还不能直接执行，可直接给参数指定值或利用"指定模板参数的值"工具完成参数值的替换。

④ "指定模板参数的值"工具在"SQL 编辑器"工具条上（菜单"视图"→"工具栏"→"SQL 编辑器"能选出的"SQL 编辑器"工具条）。点选后出现"指定模板参数的值"对话框，其中主要有

图 2-3 模板浏览器

含"参数、类型、值"三列的一张表格，其中"值"这一列是要改动的参数值，一一修改后，单击"确定"，参数就全部替换过来了，接着查看脚本，也可自己直接修改命令选项，然后可单击 ✓ 分析代码的语法结构，单击 ❗执行(X)执行脚本，这样数据库就创建好了。

 自己动手

实践例题中介绍的数据库的多种创建方法，并作分析比较。

2.2　查看数据库

1．查看数据库元数据

可以使用各种目录视图、系统函数和系统存储过程来查看数据库、文件、分区和文件组的属性。表2.1列出了返回有关数据库、文件和文件组信息的目录视图、系统函数和系统存储过程。

表 2-1　查看数据库元数据的常用目录视图、系统函数和系统存储过程

视　　图	函　　数	存储过程和其他语句
Sys. databases	DATABASE_PRINCIPAL_ID	sp_databases
Sys. database_files	DATABASEPROPERTYEX	sp_helpdb
Sys. data_spaces	DB_ID	sp_helpfile
Sys. filegroups	DB_NAME	sp_helpfilegroup
Sys. allocation_units	FILE_ID	sp_spaceused
Sys. master_files	FILE_IDEX	DBCC SQLPERF
Sys. partitions	FILE_NAME	
Sys. partition_functions	FILEGROUP_ID	
Sys. partition_parameters	FILEGROUP_NAME	
Sys. partition_range_values	FILEGROUPPROPERTY	
Sys. partition_schemes	FILEPROPERTY	
Sys. dm_db_partition_stats	fn_virtualfilestats	

（1）视图的使用：Select * from sys. databases。表2-1列出 SQL Server 实例中的每个数据库的元数据信息，一个数据库对应一行。元数据信息有数据库名称（name）（在 SQL Server 实例中唯一）、数据库 ID（database_id）、数据库快照的源数据库 ID（source_database_id）、数据库的创建或重命名日期（create_date）、对应于兼容行为的 SQL Server 版本的整数（compatibility_level）、数据库的排序规则（collation_name）等。

（2）函数的使用：FILE_NAME（file_ID）。返回给定文件标识（ID）号的逻辑文件名，以下示例返回 jxgl 数据库中的 file_ID＝1 和 file_ID＝2 的文件名。

```
USE jxgl; SELECT FILE_NAME(1),FILE_NAME(2);
```

（3）存储过程的使用：sp_helpdb。报告有关指定数据库或所有数据库的信息。以下示例显示有关运行 SQL Server 的服务器上所有数据库的信息。

```
exec sp_helpdb;
```

2．数据库属性的查看或设置

通过查看数据库元数据，能查看到数据库的属性，但通过命令方式不是那么直观的。查看数据库属性最直接的方法还是通过数据库属性对话框。其方法是在"对象资源管理器"中选择某数据库，鼠标右键快捷菜单中选"属性"菜单项。在如图 2-4 所示的窗口中，单击左上方的选项，能直观查看到分类的属性，并能对一些属性直接设置。这也是最方便地修改数据库的一种方法。

图 2-4　数据库属性窗口

至于数据库中含有的逻辑内容（数据库关系图、表、视图等）的查看与修改，交互式的方法是在图 1-22 所示的数据库展开的树型结构中直接地单击并通过鼠标右键弹出的快捷菜单进行操作。

2.3　维护数据库

创建数据库后，可以对其原始定义进行更改，包括扩展、收缩、添加或删除数据文件，分离或附加数据库，移动、重命名、删除数据库等。这些数据库的修改操作可以交互式完成，也可以通过 T-SQL 命令完成。交互式修改或操作数据库主要是通过鼠标右键的快捷菜单完成，如图 2-5 所示。这里主要就通过 T-SQL 命令修改数据库的实现作简单的介绍。

ALTER DATABASE 命令的部分语法：

ALTER DATABASE database_name {<add_or_modify_files>|<add_or_modify_filegroups>| <set_database_options>|MODIFY NAME = new_database_name| COLLATE collation_name}[;]

<add_or_modify_files>∷ = {ADD FILE <filespec> [,…n][TO FILEGROUP {filegroup_name|DEFAULT}]|ADD LOG FILE <filespec> [,…n]|REMOVE FILE logical_file_name| MODIFY FILE <filespec>}

<filespec>∷ = (NAME = logical_file_name [,NEWNAME = new_logical_name][,FILENAME = ′os_file_name′][,SIZE = size [KB|MB|GB|TB]][,MAXSIZE = {max_size [KB|MB|GB|TB] |UNLIMITED}][, FILEGROWTH = growth_increment [KB|MB|GB|TB| %]][,OFFLINE])

… -- 省略 ALTER DATABASE 的其他子句

1. 扩展数据库

SQL Server 2014 可根据创建数据库时定义的增长参数自动扩展数据库。也可以通过在现有的数据库文件上分配更多文件空间，或在另一个新文件上分配空间来手动扩展数据库。如果现有的文件已满，则可能需要扩展数据或事务日志的空间。如果数据库已经用完分配给它的空间且不能自动增长,则会出现编号为 1105 的错误。

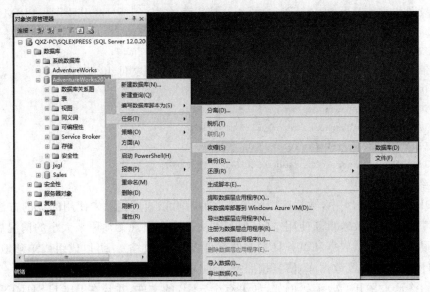

图 2-5 交互式操作数据库的快捷菜单

扩展数据库时,必须使数据库的大小至少增加 1 MB。如果扩展了数据库,则根据被扩展的文件,数据文件或事务日志文件将可以立即使用新空间。

扩展数据库时,应指定允许文件增长到的最大大小。这样可防止文件无限制地增大,以致于用尽整个磁盘空间。若要指定文件的最大大小,可使用 ALTER DATABASE 语句的 MAXSIZE 参数,或在使用 Management Studio 中的"属性"对话框来扩展数据库时,使用"将文件增长限制为(MB)"选项。

扩展数据库与增加数据或事务日志空间的过程是相同的。实现扩展数据库的方法如下:①增加数据库当前使用的默认文件组中文件的大小;②向默认文件组中添加新文件;③允许数据库使用的文件自动增长。

例 2.6 向数据库中添加文件,本例将一个 5 MB 的数据文件添加到 AdventureWorks 数据库。

```
EXECUTE ('ALTER DATABASE AdventureWorks ADD FILE (NAME = Test2dat2,FILENAME = ''' + @data_path
+ 'test2dat2.ndf'',SIZE = 5MB,MAXSIZE = 100MB,FILEGROWTH = 5MB)');
```

例 2.7 向数据库中添加由两个文件组成的文件组,本例在 AdventureWorks 数据库中创建文件组 Test1FG1,然后将两个 5 MB 的文件添加到该文件组。

```
ALTER DATABASE AdventureWorks ADD FILEGROUP Test1FG1;
EXECUTE ('ALTER DATABASE AdventureWorks ADD FILE (NAME = test3dat3,FILENAME = '''
+ 'test3dat3.ndf'', SIZE = 5MB,MAXSIZE = 100MB,FILEGROWTH = 5MB),(NAME = test4dat4,FILENAME = '''
+ @data_path + 'test4dat4.ndf'',SIZE = 5MB, MAXSIZE = 100MB,FILEGROWTH = 5MB) TO FILEGROUP
Test1FG1');
```

例 2.8 向数据库中添加两个日志文件,本例向 AdventureWorks 数据库中添加两个 5 MB 的日志文件。

```
EXECUTE ('ALTER DATABASE AdventureWorks ADD LOG FILE (NAME = test2log2,FILENAME = ''' + @data_path
+ 'test2log2.ldf'', SIZE = 5MB,MAXSIZE = 100MB,FILEGROWTH = 5MB),(NAME = test3log3,FILENAME = '''
+ @data_path + 'test3log3.ldf'',SIZE = 5MB,MAXSIZE = 100MB,FILEGROWTH = 5MB)');
```

例 2.9 使文件组成为默认文件组,本例使用例 2.7 创建的 Test1FG1 文件组为默认文件组。然后,默认文件组被重置为 PRIMARY 文件组。请注意必须使用括号或引号分隔 PRIMARY。

```
ALTER DATABASE AdventureWorks MODIFY FILEGROUP Test1FG1 DEFAULT;
ALTER DATABASE AdventureWorks MODIFY FILEGROUP [PRIMARY] DEFAULT;
```

如下命令做相反的删除操作,恢复 AdventureWorks 的文件组织情况。

```
ALTER DATABASE AdventureWorks remove FILE test3dat3;
ALTER DATABASE AdventureWorks remove FILE test4dat4;
ALTER DATABASE AdventureWorks remove FILE test2log2;
ALTER DATABASE AdventureWorks remove FILE test3log3;
ALTER DATABASE AdventureWorks remove FILEGROUP Test1FG1;
```

2. 收缩数据库

在 SQL Server 2014 中,数据库中的每个文件都可以通过删除未使用的页的方法来减小。尽管数据库引擎会有效地重新使用空间,但某个文件多次出现无须原来大小的情况后,收缩文件就变得很有必要了。数据和事务日志文件都可以减小(收缩)。可以成组或单独地手动收缩数据库文件,也可以设置数据库,使其按照指定的间隔自动收缩。

文件始终从末尾开始收缩。例如,如果有个 5 GB 的文件,并且在 DBCC SHRINKDATA-BASE 语句中将 target_size 指定为 4 GB,则数据库引擎将从文件的最后一个 1 GB 开始释放尽可能多的空间。如果文件中被释放的部分包含使用过的页,则数据库引擎先将这些页重新放置到保留的部分。只能将数据库收缩到没有剩余的可用空间为止。例如,如果某个 5 GB 的数据库有 4 GB 的数据并且在 DBCC SHRINKDATABASE 语句中将 target_size 指定为 3 GB,则只能释放 1 GB。

（1）自动数据库收缩

将 AUTO_SHRINK 选项设置为 ON 后,数据库引擎将自动收缩有可用空间的数据库。命令为:ALTER DATABASE jxgl SET AUTO_SHRINK ON WITH NO_WAIT。数据库引擎会定期检查每个数据库的空间使用情况。如果某个数据库的 AUTO_SHRINK 选项设置为 ON,则数据库引擎将减少数据库中文件的大小。该活动在后台进行,并且不影响数据库内的用户活动。

（2）手动数据库收缩

可以使用 DBCC SHRINKDATABASE 语句或 DBCC SHRINKFILE 语句来手动收缩数据库或数据库中的文件。如果 DBCC SHRINKDATABASE 或 DBCC SHRINKFILE 语句无法回收日志文件中的所有指定空间,则该语句将发出信息性消息,指明必须执行什么操作以便释放更多空间。在该过程中任意时间都可停止 DBCC SHRINKDATABASE 和 DBCC SHRINKFILE 操作,所有已完成工作都将保留。

在使用 DBCC SHRINKDATABASE 语句时,无法将整个数据库收缩得比其初始大小更小。因此,如果数据库创建时的大小为 10 MB,后来增长到 100 MB,则该数据库最小只能收缩到 10 MB,即使已经删除数据库的所有数据也是如此。

但是,使用 DBCC SHRINKFILE 语句时,可以将各个数据库文件收缩得比其初始大小更小。必须对每个文件分别进行收缩,而不能尝试收缩整个数据库。

（3）收缩事务日志

事务日志文件可在固定的边界内收缩。日志中虚拟日志文件的大小决定着可能减小的大小。因此,不能将日志文件收缩到比虚拟日志文件还小。而且,日志文件收缩的增量大小与虚拟日志文件的大小相等。例如,一个大小为 1 GB 的事务日志文件可以由 5 个大小为 200 MB 的虚拟日志文件组成。收缩事务日志文件将删除未使用的虚拟日志文件,但至少会留下两个虚拟日志文件。由于此示例中的每个虚拟日志文件都是 200 MB,因此事务日志最小只能减小到 200 MB,且只能以 200 MB 的大小为增量减小。若要能够将事务日志文件减小得更小,可以创建一个较小的事务日志,并让其自动增长,而不要一次创建一个大型的事务日志文件。在 SQL Server 2014 中,DBCC SHRINKDATABASE 或 DBCC SHRINKFILE 操作会直接尝试将事务日志文件减小到所要求的大小(以四舍五入的值为准)。

例 2.10 命令收缩数据库 jxgl(教学管理)。

```
USE [jxgl]; ALTER DATABASE jxgl SET RECOVERY simple; --设置数据库恢复模式为简单
DBCC SHRINKDATABASE(N´jxgl´)
ALTER DATABASE jxgl SET RECOVERY full;     --设置数据库恢复模式为完整
```

例 2.11 在 Management Studio 中收缩数据库 jxgl。

在 Management Studio 中收缩数据库 jxgl 的步骤为:对象资源管理器→数据库→在 jxgl (具体某一要收缩的数据库)上单击鼠标右键→"任务"→"收缩"→"数据库"菜单项→出现"收缩数据库"对话框→设定选项后,单击"确定"即可。

提示与技巧: 要有效而彻底地收缩数据库,收缩操作之前要设置数据库恢复模式为简单模式。交互式方法是:在 Management Studio 中→选择数据库名称(如 jxgl)→单击右键选择属性→选择选项→在右恢复模式中选择"简单",然后单击"确定"保存。收缩数据库完成后,建议将数据库属性重新设置为完整恢复模式。

例 2.12 命令收缩数据库文件 jxgl(物理文件名 jxgl. mdf)到 8 MB。

```
USE [jxgl]; DBCC SHRINKFILE(jxgl,8);
```

例 2.13 在 Management Studio 中收缩数据库文件 jxgl. mdf。

在 Management Studio 中收缩数据库文件 jxgl. mdf 的步骤为:对象资源管理器→数据库→在 jxgl(具体某一要收缩的数据库)上单击鼠标右键→"任务"→"收缩"→"文件"菜单项→出现"收缩文件"对话框→设定选项后,单击"确定"即可。

自己动手

实践数据库的基本管理方法,特别是数据库属性的查阅、收缩数据库等。

3. 添加和删除数据文件和事务日志文件

可以添加数据和事务日志文件以扩充数据库,也可以删除它们以减小数据库。

SQL Server 在每个文件组中的所有文件间实施按比例填充策略,并使写入的数据量与文件中的可用空间成正比。这可以使新文件立即投入使用。通过这种方式,所有文件通常可以几乎同时充满。但是,事务日志文件不能作为文件组的一部分,它们是相互独立的。事务日志增长时,使用填充到满的策略而不是按比例填充策略,先填充第一个日志文件,然后填充第二个,依此类推。因此,当添加日志文件时,事务日志无法使用该文件,直到其他文件已先填充。

(1)添加文件

添加文件后,数据库可以立即使用该文件。向数据库添加文件时,可以指定文件的大小。文件大小的默认值为 1 MB。如果未指定主文件的大小,数据库引擎将使用 model 数据库中主文件的大小。如果指定了辅助数据文件或日志文件但未指定文件大小,数据库引擎将指定文件大小为 1 MB。为主文件指定的大小至少应与 model 数据库的主文件大小相同。

如果文件中的空间已用完，可以设置该文件应增长到的最大大小。如果需要，还可以设置文件增长的增量。如果未指定文件的最大大小，那么文件将无限增长，直到磁盘已满。如果未指定文件增量，则数据文件的默认增量为 1 MB，日志文件的默认增量为 10％。最小增量为 64 KB。

可以指定文件所属的文件组。文件组是文件的命名集合，用于简化数据存放和管理任务（如备份和还原操作）。添加文件的具体操作，请参阅 2.3 节扩展数据库中的例子。

（2）删除文件

删除数据或事务日志文件将从数据库中删除该文件。只有文件中没有数据或事务日志信息时，才可以从数据库中删除文件，文件必须完全为空，才能够删除。若要将数据从一个数据文件移到同一文件组的其他文件中，请使用 DBCC SHRINKFILE 语句并指定 EMPTYFILE 子句，如 DBCC SHRINKFILE(test3dat3，EMPTYFILE)，test3dat3 是要迁移出数据的文件逻辑名称。由于 SQL Server 不再允许在文件中放置数据，所以可以使用 ALTER DATABASE 语句删除数据，命令如：

ALTER DATABASE AdventureWorks REMOVE FILE test3dat3。

将事务日志数据从一个日志文件移到另一个日志文件不能删除事务日志文件。若要从事务日志文件中删除不活动的事务，必须截断或备份该事务日志。事务日志文件不再包含任何活动或不活动的事务时，可以从数据库中删除该日志文件。

提示与技巧： 添加或删除文件后，请立即创建数据库备份。在创建完整的数据库备份之前，不应该创建事务日志备份。

① 删除一个数据库文件 test2dat2：

ALTER DATABASE AdventureWorks REMOVE FILE test2dat2；

② 在 Management Studio 中添加数据或日志文件的步骤依次为：对象资源管理器→数据库→在 jxgl（具体某一要添加文件的数据库）上单击鼠标右键→"属性"→出现"数据库属性"对话框→"选择页"中点选"文件"→右下单击"添加"→指定文件逻辑名称及其他文件选项后，单击"确定"即可。

③ 在 Management Studio 中删除数据或日志文件的步骤依次为：对象资源管理器→数据库→在 jxgl（具体某一要删除文件的数据库）上单击鼠标右键→"属性"→出现"数据库属性"对话框→"选择页"中点选"文件"→右边选中要删除的文件行，单击右下"删除"→最后，单击"确定"即可。

4. 设置数据库选项

可以为每个数据库都设置若干个决定数据库特征的数据库级选项。这些选项对于每个数据库都是唯一的，而且不影响其他数据库。当创建数据库时，这些数据库选项设置为默认值，而且可以使用 ALTER DATABASE 语句的 SET 子句来更改这些数据库选项。此外，Management Studio 可以用来设置这些选项中的大多数，设置方法是：对象资源管理器→数据库→在 jxgl（某一数据库）上单击鼠标右键→"属性"→出现"数据库属性"对话框→"选择页"中点选"选项"→在右边针对各不同选项，直接选择或指定相应选项值→最后，单击"确定"即可。

若要更改所有新创建的数据库的任意数据库选项的默认值，请更改 model 数据库中的相应的数据库选项。例如，对于随后创建的任何新数据库，如果希望 AUTO_SHRINK 数据库选项的默认设置都为 ON，则将 model 的 AUTO_SHRINK 选项设置为 ON，命令如：ALTER DATABASE model SET AUTO_SHRINK ON WITH NO_WAIT。设置了数据库选项之后，将自动产生一个检查点，它会使修改立即生效。以下举例说明。

（1）设置 AdventureWorks 示例数据库的恢复模式和数据页面验证选项：

`ALTER DATABASE AdventureWorks SET RECOVERY FULL, PAGE_VERIFY CHECKSUM;`

（2）将数据库设置为 READ_ONLY。

将数据库或文件组的状态更改为 READ_ONLY 或 READ_WRITE 需要具有数据库的独占访问权。以下示例将数据库设置为 SINGLE_USER 模式，以获得独占访问权。然后，该示例将 AdventureWorks 数据库的状态设置为 READ_ONLY，然后将对数据库的访问权返回给所有用户。

`ALTER DATABASE AdventureWorks SET SINGLE_USER WITH ROLLBACK IMMEDIATE;`

马上启动 sqlcmd，验证发现已不能再打开 AdventureWorks 数据库，如图 2-6 所示。

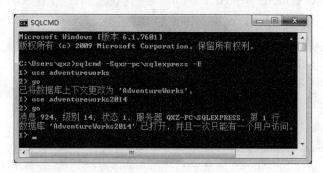

图 2-6　单用户下，再在 sqlcmd 打开 AdventureWorks 数据库失败

```
ALTER DATABASE AdventureWorks SET READ_ONLY;        --设置数据库为只读
ALTER DATABASE AdventureWorks SET MULTI_USER;       -- 设置数据库为多用户方式
ALTER DATABASE AdventureWorks SET READ_WRITE;       -- 又设置数据库为可读写
```

使数据库脱机，下面的示例使数据库 pubs 在没有用户访问时进入脱机状态：

`ALTER DATABASE AdventureWorks SET OFFLINE;   -- 设置数据库为脱机状态`

使数据库联机，下面的示例使数据库 pubs 进入联机状态：

`ALTER DATABASE AdventureWorks SET ONLINE;   -- 设置数据库为联机状态`

例 2.14　AdventureWorks 数据库启用快照隔离框架选项。

```
USE AdventureWorks;  -- 先检查 AdventureWorks 数据库的快照隔离框架选项状态
SELECT name,snapshot_isolation_state,snapshot_isolation_state_desc AS description  FROM sys.
databases WHERE name = N´AdventureWorks´;
GO
ALTER DATABASE AdventureWorks SET ALLOW_SNAPSHOT_ISOLATION ON;--设置快照隔离框架选项状态
```

-- 再利用上面的 SELECT 语句检查 AdventureWorks 数据库的快照隔离框架选项状态，结果集显示快照隔离框架已启用

5. 分离和附加数据库

可以分离数据库的数据和事务日志文件，然后将它们重新附加到同一或其他 SQL Server 实例。如果要将数据库更改到同一计算机的不同 SQL Server 实例或要移动数据库，分离和附加数据库会很有用。

（1）分离数据库

分离数据库是指将数据库从 SQL Server 实例中删除，但使数据库在其数据文件和事务日志文件中保持不变。之后，就可以使用这些文件将数据库附加到任何 SQL Server 实例，包括分离该数据库的服务器。如果存在下列 3 种情况，则不能分离数据库。

① 已复制并发布数据库。如果进行复制，则数据库必须是未发布的。必须通过运行 sp_replicationdboption 禁用发布后，才能分离数据库。如果无法使用 sp_replicationdboption，可以通过运行 sp_removedbreplication 删除复制。

② 数据库中存在数据库快照。必须首先删除所有数据库快照，然后才能分离数据库。要注意不能分离或附加数据库快照。

③ 数据库处于可疑状态。在 SQL Server 2014 中，无法分离可疑数据库，必须将数据库置入紧急模式，才能对其进行分离。将数据库置入紧急模式命令如：ALTER DATABASE [jxgl] SET emergency；而 ALTER DATABASE jxgl SET offline 命令将数据库 jxgl 置入脱机状态；ALTER DATABASE jxgl SET online 命令将数据库 jxgl 置入联机状态。

分离数据库的方法如下所示。

① 通过 sp_detach_db 命令

通过 sp_detach_db 命令分离数据库的语法为：

```
sp_detach_db [ @dbname = ] ´dbname´ [ , [ @skipchecks = ] ´skipchecks´ ][ , [ @KeepFulltextIn-
dexFile = ] ´KeepFulltextIndexFile´]
```

其中，skipchecks，KeepFulltextIndexFile 的值可以是 TRUE，FALSE，NULL 等。

例 2.15 分离数据库 jxgl 的命令如下所示。

```
SP_DETACH_DB ´jxgl´,´true´,´true´  --分离时,跳过 UPDATE STATISTICS,不删除与数据库关联的所有全
文索引文件以及全文索引的元数据
```

② 在 Management Studio 中分离数据库

在 Management Studio 中分离数据库的步骤为：对象资源管理器→数据库→在 jxgl（为某一要分离的数据库名）上单击鼠标右键→"任务"→"分离"→出现"分离数据库"对话框→在对话框右边指定分离选项：要"删除连接"？ 要"更新统计信息"？ 要"保留全文目录"？ →单击"确定"即可。

（2）附加数据库

可以附加复制的或分离的 SQL Server 数据库。在 SQL Server 2014 中，数据库包含的全文文件随数据库一起附加。

通常，附加数据库时会将数据库重置为它分离或复制时的状态。但是，在 SQL Server 2014 中，附加和分离操作都会禁用数据库的跨数据库所有权链接（有关启用链接的信息，请参阅 cross db ownership chaining 选项）。此外，附加数据库时，TRUSTWORTHY 均设置为 OFF（可通过 ALTER DATABASE 设置为 ON）。

附加数据库时，所有数据文件（MDF 文件和 NDF 文件）都必须可用。如果任何数据文件的路径不同于首次创建数据库或上次附加数据库时的路径，则必须指定文件的当前路径。

附加数据库的方法如下所示。

① 通过 CREATE DATABASE 命令附加

通过 CREATE DATABASE 命令附加数据库的语法：

```
CREATE DATABASE database_name ON <filespec> [ ,…n] FOR { { ATTACH [ WITH <attach_database_op-
```

tion> [,…n]]}|ATTACH_REBUILD_LOG }[;]

例 2.16 附加已分离了的数据库 jxgl。

EXECUTE ('CREATE DATABASE jxgl ON (NAME = jxgl,FILENAME = ''' + @data_path + 'jxgl.mdf'') FOR AT-
TACH');

② 在 Management Studio 中附加数据库

在 Management Studio 中附加数据库的步骤依次为：对象资源管理器→数据库→"附加"→出现"附加数据库"对话框→单击右中"添加"→在"定位数据库文件"对话框中，选择要附加的数据库的主数据文件→单击"确定"返回→最后，按"确定"完成附加。

使用分离和附加操作移动数据库分为以下阶段：①分离数据库；②将数据库文件移到其他服务器磁盘上；③通过指定移动文件的新位置附加数据库。

③ 通过 sp_attach_db 命令

附加数据库 jxgl 的命令为（注意不鼓励使用）：

EXECUTE ('EXEC sp_attach_db @dbname = N''jxgl'', @filename1 = ''' + @data_path + 'jxgl.
mdf'', @filename2 = ''' + @data_path + 'jxgl_log.ldf'';')

自己动手

实践数据库分离和附加操作，这也是数据库备份、移动等的实用方法。

6. 重命名数据库

在 SQL Server 2014 中，可以更改数据库的名称。在重命名数据库之前，应该确保没有人使用该数据库，而且该数据库设置为单用户模式。数据库名称可以包含任何符合标识符规则的字符。重命名数据库的方法如下所示。

（1）通过 ALTER DATABASE 重命名数据库

例如，重命名数据库 jxgl 为 jxgl2，命令为：

Alter database jxgl MODIFY NAME = jxgl2

（2）在 Management Studio 中重命名数据库

在 Management Studio 中重命名数据库的步骤依次为：对象资源管理器→数据库→在 jxgl2（具体某一要重命名的数据库）上单击鼠标右键→"重命名"菜单项→直接修改或输入新的数据库名称 jxgl→单击"Enter"确定即可。

7. 更改数据库所有者

在 SQL Server 2014 中，可以更改当前数据库的所有者。任何可以访问到 SQL Server 连接的用户（SQL Server 登录账户或 Windows 用户）都可成为数据库的所有者。但无法更改系统数据库的所有权。更改数据库所有者的方法如下所示。

（1）通过 sp_changedbowner 更改数据库的所有者

通过 sp_changedbowner 更改数据库的所有者的语法：

sp_changedbowner [@loginame =]'login'[,[@map =]remap_alias_flag]

例 2.17 把数据库 jxgl 的所有者由"QXZ-2\Administrator"改为"sa"。

USE jxgl;

GO

SP_CHANGEDBOWNER 'sa'

（2）在 Management Studio 中更改数据库所有者

在 Management Studio 中更改数据库所有者的步骤依次为：对象资源管理器→数据库→在 jxgl（具体某一要重命名的数据库）上单击鼠标右键→"属性"菜单项→点选"数据库属性"对话框左边选择页"文件"项→修改对话框右上的所有者为新的用户名→最后按"确定"按钮即可。

8. 删除数据库

当不再需要用户定义的数据库，或已将其移到其他数据库或服务器上时，即可删除该数据库。数据库删除之后，文件及其数据都从服务器上的磁盘中删除。一旦删除数据库，它即被永久删除，并且不能进行检索，除非使用以前的备份。不能删除系统数据库。

可以删除数据库，而不管该数据库所处的状态。这些状态包括脱机、只读和可疑。

删除数据库后，应备份 master 数据库，因为删除数据库将更新 master 数据库中的信息。如果必须还原 master，自上次备份 master 以来删除的任何数据库仍将引用这些不存在的数据库，这可能导致产生错误消息。

必须满足下列条件才能删除数据库：①如果数据库涉及日志传送操作，请在删除数据库之前取消日志传送操作；②若要删除为事务复制发布的数据库，或删除为合并复制发布或订阅的数据库，必须首先从数据库中删除复制，如果数据库已损坏，不能首先删除复制，仍然可以通过首先使用 ALTER DATABASE 将数据库设置为脱机，然后再用删除的方法来删除数据库；③必须首先删除数据库上存在的数据库快照。删除数据库的方法有以下两种。

（1）通过 DROP DATABASE 命令删除

例 2. 18 先删除数据库快照 sales_snapshot0800，再删除 sales 数据库。

```
DROP DATABASE sales_snapshot0800        --先删除其快照
DROP DATABASE sales                     --再删除数据库
```

（2）在 Management Studio 交互式删除

在 Management Studio 交互式删除的方法为：从对象资源管理器→数据库→在 jxgl（具体某一需要删除的数据库）上单击鼠标右键→"删除"菜单项→出现"删除对象"对话框→单击"确定"即可完成删除操作。

9. 备份数据库

数据库创建后，所有的对象和数据均已添加且都在使用中，有时需要对其进行维护。如定期备份数据库是很重要的。具体数据库的备份请参阅相应实验。

◉ 实验内容与要求

（1）使用 Management Studio，按以下步骤创建 jxgl 数据库：
① 创建教学管理数据库 jxgl；
② 右击数据库，从弹出的快捷菜单中选择"新建数据库"命令；
③ 输入数据库名称 jxgl；
④ 打开"数据文件"选项卡，增加一个文件 jxgl_data，初始大小为 2 MB；
⑤ 打开"事务日志"选项卡，增加一个日志文件 jxgl_log，初始大小为 2 MB；
⑥ 单击"确定"，开始创建数据库；

⑦ 查看创建后的 jxgl 数据库,查看 jxgl_data. mdf、jxgl_log. ldf 两数据库文件所处的子目录;

⑧ 删除该数据库,利用其他方法,再建相同要求的该数据库。

(2) 用 Transact-SQL 语句创建数据库。

在 Management Studio 中,打开一个查询窗口,按照表 2-2 所示的要求,创建数据库 Student2,要求写出相应的 CREATE DATABASE 命令,并执行创建该数据库。接着再完成下面的要求:

① 右击数据库,从弹出的快捷菜单中选择"属性"命令,打开"Student2 属性"对话框,打开"选项"选择页,修改"数据库为只读"属性为"TRUE"。这样数据库就变为只读数据库了,接着对数据库作改动操作,如删除表、更新表等,查看这些操作是否可行。

② 在查询窗口中使用 T-SQL 语句更改数据库选项。如把只读属性改回来:

```
ALTER DATABASE AdventureWorks SET READ_WRITE;
```

再做同样的数据库更新操作,看是否可行。

③ 收缩数据库。在 Management Studio 中以交互方式收缩某数据库,方法为:右击数据库,从弹出的快捷菜单中依次选择"任务"→"收缩"→"数据库"菜单命令,在出现的"收缩数据库"对话框中,按"确定"来完成数据库收缩(也可以同时指定文件的最大可用空间)。使用 T-SQL语句压缩数据库。在打开的某数据库查询窗口中,输入 DBCC SHRINKDATABASE (Student2,10),使 Student2 数据库有 10% 的自由空间。

④ 更改数据库。在打开的某数据库查询窗口中,利用 ALTER DATABASE 命令实现更改数据库 Student2,参数如表 2-3 所示。

表 2-2 数据库参数表

参　数	参数值
数据库名称	Student2
数据库逻辑文件名	Student_dat
操作系统数据文件名	C:\mssql\data\student_dat. mdf
数据文件初始大小	5 MB
数据文件最大值	20 MB
数据文件增长量	原来的 10%
日志逻辑文件名	Student_log
操作系统日志文件名	C:\mssql\data\student_dat. ldf
日志文件初始大小	2 MB
日志文件最大值	15 MB
日志文件增长量	2 MB

表 2-3 要更改的参数要求

参　数	参数值
数据库名	Student2
增加的文件组名	Studentfg
增加的文件 1 的逻辑名	Student2_dat
文件 1 在磁盘中的目录	C:\student2_dat. ndf
文件 1 初始大小	2 MB
文件 1 最大值	20 MB
文件 1 增长量	2 MB
增加的文件 2 的逻辑名	Student3_dat
文件 2 磁盘中的目录	C:\student3_dat. ndf
文件 2 初始大小	2 MB
文件 2 最大值	20 MB
文件 2 增长量	2 MB
新增日志逻辑文件名	Student2_log
日志文件在磁盘中的目录	D:\student2_log. ldf
日志文件初始大小	2 MB
日志文件最大值	30 MB
日志文件增长量	2 MB

（3）请分别使用交互方式和 T-SQL 语句创建数据库 Student，要创建的数据库的要求如下所示：数据库名称为 Student，包含 3 个 20 MB 的数据库文件和 2 个 10 MB 的日志文件，创建使用一个自定义文件组，主文件为第一个文件，主文件的后缀名为. mdf，次要文件的后缀名为. ndf；要明确地定义日志文件，日志文件的后缀名为. ldf；自定义文件组包含后两个数据文件，所有的文件都放在目录"C:\DATA"中。

（4）请使用交互方式完成对某用户数据库的分离与附加操作。

（5）创建实验 15 中 15.2 节"企业库存管理及 Web 网上订购系统（C♯/ASP. NET 技术）"的数据库 KCGL。可以在 Management Studio 中交互方式创建，也可以利用 CREATE DATABASE 命令创建。根据该数据库数据容量的估算，其文件初始大小要求是：①"数据文件"名为 KCGL_Data. mdf，初始大小为 100 MB，以后按 5％自动增长，大小不限；②"事务日志"名为 KCGL_log. ldf，初始大小为 50 MB，以后按 5％自动增长，最大不超过 200 MB。

实验3　表与视图的基本操作

实验目的

① 掌握数据库表与视图的基础知识。
② 掌握创建、修改、使用、删除表与视图的不同方法。
③ 掌握表与视图的导入或导出方法。

背景知识

在关系数据库中,每个关系都对应为一张表,表是数据库的最主要对象,是信息世界实体或实体间联系的数据表示,是用来存储与操作数据的逻辑结构,使用数据库时,绝大多数时间都是在与表打交道。因此,掌握 SQL Server 表的相关知识与相关操作是非常重要的。

1. 表的基础知识

表是包含 SQL Server 2014 数据库中的所有形式数据的数据库对象。每个表代表一类对其用户有意义的对象。例如,在 AdventureWorks 数据库中有包含关于雇员、库存、采购订单和客户数据的表。

表定义是一个列定义的集合。数据在表中的组织方式与在电子表格中相似,都是按行和列的格式组织的。每一行代表一条唯一的记录,每一列代表记录中的一个字段。例如,在包含公司部门数据的表中,每一行代表一个科室或部门,各列分别代表该科室或部门的具体信息,如部门编号、科室名称、部门名称等。

图 3-1 显示了 AdventureWorks 示例数据库中的 HumanResources. Department 表。

DepartmentID	Name	GroupName	ModifiedDate
1	Engineering	Research and Development	2008-04-30 00:00:00.000
2	Tool Design	Research and Development	2008-04-30 00:00:00.000
3	Sales	Sales and Marketing	2008-04-30 00:00:00.000
4	Marketing	Sales and Marketing	2008-04-30 00:00:00.000
5	Purchasing	Inventory Management	2008-04-30 00:00:00.000
6	Research and Development	Research and Development	2008-04-30 00:00:00.000
7	Production	Manufacturing	2008-04-30 00:00:00.000
8	Production Control	Manufacturing	2008-04-30 00:00:00.000

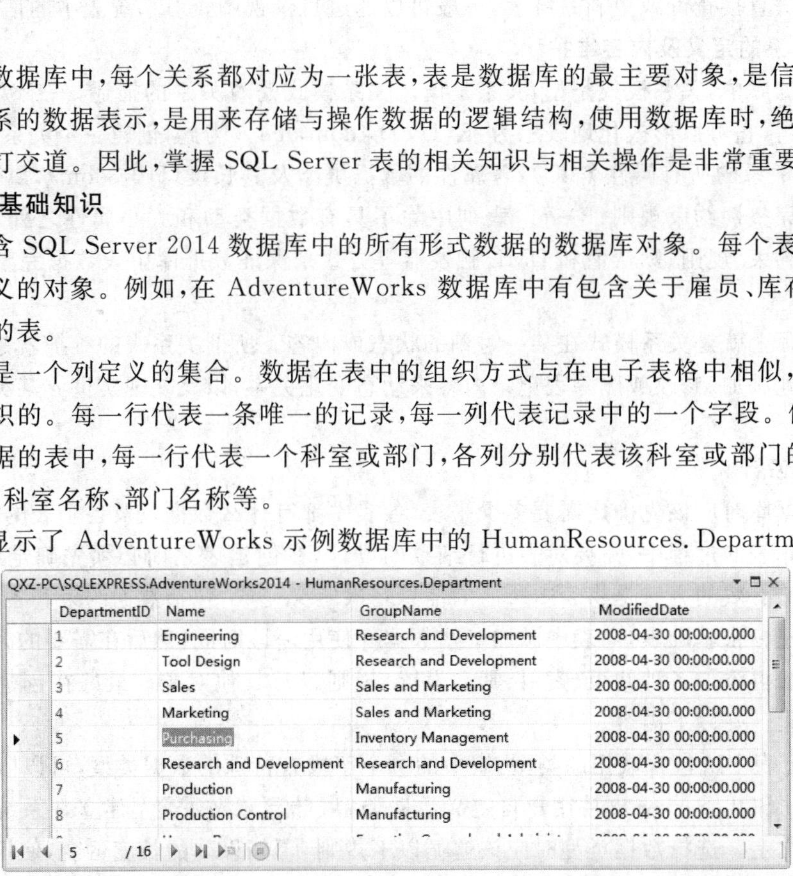

QXZ-PC\SQLEXPRESS.AdventureWorks2014 - HumanResources.Department

图 3-1　HumanResources. Department 表数据

用户通过交互方式或使用数据操作语言（DML）T-SQL 语句（查询 SELECT 命令、更新 INSERT、UPDATE、DELETE 命令等）来使用表中的数据，如下例所示。

```
USE AdventureWorks; --SQL 2005 样例数据库
-- 查询姓为"Smith."的雇员姓名
SELECT c.FirstName, c.LastName
FROM HumanResources.Employee e JOIN Person.Contact c ON e.ContactID = c.ContactID
WHERE c.LastName = 'Smith';
GO
-- 添加一条新的岗位记录
INSERT INTO HumanResources.Shift([Name],StartTime,EndTime)
      VALUES ('Flex','1900-01-01','1900-01-01');
GO
-- 修改一个雇员的姓名
UPDATE Person.Contact SET LastName = 'Smith'
FROM Person.Contact c, HumanResources.Employee e
WHERE c.ContactID = e.ContactID AND e.EmployeeID = 116;
GO
-- 删除一条订单详细记录
DELETE Purchasing.PurchaseOrderDetail WHERE PurchaseOrderDetailID = 732;
```

SQL Server 2014 的表可分为用户基本表、已分区表、临时表与系统表 4 类。用户基本表是存放用户数据的标准表，是数据库中最基本、最主要的对象。除非通过专用的管理员连接，否则用户无法直接查询或更新系统表，一般可以通过目录视图查看系统表中的信息。

2. 对关系的定义及内容维护

关系数据库中，关系模式是型，关系是值。关系模式是对关系的描述，一个关系模式应当是一个五元组，它可以形式化地表示为：R(U, D, dom, F)。为此，创建一个关系表需要指定：关系名(R)，关系的所有属性名(U)，各属性的数据类型及其长度(D 与 dom)，属性、属性之间或关系表的完整性约束规则(F)等。表列中除了具有数据类型和大小属性之外，还可以通过数据库中的约束、规则、默认值和 DML 触发器等方式来保证数据库中表数据完整性或表间的引用完整性等。

关系实际上就是关系模式在某一时刻的状态或内容。所谓关系表的维护就是随着时间的推移要不断地添加、修改或删除表记录内容来动态变化关系，以反映现实世界某类事物的变化状况。

3. 表的设计

设计数据库时应该先确定需要多少张表，各表中都有什么数据以及各个表的存取权限等。在创建和操作表的过程中，需要对表进行细致的设计，在创建表之前必须先确定所有表字段。创建一张表最有效的方法是将表中所需的信息一次定义完成，包括数据约束和各种附加成分；也可以先创建一张基础表，向表中添加一些数据并使用一段时间，然后在需要的时候利用修改表结构的方法再添加各种约束、索引、默认设置、规则以及其他对象。最好在创建表及其对象时预先完整设计好以下内容。

（1）指定表中所包含数据的类型：表中的每个字段有特殊的数据类型，可以限制插入数据的变化范围。SQL Server 支持用户自定义数据类型，自定义数据类型建立在系统已定义的数据类型基础之上。选择数据类型时应该遵循以下规则：①如果列的长度可变，使用某个变长数据类型；②对于数值数据类型，数值大小和所需要的精度有助于作出相应的决定；③如果存储量超过 8 000 字节,使用 Text 或 Image 类型,否则的话可以使用 Char、NChar 或 Binary,也可以使用 Varchar、NVarchar 或 Varbinary,因为它比 Text 或 Image 具有更强的功能;④对于货币数据来说,使用 Money 数据类型;⑤不要把 Float 或 Real 数据类型作为主键,因为这些数据的值是不准确的。

(2)哪些列允许空值:空值或 NULL 并不等于零、空白或零长度字符串,而是意味着没有输入,常用来表明值未知或不确定。指定一列不允许空值而确保行中该列永远有数据以保证数据的完整性,如果不允许空值,用户在向表中写数据的时候必须在列中输入一个值,否则该行不被接收入数据库。

(3)是否要使用以及何时使用约束、默认值以及规则,哪些列是主键,哪些是外键。

(4)需要的索引类型以及需要建立哪些索引。

(5)设计的数据库一般应符合第三范式要求。

4. 关于视图

在关系数据库系统中,视图直接面向普通用户,视图为用户提供了多种看待数据库数据的方法与途径,是关系数据库系统中的一种重要对象。视图是从一个或几个基本表(或视图)导出的表,它与基本表不同,是一个虚表。通过视图能操作数据,基本表数据的变化也能在刷新的视图中反映出来。从这个意义上讲,视图像一个窗口或望远镜,透过它可以看到数据库中自己感兴趣的数据及其变化。视图在操作上与基本表基本等同,一经定义,就可以和基本表一样被查询、被整体删除,但对视图的更新(添加、删除、修改)操作则有一定的限制。

 **实验示例**

3.1 创建和修改表

设计好数据库后就可以在数据库中创建存储数据的表。数据通常存储于基本表中,每个表至多可定义 1 024 列。表和列的名称必须遵守标识符的规定,在特定表中列名必须是唯一的,但同一数据库的不同表中可使用相同的列名。

尽管对于每一个架构在一个数据库内表的名称必须是唯一的,但如果为每张表指定了不同的架构,则可以创建多个具有相同名称的表。例如,可以创建名为 employees 的两个表并分别指定 Comp1 和 Comp2 作为其架构。当必须使用某一 employees 表时,可以通过指定表的架构以及表的名称来区分这两个表。

1. 创建表

SQL Server 2014 提供了两种方法创建数据库表,第一种方法是利用 Management Studio 交互式创建表;另一种方法是利用 T-SQL 语句中的 CREATE TABLE 命令创建表。

(1)利用 Management Studio 创建表

在 Management Studio 中,对象资源管理器先连接到相应运行着的某 SQL Server 服务器实例,展开"数据库"节点,再展开某数据库,选中"表"节点,单击鼠标右键,从弹出的快捷菜单中选择"新建表"菜单项,就会出现新建表对话框,如图 3-2 所示,在该对话框中,可以定义列名称、列类型、长度、精度、小数位数、是否允许为空、缺省值、标识列、标识列的初始值、标识列的增量值等。

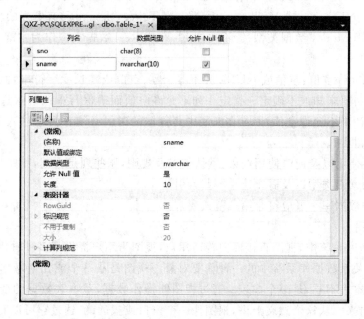

图 3-2　创建表结构对话框

出现新建表对话框的同时，主菜单中出现"表设计器"菜单，还出现"表设计器"工具栏。如图 3-3 所示，这些工具按钮有对应的菜单项，都是表结构设计时可直接操作与管理使用的。

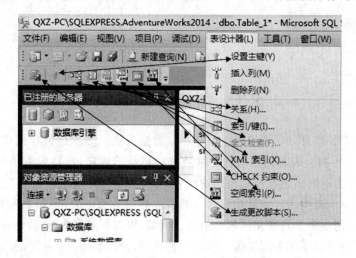

图 3-3　表设计器菜单与表设计器工具栏

（2）利用 CREATE TABLE 命令创建表

利用 CREATE TABLE 命令创建表的语法为：

CREATE TABLE ［ database_name . ［ schema_name ］. | schema_name . ］ table_name ［ AS FileTable ］({ <column_definition> | <computed_column_definition> | <column_set_definition> | ［ <table_constraint> ］ | ［ <table_index> ］［ ,…n ］ }) ［ ON { partition_scheme_name (partition_column_name) | filegroup | "default" } ］ ［ { TEXTIMAGE_ON { filegroup | "default" } ］ ［ FILESTREAM_ON { partition_scheme_name | filegroup | "default" } ］［ WITH (<table_option> ［ ,…n ］) ］ ［;]

　　<column_definition>∷ = column_name <data_type> ［COLLATE collation_name ］［ NULL | NOT NULL］

[［CONSTRAINT constraint_name］DEFAULT constant_expression］|［IDENTITY［（seed，increment）］［NOT FOR REPLICATION］］［ROWGUIDCOL］［＜column_constraint＞［…n］］

　　＜data type＞::=[type_schema_name.]type_name[(precision[,scale]|max|[{ CONTENT | DOCUMENT }] xml_schema_collection)]

　　＜column_constraint＞::=［CONSTRAINT constraint_name］{{ PRIMARY KEY | UNIQUE } [CLUSTERED | NONCLUSTERED] [WITH FILLFACTOR = fillfactor|WITH(＜index_option＞[,…n])]

　　［ON {partition_scheme_name(partition_column_name)|filegroup|"default"}]

　　|[FOREIGN KEY] REFERENCES [schema_name.]referenced_table_name[(ref_column)]

　　［ON DELETE {NO ACTION|CASCADE|SET NULL|SET DEFAULT}] [ON UPDATE {NO ACTION|CASCADE|SET NULL|SET DEFAULT}] [NOT FOR REPLICATION]|CHECK [NOT FOR REPLICATION](logical_expression)}

　　＜computed_column_definition＞::= column_name AS computed_column_expression

　　＜table_constraint＞::=［CONSTRAINT constraint_name］{{PRIMARY KEY | UNIQUE } [CLUSTERED|NON-CLUSTERED](column [ASC|DESC][,…n]) [WITH FILLFACTOR = fillfactor|WITH (＜index_option＞[,…n])] [ON {partition_scheme_name (partition_column_name)|filegroup

　　|"default"}]|FOREIGN KEY(column[,…n]) REFERENCES referenced_table_name[(ref_column[,…n])]

　　[ON DELETE {NO ACTION|CASCADE|SET NULL|SET DEFAULT}][ON UPDATE {NO ACTION|CASCADE|SET NULL|SET DEFAULT}] [NOT FOR REPLICATION]|CHECK [NOT FOR REPLICATION](logical_expression)}

　　＜index_option＞ 等略，参见 http://msdn.microsoft.com/zh-cn/library/ms174979.aspx。

　　说明：FileTable 表示目录和文件的一种层次结构，它为目录和其中所含的文件存储与该层次结构中所有节点有关的数据。详细参阅 SQL Server 帮助系统。

　　例 3.1　创建院系信息表（含系编号 dno、系名 dname、系主任工号 tno、成立年月 dny、地点 dsite、电话 ddh）与课程信息表（含课程号 cno、课程名 cname、类别 cclass、讲课学时 cjkxs、实验学时 csyxs、学分 credit、开课院系号 dno、课程描述 cdesc）。

　　参考的 CREATE TABLE 命令如下：

```
CREATE TABLE Dept(
     dno char(2) NOT NULL PRIMARY KEY CLUSTERED (dno),--CLUSTERED (dno)可省
     dname varchar(20) NOT NULL,
     tno char(8) NULL,
     dny char(6) NULL,
     dsite varchar(30) NULL,
     ddh varchar(50) NULL
);
CREATE TABLE Course(
     cno char(6) NOT NULL PRIMARY KEY,
     cname varchar(50) NOT NULL,
     cclass char(10) NULL DEFAULT '专业基础',
     cjkxs int NULL DEFAULT 36 CHECK (cjkxs>=0 and cjkxs<=500),
     csyxs int NULL DEFAULT 18 CHECK (csyxs>=0 and csyxs<=250),
     credit smallint NULL DEFAULT 2 CHECK (credit>=0 and credit<=50),
     dno char(2) NULL,
     cdesc varchar(200) NULL,
     CONSTRAINT FK_course_dept FOREIGN KEY(dno) REFERENCES Dept(dno));
```

　　例 3.2　创建学生信息表（含学号 sno、姓名 sname、类别 sclass、性别 ssex、出生日期 scsrq、入校日期 srxrq、电话 sdh、家庭地址 saddr、备注 smemo、专业编号 spno、班号 csno）及学生选课关系表（含学号 sno、课程号 cno、考试成绩 grade）。

　　注意：Student 表创建前，需要 Class 班级表、Speciality 专业表已存在，或者为简单化可以先暂时把两外码参照子句去掉执行。

参考的 CREATE TABLE 命令如下。

```
CREATE TABLE Student(
    sno char(8) NOT NULL PRIMARY KEY,
    sname char(20) NOT NULL,
    sclass char(10) NULL DEFAULT('本科'),
    ssex char(2) NULL DEFAULT('男') CHECK(ssex = '男' or ssex = '女'),
    sdh varchar(14) NULL,
    scsrq datetime NULL,
    srxrq datetime NULL,
    saddr varchar(50) NULL,
    smemo varchar(200) NULL,
    spno char(4) NULL,
    csno char(4) NULL,
    CONSTRAINT FK_student_class FOREIGN KEY(csno) REFERENCES Class(csno),
    CONSTRAINT FK_student_speciality FOREIGN KEY(spno) REFERENCES Speciality(spno));
Create Table SC
(   sno char(8) NOT NULL CONSTRAINT S_F FOREIGN KEY REFERENCES Student(sno),
    cno char(6) NOT NULL,
    grade SMALLINT CHECK ((grade IS NULL) OR (grade BETWEEN 0 AND 100)),
    PRIMARY KEY(sno,cno),FOREIGN KEY(cno) REFERENCES Course(cno));
```

说明：本章及后续章节要使用到的 S、SC、C 三表的创建，请参阅实验 4。

（3）临时表的创建

临时表与基本表相似，但临时表存储在 tempdb 中，当不再使用时会自动删除。

临时表有两种类型：本地和全局。它们在名称、可见性以及可用性上有区别。本地临时表的名称以单个数字符号（♯）打头，它们仅对当前的用户连接是可见的，当用户从 SQL Server 实例断开连接时被删除。全局临时表的名称以两个数字符号（♯♯）打头，创建后对任何用户都是可见的，当所有引用该表的用户从 SQL Server 断开连接时被删除。

例如，如果创建了 Employees 表，则任何在数据库中有使用该表的安全权限的用户都可以使用该表，除非已将其删除。如果数据库会话创建了本地临时表 ♯Employees，则仅会话可以使用该表，会话断开连接后就将该表删除。如果创建了 ♯♯Employees 全局临时表，则数据库中的任何用户均可使用该表。如果该表在创建后没有其他用户使用，则当断开连接时该表删除。如果创建该表后另一个用户在使用该表，则在 SQL Server 将在断开连接并且所有其他会话不再使用该表时将其删除。

临时表的许多用途可由具有 table 数据类型的变量替换，语句格式如下：

```
DELCARE table 数据类型变量名 table 类型
```

以下示例将创建一个 table 变量，用于储存 UPDATE 语句的 OUTPUT 子句中指定的值。在它后面的两个 SELECT 语句返回 @MyTableVar 中的值以及 Employee 表中更新操作的结果。请注意 INSERTED. ModifiedDate 列中的结果与 Employee 表的 ModifiedDate 列中的值不同。这是因为对 Employee 表定义了 AFTER UPDATE 触发器，该触发器可以将 ModifiedDate 的值更新为当前日期。从 OUTPUT 返回的列将反映触发器激发之前的数据。有关使用 OUTPUT 子句的更多示例，请参阅 OUTPUT 子句。

```
USE AdventureWorks;
DECLARE @MyTableVar table(EmpID int NOT NULL,OldVacationHours int,
```

```
                NewVacationHours int,ModifiedDate datetime);
UPDATE TOP (10) HumanResources.Employee SET VacationHours = VacationHours * 1.25
OUTPUT INSERTED.EmployeeID,DELETED.VacationHours,
        INSERTED.VacationHours,INSERTED.ModifiedDate
INTO @MyTableVar;                 --HumanResources.Employee 表上有修改触发器
SELECT EmpID, OldVacationHours, NewVacationHours, ModifiedDate
FROM @MyTableVar;                 --显示 table 变量所含有的记录集
GO
SELECT TOP (10) EmployeeID, VacationHours, ModifiedDate
FROM HumanResources.Employee;     --观察 Employee 表上修改触发器作用后 ModifiedDate 的值
```

自己动手

实践例题中介绍的表的多种创建方法,并作分析比较。

（4）创建、重命名、使用及删除用户定义的数据类型

① 创建用户定义的数据类型

SQL Server 2014 利用 CREATE TYPE 命令来创建别名数据类型或用户自定义类型,替代原 SP_addtype 系统存储过程。其语法:

```
CREATE TYPE [ schema_name.] type_name {FROM base_type [(precision [ ,scale] )][ NULL|NOT NULL] |
EXTERNAL NAME assembly_name[.class_name] | AS TABLE ({<column_definition>|<computed_column_defi-
nition>}[<table_constraint>][,…n])}[;]
```

使用 T-SQL 语句创建一个名为 nametype、数据长度为 8、定长字符型、不允许为空的自定义数据类型。

```
USE jxgl --以下命令的原命令 Exec SP_addtype nametype,´char(8)´,´not null´
CREATE TYPE nametype FROM char(8) not null
```

② 重命名用户定义的数据类型

使用系统存储过程 sp_rename 能重命名用户自定义的数据类型:

```
Exec SP_rename nametype,domain_name
```

③ 使用自定义数据类型

一旦创建了用户定义的数据类型后,创建表结构时,能如使用系统标准类型一样使用自定义的类型。如创建学生表的命令为:

```
CREATE TABLE ST(sno char(5) primary key,sname domain_name)
```

④ 删除用户定义的数据类型

删除用户自定义类型的命令 DROP TYPE,其语法为:

```
DROP TYPE [schema_name.]type_name[;]
```

如:

```
DROP TYPE domain_name  --DROP TABLE ST,需先删除表 ST,使自定义类型处在不被使用状态
```

使用系统存储过程 sp_droptype 也能删除用户自定义的数据类型。

```
Exec sp_droptype domain_name
```

注意:正在被表或其他数据库对象使用的用户定义类型不能删除,必须先删除使用者才行。

2. 修改表

创建表之后,可以更改最初创建表时定义的许多选项。这些选项包括:①添加、修改或删

除列，例如，列的名称、长度、数据类型、精度、小数位数以及为空性均可进行修改，不过有一些限制而已；②如果是已分区的表，则可以将其重新分区，也可以添加或删除单个分区；③可以添加或删除 PRIMARY KEY 约束和 FOREIGN KEY 约束；④可以添加或删除 UNIQUE 约束和 CHECK 约束以及 DEFAULT 定义和对象；⑤可以使用 IDENTITY 属性或 ROWGUID-COL 属性添加或删除标识符列，虽然表中一次只能有一列具有 ROWGUIDCOL 属性，但是也可以将 ROWGUIDCOL 属性添加到现有列或从现有列删除；⑥表及表中所选定的列已注册为全文索引。

表的名称或架构也可以更改。执行此操作时，还必须更改使用该表的旧名称或架构的所有触发器、存储过程、T-SQL 脚本或其他程序代码中表的名称。

（1）在 Management Studio 中交互方式修改表

交互方式修改表是非常直观的，如图 3-4 所示，在 Management Studio 中展开"某数据库服务器"→"数据库"节点→某用户数据库→"表"节点，选中某表，按鼠标右键，弹出快捷菜单，可以对表作修改、重命名、删除、查看属性等操作。

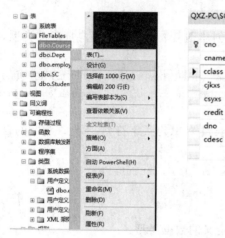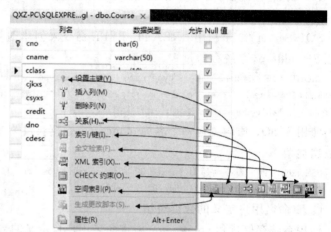

图 3-4　表设计器菜单与表设计器工具栏

① 若按"修改"菜单，能直接对表的各列作修改（包括列名、列数据类型、允许空否、列属性等），也能在任意位置插入列、选择某列后删除列及对表查看并修改表的关系、索引/键、全文本索引、XML 索引、CHECK 约束等。除通过菜单外，也可操作表设计器上的工具键来完成对应的这些菜单功能。

② 若按"属性"菜单，能查看或设置表的常规、权限、扩展属性等属性。

完成全部修改后保存退出即可，但是若修改影响了本表及其他表的完整性约束条件时，就不能完成保存操作了。

（2）T-SQL 命令方式修改表

修改表相关的 T-SQL 命令主要有以下几个方面。

① 表结构的修改命令：ALTER TABLE

表结构的修改命令的语法为：

```
ALTER TABLE [ database_name. [schema_name]. | schema_name. ]table_name{ALTER COLUMN column_name
([type_schema_name.]type_name[({precision[,scale]|max|xml_schema_collection })][COLLATE collation_
name] [NULL|NOT NULL] [ SPARSE ]|{ADD|DROP}{ROWGUIDCOL|PERSISTED | NOT FOR REPLICATION | SPARSE }}]
[WITH {CHECK|NOCHECK}] ADD {<column_definition> | <computed_column_definition> | <table_con-
```

straint> | <column_set_definition>}[,…n]|DROP {[CONSTRAINT] constraint_name [WITH(<drop_clus-tered_constraint_option>[,…n])]|COLUMN column_name}[,…n] |[WITH {CHECK|NOCHECK}] {CHECK|NO-CHECK} CONSTRAINT {ALL|constraint_name [,…n]} |{ENABLE|DISABLE} TRIGGER {ALL|trigger_name[,…n]}| SWITCH [PARTITION source_partition_number_expression] TO [schema_name.] target_table [PARTITION tar-get_partition_number_expression] [WITH (<low_lock_priority_wait>)]| SET (FILESTREAM_ON = { partition_scheme_name | filegroup | ˝default˝ | ˝NULL˝ }) | REBUILD [[PARTITION = ALL] [WITH (<re-build_option> [,…n])]]|[PARTITION = partition_number [WITH (<single_partition_rebuild_option> [,…n])]]]| <table_option>| <filetable_option>][;]

```
CREATE TABLE tb1(column_a INT); ALTER TABLE tb1 ADD column_b VARCHAR(20) NULL;
EXEC sp_help tb1;
```

例 3.3　删除列,本例将修改一个表以删除列。

```
ALTER TABLE tb1 DROP COLUMN column_b; --后面例题要用 column_b,请删除后能再添加本列
```

例 3.4　更改列的数据类型,本例将表中列的数据类型由 INT 更改为 DECIMAL。

```
ALTER TABLE tb1 ALTER COLUMN column_a DECIMAL(5,2);
```

例 3.5　添加包含约束的列,本例给列 column_b 添加一个 UNIQUE 约束。

```
ALTER TABLE tb1 ADD CONSTRAINT tb1_unique UNIQUE(column_b);
```

例 3.6　在现有列中添加一个未经验证的 CHECK 约束,本例将在表中的现有列中添加一个约束。该列包含一个违反约束的值。因此,将使用 WITH NOCHECK 以避免根据现有行验证该约束,从而允许添加该约束。

```
ALTER TABLE tb1 WITH NOCHECK ADD CONSTRAINT tb1_check CHECK(column_a>1);
EXEC sp_help tb1;
```

例 3.7　在现有列中添加一个 DEFAULT 约束,本例将创建一个包含两列的表,在第一列插入一个值,另一列保持为 NULL。然后在第二列中添加一个 DEFAULT 约束。验证是否已应用了默认值,另一个值是否已插入第一列以及是否已查询表。

```
ALTER TABLE tb1 ADD CONSTRAINT col_b_def DEFAULT 50 FOR column_a;
INSERT INTO tb1 (column_b) VALUES (´10´);  SELECT * FROM tb1;
```

例 3.8　添加多个包含约束的列,本例将添加多个包含随新列定义的约束的列。第一个新列具有 IDENTITY 属性。表中的每一行在标识列中都有新的增量值。

```
CREATE TABLE tb2(cola INT CONSTRAINT cola_un UNIQUE);
ALTER TABLE tb2 ADD
colb INT IDENTITY CONSTRAINT colb_pk PRIMARY KEY,          --添加自动增值的主键列
colc INT NULL CONSTRAINT colc_fk REFERENCES tb2(cola),     --添加参照同表列的参照列
cold VARCHAR(16) NULL CONSTRAINT cold_chk CHECK(cold LIKE ´[0-9][0-9][0-9][0-9][0-9][0-9][0-9][0-9]´ OR cold LIKE ´[0-9][0-9][0-9][0-9]-[0-9][0-9][0-9][0-9][0-9][0-9][0-9]´),
                                                          --添加有效的电话号码格式列
cole DECIMAL(3,3) CONSTRAINT cole_default DEFAULT 081;     --添加非空带缺省值的列
EXEC sp_help tb2 ;
```

例 3.9　禁用和重新启用约束,本例将禁用对数据中接受的薪金进行限制的约束。NO-CHECK CONSTRAINT 将与 ALTER TABLE 配合使用来禁用该约束,从而允许执行通常会违反该约束的插入操作。CHECK CONSTRAINT 将重新启用该约束。

```
CREATE TABLE tb3(id INT NOT NULL,name VARCHAR(10) NOT NULL,salary MONEY NOT NULL CONSTRAINT salary_cap CHECK(salary<100000))
INSERT INTO tb3 VALUES(1,´李林´,65000)        -- 满足列约束的有效记录插入
INSERT INTO tb3 VALUES(2,´马菲´,105000)       -- 不满足列约束,记录插入失败
ALTER TABLE tb3 NOCHECK CONSTRAINT salary_cap  -- 禁用列约束
```

```
INSERT INTO tb3 VALUES(2,´马菲´,105000)          -- 原不满足列约束的记录能插入
ALTER TABLE tb3 CHECK CONSTRAINT salary_cap       -- 重新启用列约束
INSERT INTO tb3 VALUES(3,´张英´,110000);          -- 因列约束,记录插入又失败了
select * from tb3                                 -- 查阅,能看到有两条记录
```

例 3.10 删除约束,本例将删除表 tb3 中的 UNIQUE 约束 salary_cap。

```
ALTER TABLE tb3 DROP CONSTRAINT salary_cap;
```

例 3.11 禁用和重新启用触发器,本例将使用 ALTER TABLE 的 DISABLE TRIGGER 选项来禁用触发器,以允许执行通常会违反此触发器的插入操作。然后使用 ENABLE TRIG-GER 重新启用触发器。

```
CREATE TABLE tb_trig(id INT,name VARCHAR(12),salary MONEY);
GO
CREATE TRIGGER trig_to_tb ON tb_trig FOR INSERT          --创建触发器
AS IF (SELECT COUNT( * ) FROM INSERTED WHERE salary > 100000)> 0
BEGIN
     print ´TRIG1 Error: you attempted to insert a salary > $ 100,000´
     ROLLBACK TRANSACTION
END;
GO        -- 以下命令逐条单独运行来检验
INSERT INTO tb_trig VALUES (1,´张力´,100001);            --尝试违反触发器的插入操作
ALTER TABLE tb_trig DISABLE TRIGGER trig_to_tb;          --禁用触发器
INSERT INTO tb_trig VALUES (2,´李光´,100001);            --再次尝试的插入操作成功了
ALTER TABLE tb_trig ENABLE TRIGGER trig_to_tb;           --重新启用触发器
INSERT INTO tb_trig VALUES (3,´王霞´,100001);            --又尝试插入操作,不成功
```

例 3.12 创建包含索引选项的 PRIMARY KEY 约束,本例将创建 PRIMARY KEY 约束 PK_TransactionHistoryArchive_TransactionID,并设置 FILLFACTOR、ONLINE 和 PAD_INDEX 选项。生成的聚集索引与约束具有相同的名称,并将其存储在 TransHistoryGroup 文件组中。

```
USE AdventureWorks;      -- 缺省时均认为使用 AdventureWorks 数据库
ALTER TABLE Production.TransactionHistoryArchive
        DROP CONSTRAINT PK_TransactionHistoryArchive_TransactionID;
GO   --注意:以下命令要求在企业版中执行
ALTER TABLE Production.TransactionHistoryArchive WITH NOCHECK
ADD CONSTRAINT PK_TransactionHistoryArchive_TransactionID PRIMARY KEY CLUSTERED(TransactionID)
WITH (FILLFACTOR = 75,ONLINE = ON,PAD_INDEX = ON) ON TransHistoryGroup;
```

说明:需要在数据库中先创建文件组 TransHistoryGroup。

例 3.13 在 ONLINE 模式下删除 PRIMARY KEY 约束,并将数据移至新的文件组。本例将删除 ONLINE 选项设置为 ON 的 PRIMARY KEY 约束,并将数据行从 TransHistoryGroup 文件组移至[PRIMARY]文件组(本例要求在企业版中执行)。

```
ALTER TABLE Production.TransactionHistoryArchive DROP
CONSTRAINT PK_TransactionHistoryArchive_TransactionID WITH (ONLINE = ON,MOVE TO [PRIMARY]);
```

例 3.14 添加和删除 FOREIGN KEY 约束,本例将创建 ContactBackup 表,然后更改此表。首先添加引用 Contact 表的 FOREIGN KEY 约束,然后再删除 FOREIGN KEY 约束。

```
CREATE TABLE Person.ContactBackup(ContactID int);
ALTER TABLE Person.ContactBackup ADD CONSTRAINT FK_ContactBacup_Contact
    FOREIGN KEY(ContactID) REFERENCES Person.Contact(ContactID);
ALTER TABLE Person.ContactBackup DROP CONSTRAINT FK_ContactBacup_Contact;
```

```
GO
DROP TABLE Person.ContactBackup;
```

②重命名命令:SP_RENAME

在当前数据库中更改用户创建对象的名称。此对象可以是表、索引、列、别名数据类型或.NET Framework公共语言运行时(CLR)用户定义类型。其语法为:

```
SP_RENAME [@objname = ]´object_name´,[@newname = ]´new_name´[,[@objtype = ]´object_type´]
```

例 3.15 重命名表,本例将 SalesTerritory 表重命名为 SalesTerr,然后再恢复为 Sales-Territory。

```
EXEC SP_RENAME ´Sales.SalesTerritory´, ´SalesTerr´;
GO
EXEC SP_RENAME ´Sales.SalesTerr´, ´SalesTerritory´;  -- 再改回来
```

例 3.16 重命名列,本例将 SalesTerritory 表中的 TerritoryID 列重命名为 TerrID,查看后再恢复原列名。

```
EXEC SP_RENAME ´Sales.SalesTerritory.TerritoryID´,´TerrID´,´COLUMN´;
SELECT * FROM Sales.SalesTerritory
GO
EXEC SP_RENAME ´Sales.SalesTerritory.TerrID´,´TerritoryID´,´COLUMN´;
```

③ 更改表的架构:ALTER SCHEMA

ALTER SCHEMA 实现在架构之间传输安全对象,语法为:

```
ALTER SCHEMA schema_name TRANSFER [ <entity_type> :: ] securable_name[;]
<entity_type> :: = {Object | Type | XML Schema Collection}
```

例 3.17 本例通过将表 Address 从架构 Person 传输到 HumanResources 架构来修改该架构,然后再恢复回来。

```
USE AdventureWorks; -- 如下把表 Address 从架构 Person 传输到 HumanResources 架构
ALTER SCHEMA HumanResources TRANSFER Person.Address;
GO  -- 如下把表 Address 从架构 HumanResources 传输回 Person 架构,恢复原样
ALTER SCHEMA Person TRANSFER HumanResources.Address;
```

3.2 表信息的交互式查询与维护

1. 查看表格元信息

在数据库中创建表之后,可能需要查找有关表属性的信息(如列的名称、数据类型或其索引的性质),但最重要的是需要查看表中的数据。

还可以显示表的依赖关系来确定哪些对象(如视图、存储过程和触发器)是由表决定的。在更改表时,相关对象可能会受到影响。

查看表的定义:sp_help。查看表中的数据:SELECT 命令。获取有关表的信息:SELECT * FROM sys.tables。获取有关表列的信息:SELECT * FROM sys.columns。查看表的依赖关系:SELECT * FROM sys.sql_dependencies。

COLUMNPROPERTY 返回有关列或过程参数的信息,其语法:COLUMNPROPERTY(id,column,property)。其参数:id 一个表达式,其中包含表或过程的标识符(ID);column 一个表达式,其中包含列或参数的名称;property 一个表达式,其中包含要为 id 返回的信息,具体略。

例 3.18　本例返回 LastName 列的长度。

SELECT COLUMNPROPERTY(OBJECT_ID(´Person.Contact´),´LastName´,´PRECISION´) AS ´Col_Length´;

2. 查看表格数据信息

（1）查看表格的定义

在前面修改表结构时即能查看到表的定义信息，除此外，如图 3-5 所示，能查看到表的创建信息：在表上单击鼠标右键→"编写表脚本为"→"CREATE 到"→"新查询编辑器窗口"，在新打开的查询编辑器窗口中能看到生成的一系列命令，其中"CREATE"命令能看到表的结构定义信息。还有系统存储过程 sp_help 也能查看到关于表的信息。

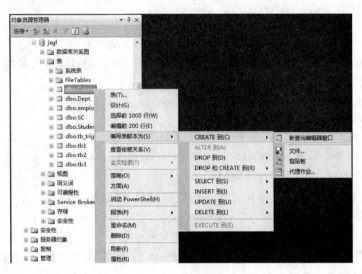

图 3-5　查看表创建脚本

（2）查看与维护表格中的数据

在"对象资源管理器"中选中某表，单击鼠标右键，从弹出的快捷菜单中选择"编辑前 200 行"，即可以网格方式编辑并查看表格中的数据。如图 3-6 所示，还能直接修改表中数据，能在表的最后交互式地添加记录，在选中一行或多行时，弹出快捷菜单能实现选中记录的删除、复制等操作。

（3）查看表格与其他数据库对象的依赖关系

打开某数据库的"数据库关系图"，能直观地创建某表与其他表间的依赖关系。图 3-7 是 SC、S 与 C 的依赖关系。

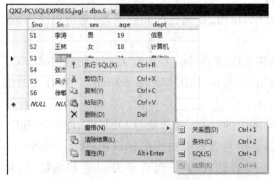

图 3-6　添加、编辑、删除表记录

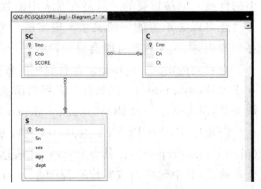

图 3-7　SC、S 与 C 的依赖关系

还可以在表上单击鼠标右键→"查看依赖关系"菜单,在出现的"对象依赖关系"对话框中查看某表依赖的对象或依赖于的对象,图略。

3. 对表查询

SQL Server 2014 在 Management Studio 中交互式查询的功能合并于"打开表"功能。右键单击某表,从弹出的快捷菜单中选择"打开表",出现打开的表如图 3-6 所示。同时 Management Studio 中出现"查询设计器"菜单与"查询设计器"工具栏,操作方法如图 3-8 所示。

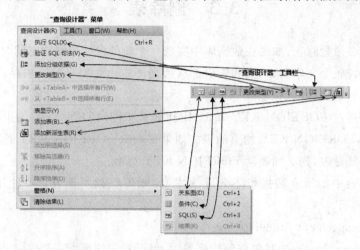

图 3-8 查询表的菜单、工具栏与快捷菜单

我们来举个查询的例子:先打开 S 表;在出现的"查询设计器"工具栏上依次单击"显示关系图窗格"→"显示 SQL 窗格"→"显示条件窗格";在关系图窗格中单击鼠标右键,在弹出菜单中单击"添加表"菜单,在添加表对话框中选 SC 表,两表因已设定了参照关系,自动显示出关系;在条件窗格中设置显示列、筛选条件、排序要求等;SQL 窗格中能自动显示出对应的 SQL命令;单击"执行 SQL"工具条;结果窗格中显示出要查询的结果。最后的结果与窗格布局情况请参见图 3-9。不妨自己来学习实践各种查询操作。

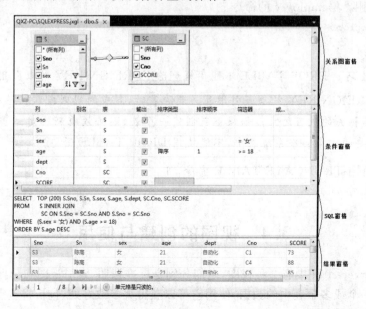

图 3-9 查询结果表与 4 个窗格的布局

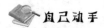 **自己动手**

实践表结构的维护、表记录内容的查询与维护。

3.3 删除表

有些情况下必须删除表：如要在数据库中实现一个新的设计或释放空间时。删除表后，该表的结构定义、数据、全文索引、约束和索引都从数据库中永久删除。原来存储表及其索引的空间可用来存储其他表。

如果要删除通过 FOREIGN KEY 和 UNIQUE 或 PRIMARY KEY 约束相关联的表，则必须先删除具有 FOREIGN KEY 约束的表。如果要删除 FOREIGN KEY 约束中引用的表，但不能删除整个外键表，则必须删除 FOREIGN KEY 约束。

如果要删除表中的所有数据但不删除表本身，则可以截断该表。可使用 TRUNCATE TABLE 删除所有行。

（1）利用 Management Studio 删除表

在 Management Studio 的对象资源管理器中，展开指定的数据库和表，用右键单击要删除的表，从快捷菜单中选择"删除"菜单项，则会出现删除对象对话框，单击"确定"，即可真正删除选定的表。

（2）利用 DROP TABLE 语句删除表

DROP TABLE 语句可以删除一个表和表中的数据及与表有关的所有索引、触发器、约束和权限规范等。DROP TABLE 语句的语法形式为：

```
DROP TABLE [database_name.[schema_name].|schema_name.]table_name[,…n][;]
```

例 3.19 删除表 employee 的命令。

```
DROP TABLE employee
```

提示与技巧： DROP TABLE 不能用来删除 FOREIGN KEY 约束引用的表。必须首先删除引用 FOREIGN KEY 约束或引用表。删除表时，表中的规则或默认值会失去绑定，还会自动删除与其相关的所有约束。如果重新创建一个表，则必须重新绑定适当的规则和默认值，添加所有必要的约束。在系统表中，不能使用 DROP TABLE 语句。

清空表也可用 TRUNCATE TABLE 命令，如：

```
TRUNCATE TABLE employee;
```

3.4 视图的创建与使用

在 SQL Server 2014 中有 3 种视图，它们分别是标准视图、索引视图和分区视图。其中标准视图组合了一个或多个表中的数据，使用它可以获得大多数好处，包括将重点放在特定数据上及简化对数据的操作等。

1. 创建视图

（1）利用 Management Studio 创建与修改视图

在 Management Studio 的对象资源管理器中，展开指定的数据库，单击"视图"，按鼠标右键，从弹出的快捷菜单中选择"新建视图"菜单项，能出现如图 3-10 所示的新建视图对话框，在该对话框中，通过选定一个或多个表，指定多个字段，设定连接或限定条件，最后单击 💾 保存工具键，给视图取个名称，就完成了视图的创建，请参阅图 3-11。

在 Management Studio 的对象资源管理器中修改视图，只要找到该视图后，单击鼠标右键，从弹出的快捷菜单中选择"设计"或"修改"菜单项，均可即时修改，如图 3-11 所示。

图 3-10　设计视图前选定表

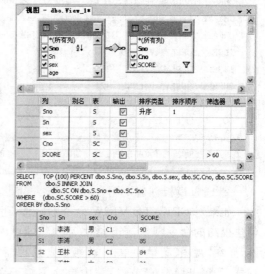

图 3-11　交互式设计视图

（2）使用 T-SQL 命令创建数据库

创建视图的 T-SQL 命令是 CREATE VIEW，掌握该命令的语法结构后，可直接书写命令创建视图。

① 利用 CREATE VIEW 创建视图

创建一个虚拟表，该表以另一种方式表示一个或多个表中的相关数据。CREATE VIEW 必须是查询批处理中的第一条语句。CREATE VIEW 语法：

```
CREATE VIEW [ schema_name.]view_name[(column[,…n ])] [WITH <view_attribute>[,…n]]
AS select_statement [ WITH CHECK OPTION ] [;]
<view_attribute>:: = {[ENCRYPTION][SCHEMABINDING][VIEW_METADATA]}
```

例 3.20　创建视图 View_S_SC，要求显示出学生的学号、姓名、课程号与该课程成绩。其命令为：

```
CREATE VIEW View_S_SC as select S.Sno,S.SN,S.SEX,SC.Cno,SC.SCORE from S inner join SC on S.Sno =
SC.Sno
```

例 3.21　本示例使用 WITH ENCRYPTION、WITH CHECK OPTION 选项，创建加密并允许进行数据修改的视图。PurchaseOrderDetail 为采购订单明细表，其中 ReceivedQty 为实际从供应商收到的数量，RejectedQty 为检查时拒收的数量（一般为 0），DueDate 为到货日期。

```
USE AdventureWorks ;        -- 缺省时均认为使用 AdventureWorks 数据库
```

```
IF OBJECT_ID('PurchaseOrderReject','view') IS NOT NULL DROP VIEW PurchaseOrderReject;
Go
CREATE VIEW PurchaseOrderReject WITH ENCRYPTION
AS SELECT PurchaseOrderID,ReceivedQty,RejectedQty FROM Purchasing.PurchaseOrderDetail
    WHERE RejectedQty/ReceivedQty > 0 AND DueDate > '06/30/2001' WITH CHECK OPTION;
```

例 3.22 使用分区数据,本示例将使用名称分别为 SUPPLY1,SUPPLY2,SUPPLY3 和 SUPPLY4 的表。这些表对应于位于 4 个国家/地区的 4 个办事处的供应商表。

```
--创建并插入记录
CREATE TABLE SUPPLY1(SID INT PRIMARY KEY CHECK(SID BETWEEN 1 and 150),supplier CHAR(50));
CREATE TABLE SUPPLY2(SID INT PRIMARY KEY CHECK(SID BETWEEN 151 and 300),supplier CHAR(50));
CREATE TABLE SUPPLY3(SID INT PRIMARY KEY CHECK(SID BETWEEN 301 and 450),supplier CHAR(50));
CREATE TABLE SUPPLY4(SID INT PRIMARY KEY CHECK(SID BETWEEN 451 and 600),supplier CHAR(50));
INSERT SUPPLY1 VALUES('1','加利福尼亚');        --其他插入记录略
INSERT SUPPLY2 VALUES('231','远东');           --其他插入记录略
INSERT SUPPLY3 VALUES('321','欧洲集团');        --其他插入记录略
INSERT SUPPLY4 VALUES('475','印度');           --其他插入记录略
GO
CREATE VIEW all_supplier_view AS        --组合各地区供应商构成分区视图
    SELECT * FROM SUPPLY1  UNION ALL   SELECT * FROM SUPPLY2 UNION ALL
    SELECT * FROM SUPPLY3  UNION ALL   SELECT * FROM SUPPLY4;
```

② 通过模板创建视图

如果对 CREATE VIEW 命令不熟悉,还可利用 SQL Server 2014 提供的命令模板,产生创建视图的命令脚本,修改参数后执行即可。方法为:①在标准工具栏上单击模板资源管理器，或在"视图"菜单中单击"模板资源管理器",在 Management Studio 右边会出现模板资源管理器;②展开"View"节点,其中包含了关于视图的一些模板,如 Create Indexed View、Create View、Drop View 等;③双击模板"Create View",出现"连接到数据库引擎"对话框(或继承已有连接信息而不出现对话框),指定连接信息后单击"连接",在打开的新查询窗口中已生成了创建标准视图的脚本,脚本中含有待替换的参数;④在"SQL 编辑器"工具条上单击"指定模板参数的值"键。点选后出现"指定模板参数的值"对话框,给各参数指定值后,单击"确定",仔细确认后可单击✔键分析代码的语法结构,单击 ┇ 执行(X)键执行脚本,这样就把视图创建好了。

2. 使用视图

视图的使用基本同基本表的使用,不同处是有些视图是不可更新的,只能对这些不可更新视图作查询操作,不能通过它们更新数据。

通过视图修改基表的数据,修改方式与通过 UPDATE、INSERT 和 DELETE 语句或使用 bcp 实用工具和 BULK INSERT 语句修改表中数据的方式是一样的。但是,以下限制应用于更新视图,但不应用于表:①任何修改(包括 UPDATE、INSERT 和 DELETE 语句)都只能引用一个基表的列;②视图中被修改的列必须直接引用表列中的基础数据,它们不能通过其他方式派生,例如,通过聚合函数(AVG、COUNT、SUM、MIN、MAX、GROUPING、STDEV、STDEVP、VAR 和 VARP)计算,不能通过表达式并使用列计算出其他列,使用集合运算符(UNION、UNION ALL、CROSSJOIN、EXCEPT 和 INTERSECT)形成的列得出的计算结果不可更新;③正在修改的列不受 GROUP BY、HAVING 或 DISTINCT 子句的影响。

上述限制应用于视图的 FROM 子句中的任何子查询,就像其应用于视图本身一样。通常,SQL Server 2014 必须能够明确跟踪从视图定义到一个基表的修改。例如,以下视图不可更新:

```
CREATE VIEW TotalSalesContacts
   AS   SELECT C.LastName, SUM(O.TotalDue) AS TotalSales
   FROM Sales.SalesOrderHeader O, Person.Contact C
   WHERE C.ContactID = O.ContactID GROUP BY LastName
```

对 TotalSalesContacts 的 LastName 列所作的修改是不可接受的,因为该列已受到 GROUP BY 子句的影响。如果有多个具有相同姓氏的实例,则 SQL Server 将无法得知要 UPDATE、INSERT 或 DELETE 哪一个实例。同样,尝试修改 TotalSalesContacts 的 TotalSales 列将返回错误,因为此列是由聚合函数派生而来的。SQL Server 无法直接跟踪此列到其基表(SalesOrderHeader)。另外还将应用以下附加准则。

① 如果在视图定义中使用了 WITH CHECK OPTION 子句,则所有在视图上执行的数据修改语句都必须符合定义视图的 SELECT 语句中所设置的条件。如果使用了 WITH CHECK OPTION 子句,修改行时需注意不让它们在修改完成后从视图中消失。任何可能导致行消失的修改都会被取消,并显示错误。

② INSERT 语句必须为不允许空值并且没有 DEFAULT 定义的基础表中的所有列指定值。

③ 在基础表的列中修改的数据必须符合对这些列的约束,如为空性、约束及 DEFAULT 定义等。例如,如果要删除一行,则相关表中的所有基础 FOREIGN KEY 约束必须仍然得到满足,删除操作才能成功。

④ 不能使用由键集驱动的游标更新分布式分区视图(远程视图)。此项限制可通过在基础表上而不是在视图本身上声明游标得到解决。

不能对视图中的 text、ntext 或 image 列使用 READTEXT 语句和 WRITETEXT 语句。如果以上限制使您无法直接通过视图修改数据,请考虑以下选项:①使用具有支持 INSERT、UPDATE 和 DELETE 语句的逻辑的 INSTEAD OF 触发器。②使用修改一个或多个成员表的可更新分区视图。

以图 3-12 所示的交互式打开视图后,显示的视图记录如图 3-13 所示,通过图 3-13 所示的视图能直接更新数据,更新的数据将最终更新到视图 View_S_SC 基于的基本表 S 或 SC 中,请尝试。

图 3-12　交互式打开视图　　　　　　　　图 3-13　打开的视图

当然，也可以像对基本表一样，通过命令操作可更新视图 View_S_SC。如下是举例的命令序列，图 3-14 是其运行结果。

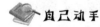

	Sno	Cno	SCORE
1	S2	C3	83

	Sno	SN	SEX	Cno	SCORE
1	S2	王林	女	C1	84
2	S2	王林	女	C2	94
3	S2	王林	女	C3	83

	Sno	SN	SEX	Cno	SCORE
1	S2	王林	女	C1	84
2	S2	王林	女	C2	94
3	S2	王林	女	C3	82

	Sno	Cno	SCORE
1	S2	C3	82

图 3-14　运行结果

```
select * from SC where sno = ´S2´ and cno = ´C3´        --先查询 S2 学生选课程 C3 的记录情况
select * from View_S_SC where sno = ´S2´               --通过视图查询 S2 学生的信息及选课情况
-- 通过视图修改 S2 学生选课程 C3 的成绩,改为 82
update View_S_SC set score = 82 where sno = ´S2´ and cno = ´C3´
-- 再次通过视图查询 S2 学生的信息及选课情况,应该发现课程 C3 的成绩改变了
select * from View_S_SC where sno = ´S2´
select * from SC where sno = ´S2´ and cno = ´C3´        --能发现真正的成绩修改在 SC 表中发生了
```

自己动手

实践本节关于视图的创建与使用。

3. 视图定义信息的查阅

（1）使用 Management Studio 查阅视图定义信息

查看视图（未加密的）创建的脚本的方法是：选中某视图，选择右键菜单中的"编写视图脚本为"→"CREATE 到"→"新查询编辑器窗口"，如图 3-15 所示。

如图 3-15 所示，通过交互式菜单能对视图实现"查看依赖关系""重命名""删除"等操作，"属性"菜单能查看到视图的多种相关信息。

（2）命令方式查阅视图的相关信息

如果更改视图所引用对象的名称，则必须更改视图，使其文本反映新的名称。因此，在重命名对象之前，首先显示该对象的依赖关系，以确定即将发生的更改是否会影响任何视图。获取有关视图信息的系统视图有：sys. views、sys. columns 等。

查看视图定义的数据可通过 SELECT 命令、显示视图的依赖关系的系统视图 sys. sql_dependencies 等。sp_helptext 也能查阅到视图的相关信息。例如，要查看视图 View_S_SC 的创

建脚本,实现命令为:

sp_helptext ´[dbo].[View_S_SC]´

获取有关视图信息的 SQL 命令:

select * from sys.views   -- 查看视图名等信息
select * from sys.columns   -- 查看列名信息
select object_name(object_id) as ´对象´,object_name(referenced_major_id) as ´依赖对象´
from sys.sql_dependencies   -- 显示对象与依赖对象的关系

图 3-15 查看编写视图的脚本

4. 视图的修改与删除

下面来说明如何修改视图定义以及删除视图等操作。

(1) 修改和重命名视图

视图定义之后,可以更改视图的名称或视图的定义而无须删除并重新创建视图。删除并重新创建视图会造成与该视图关联的权限丢失。在重命名视图时,请考虑以下原则:①要重命名的视图必须位于当前数据库中;②新名称必须遵守标识符规则;③仅可以重命名具有其更改权限的视图;④数据库所有者可以更改任何用户视图的名称。

修改视图并不会影响相关对象(如存储过程或触发器),除非对视图定义的更改使得该相关对象不再有效。例如,AdventureWorks 数据库中的 employees_view 视图的定义为:

```
USE AdventureWorks
Go
CREATE VIEW employees_view AS SELECT EmployeeID FROM HumanResources.Employee
-- 存储过程 employees_proc 的定义为:(基于视图创建存储过程)
CREATE PROC employees_proc AS SELECT EmployeeID from employees_view
```

-- 将 employees_view 修改为检索 LastName 列而不是 EmployeeID

ALTER VIEW employees_view AS SELECT LastName FROM Person.Contact c JOIN HumanResources.Employee e ON c.ContactID = e.ContactID

此时执行 employees_proc 将失败，因为该视图中已不存在 EmployeeID 列。

也可以修改视图以对其定义进行加密，或确保所有对视图执行的数据修改语句都遵循定义视图的 SELECT 语句中设定的条件集，如：

SELECT * FROM sys.syscomments WHERE text LIKE ´% employees_view %´

-- 上一语句能查看到视图 employees_view 的定义信息

ALTER VIEW employees_view with ENCRYPTION AS SELECT LastName FROM Person.Contact c JOIN HumanResources.Employee e ON c.ContactID = e.ContactID

SELECT * FROM sys.syscomments WHERE text LIKE ´% employees_view %´

-- 加密后，上一语句已不能查看到视图的定义信息，起到了加密作用

重命名视图 employees_view 为 employee_view 的命令是：

EXEC SP_rename ´employees_view´,´employee_view´;

（2）删除视图

在创建视图后，如果不再需要该视图，或想清除视图定义及与之相关联的权限，可以删除该视图。删除视图后，表和视图所基于的数据并不受到影响。任何使用基于已删除视图的对象的查询将会失败，除非创建了同样名称的一个视图（并且包含所需列）。

① 在 Management Studio 中删除视图。

展开某数据库后，展开"视图"节点，选中要删除的视图→单击鼠标右键，弹出快捷菜单→单击"删除"菜单项→在出现的确认删除对话框中，单击"确认"。

② 利用 DROP VIEW 语句删除视图，其语法为：

DROP VIEW ﹛ view ﹜[,…n]

例 3.23 删除视图 employee_view 的命令为：

DROP VIEW [dbo].[employee_view]

3.5 表或视图的导入与导出操作

多种常用数据格式（包括数据库中表或视图、电子表格和文本文件等）的数据之间经常按需要相互交换，因此，表或视图数据的导入或导出操作是非常有用的，以下来说明具体操作步骤。

（1）启动导入或导出功能：在 Management Studio 的对象资源管理器中，选择需导入或导出的某数据库，在鼠标右键弹出的快捷菜单中选择"任务"→"导入数据"或"导出数据"菜单即可。

（2）导出数据：选择"导出数据"功能后，启动了导出数据向导过程。首先，看到的是"SQL Server 导入和导出向导"起始页。单击"下一步"，进入选择数据源步骤。

（3）选择数据源：在选择数据源窗口中，先要选择某种数据源，此在数据源组合框中选择，其中".Net Framework Data Provider for SqlServer""SQL Native Client" "SQL Native Client 10.0""SQL Native Client 11.0""SQL Native Client"及"Microsoft Ole DB Provider for SQL Server"都是连接 SQL Server 数据源的提供程序。这里数据源确定为".Net Framework Data Provider for SqlServer"为提供程序的 SQL Server。数据源的信息区需指定服务器名称、数据库名、用户名及用户密码等连接信息。图 3-16 所示为选择不同数据源的情况。要注意的是当

选择不同数据源时,数据源的信息区会有不同的待填信息内容,可指定不同的数据源提供程序来了解待填信息情况。

(4) 选择目的:选择源数据源后按"下一步",出现对话框,选择数据要复制到的目的地,如图 3-17 所示。同样可选择不同类型的目的数据提供程序,并输入目的数据源信息。这里,目的数据源选择 ACCESS 数据库。ACCESS 目的数据源主要需要指定 ACCESS 数据库文件,当单击"文件名"文本框右边的文件选择键时,出现选择文件对话框,并指定某 ACCESS 数据库文件。

图 3-16　选择数据源　　　　　图 3-17　选择数据要复制到的目的地

(5) 指定表复制或查询复制:指定好目的数据源后,按"下一步",指示对表或对查询复制对话框,再按"下一步",在出现的对话框中显示出了数据源的所有用户表和视图。选中要复制的表或视图的左边的复选框。

(6) 保存并执行包或运行包:选定表或视图后,出现"保存并执行包"或"运行包"对话框,决定是要"立即执行"还是"保存 SSIS 包"以后执行,选定后再单击"下一步",出现"完成该向导"对话框,表示将要开始复制了。

说明:在 SQL Server Express、SQL Server Web 或 SQL Server Workgroup 中,可以运行导入和导出向导创建的包,但无法保存该包。若要保存导入和导出向导创建的包,必须升级到 SQL Server Standard、SQL Server Enterprise、SQL Server Developer 或 SQL Server Evaluation。

(7) 正在完成 DTS 导入/导出向导:当单击"完成"时,从数据源到数据目的地的表与视图的复制就开始了。完成复制正常将显示"执行成功"对话框,最后单击"关闭"结束导出过程。

提示与技巧:①导入与导出数据的过程是类似的,不同之处为数据源与数据目的的指定不同,数据复制的方向不同,导入往往是指从其他数据源复制到本数据库(作为数据目的),导出往往是指从本数据库(作为数据源)复制到其他数据源;②导入与导出是相对的,也就是说导入能完成导出功能,导出也能完成导入功能,关键在于指定什么样的数据源与数据目的。在数据源与数据目的均指定非 SQL Server 数据库时,导入或导出还能实现非 SQL Server 数据源间的数据复制，如 ACCESS 数据库间，ACCESS 数据库与 Excel 数据表间等的数据复制。

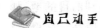**自己动手**

  把数据库 AdventureWorks 中 HumanResources 架构下的基本表导出到 ACCESS 数据库 HumanResources. MDB（要预先创建）中，在 SQL Server 2014 中新建数据库 AdventureWorks_HumanResources 后，再把表对象等从 HumanResources. MDB 数据库导入到数据库 AdventureWorks_HumanResources 中。检查导入与导出后数据源与数据目的中对象的一致性。

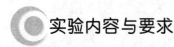 实验内容与要求

1. 创建数据库及表

  用你掌握的某种方法，创建订报管理子系统的数据库 DingBao，在 DingBao 数据库中用交互式界面操作方法或 CREATE TABLE 创建如下三表的表结构（表名及字段名使用括号中给出的英文名），并完成三表所示内容的输入，根据需要可自行设计输入更多的表记录。

  创建表结构时要求满足：①报纸编码表（PAPER）以报纸编号（pno）为主键，如表 3-1 所示；②顾客编码表（CUSTOMER）以顾客编号（cno）为主键，如表 3-2 所示；③报纸订阅表（CP）以报纸编号（pno）与顾客编号（cno）为主键，订阅份数（num）的缺省值为 1，如表 3-3 所示。

表 3-1　报纸编码表

报纸编号 （pno）	报纸名称 （pna）	单价（ppr）
000001	人民日报	12.5
000002	解放军报	14.5
000003	光明日报	10.5
000004	青年报	11.5
000005	扬子晚报	18.5

表 3-2　顾客编码表

顾客编号 （cno）	顾客姓名 （cna）	顾客地址 （adr）
10000001	李涛	无锡市解放东路 123 号
10000002	钱金浩	无锡市人民西路 234 号
10000003	邓杰	无锡市惠河路 270 号
10000004	朱海红	无锡市中山东路 432 号
10000005	欧阳阳文	无锡市中山东路 532 号

表 3-3　报纸订阅表

顾客编号（cno）	报纸编号（pno）	订阅份数（num）
10000001	000001	2
10000001	000002	4
10000001	000005	6
10000002	000001	2
10000002	000003	2
10000002	000005	2
10000003		2
10000003	000004	4
10000004	000001	1
10000004	000003	3
10000004		2
10000005	000003	4
10000005	000002	1
10000005	000004	3
10000005	000005	5
10000005	000001	4

  创建一个 ACCESS 数据库 DingBao（DingBao. mdb 或 DingBao. accdb 文件），把在 SQL

Server 中创建的三表导出到 ACCESS 数据库中。

2. 创建与使用视图

① 在 DingBao 数据库中,创建含有顾客编号、顾客名称、报纸编号、报纸名称、订阅份数等信息的视图,视图名设定为 C_P_N。

② 修改已创建的视图 C_P_N,使其含报纸单价信息。

③ 通过视图 C_P_N,查询"人民日报"被订阅的情况,能通过视图 C_P_N 实现对数据的更新操作吗? 请尝试各种可行的更新操作,如修改某人订阅某报的份数,修改某报的名称等。

④ 删除视图 C_P_N。

实验4　SQL语言——SELECT查询操作

实验目的

表或视图数据的各种查询(与统计)SQL 命令操作,具体分为:
① 了解查询的概念和方法;
② 掌握 SQL Server 集成管理器查询子窗口中执行 SELECT 操作的方法;
③ 掌握 SELECT 语句在单表查询中的应用;
④ 掌握 SELECT 语句在多表查询中的应用;
⑤ 掌握 SELECT 语句在复杂查询中的使用方法。

背景知识

SQL 是一种被称为结构化查询语言的通用数据库数据操作语言,Transact-SQL 是微软专有的 SQL,也称 T-SQL。T-SQL 的大部分语句符合 SQL 标准,但是也有些微软扩展的部分。T-SQL 对于 SQL Server 来说是非常重要的。因为任何应用程序,只要目的是向 SQL Server 数据库管理系统发出操作指令,以获得数据库管理系统响应的,最终都必须体现为以 T-SQL 语句为表现形式的命令。对用户来说,T-SQL 是唯一可以和 SQL Server 的数据库管理系统进行交互的语言。

SELECT 语句是 DML 中也是 T-SQL 中最重要的一条命令,是从数据库中获取信息的一个基本的语句。有了这条语句,就可以实现从数据库的一个或多个表或视图中查询信息。本实验将以多种不同操作实例出发,详细介绍使用 SELECT 语句进行简单和复杂数据库数据查询的方法。

简单查询包括:①SELECT 语句的使用形式;②WHERE 子句的用法;③GROUP BY 与 HAVING 的使用;④用 ORDER 子句为结果排序等。

同时 SELECT 语句又是一个功能非常强大的语句,它有很多非常实用的方法和技巧,是每一个学习数据库的用户都应该尽力掌握的,相对复杂查询主要包括:①多表查询和笛卡儿积查询;②使用 UNION 关键字实现多表连接;③表或查询别名的用法;④使用 SQL Server 的统计函数;⑤使用 COMPUTE 和 COMPUTE BY 子句;⑦使用嵌套查询等。

实验示例

实验示例中要使用包括如下 3 个表的"简易教学管理"数据库 jxgl。

① 学生表 Student，由学号（Sno）、姓名（Sname）、性别（Ssex）、年龄（Sage）、所在系（Sdept）5 个属性组成，记作：Student(Sno,Sname,Ssex,Sage,Sdept)，其中主码为 Sno。

② 课程表 Course，由课程号（Cno）、课程名（Cname）、先修课号（Cpno）、学分（Ccredit）4 个属性组成，记作：Course(Cno,Cname,Cpno,Ccredit)，其中主码为 Cno。

③ 学生选课 SC，由学号（Sno）、课程号（Cno）、成绩（Grade）3 个属性组成，记作：SC(Sno,Cno,Grade)，其中主码为(SNO,CNO)。

(1) 在 SQL Server Management Studio 的查询子窗口中（要以具有相应操作权限的某用户登录）执行如下命令创建数据库。需要说明的是不同数据库系统其创建数据库的命令或方式有所不同。

```
CREATE DATABASE jxgl
```

(2) 刷新数据库目录后，选择新出现的 jxgl 数据库，在 SQL 操作窗口中，创建 Student、SC、Course 三表及表记录插入命令如下：

```
USE jxgl
Go
Create Table Student
( Sno CHAR(5) NOT NULL PRIMARY KEY(Sno),
  Sname VARCHAR(20),
  Sage SMALLINT CHECK(Sage > = 15 AND Sage < = 45),
  Ssex CHAR(2) DEFAULT ´男´ CHECK (Ssex = ´男´ OR Ssex = ´女´),
  Sdept CHAR(2));
Create Table Course
( Cno CHAR(2) NOT NULL PRIMARY KEY(Cno),
  Cname VARCHAR(20),
  Cpno CHAR(2),
  Ccredit SMALLINT);
  Create Table SC
( Sno CHAR(5) NOT NULL CONSTRAINT S_F FOREIGN KEY REFERENCES Student(Sno),
  Cno CHAR(2) NOT NULL,
  Grade SMALLINT CHECK ((Grade IS NULL) OR (Grade BETWEEN 0 AND 100)),
  PRIMARY KEY(Sno,Cno),
  FOREIGN KEY(Cno) REFERENCES Course(Cno));
INSERT INTO Student VALUES(´98001´,´钱横´,18,´男´,´CS´);
INSERT INTO Student VALUES(´98002´,´王林´,19,´女´,´CS´);
INSERT INTO Student VALUES(´98003´,´李民´,20,´男´,´IS´);
INSERT INTO Student VALUES(´98004´,´赵三´,16,´女´,´MA´);
INSERT INTO Course VALUES(´1´,´数据库系统´,´5´,4);
INSERT INTO Course VALUES(´2´,´数学分析´,null ,2);
INSERT INTO Course VALUES(´3´,´信息系统导论´,´1´,3);
INSERT INTO Course VALUES(´4´,´操作系统_原理´,´6´,3);
INSERT INTO Course VALUES(´5´,´数据结构´,´7´,4);
INSERT INTO Course VALUES(´6´,´数据处理基础´,null,4);
INSERT INTO Course VALUES(´7´,´C语言´,´6´,3);
INSERT INTO SC VALUES(´98001´,´1´,87);
```

```
INSERT INTO SC VALUES('98001','2',67);
INSERT INTO SC VALUES('98001','3',90);
INSERT INTO SC VALUES('98002','2',95);
INSERT INTO SC VALUES('98002','3',88);
```

例 4.1 查考试成绩大于等于 90 的学生的学号。

```
SELECT DISTINCT Sno
FROM SC
WHERE Grade >= 90;
```

这里使用了 DISTINCT 短语，当一个学生有多门课程成绩大于等于 90 时，他的学号也只列一次。在查询窗口中输入 SQL 查询命令，并单击 ! 执行(X) 后的执行结果如图 4-1 所示。

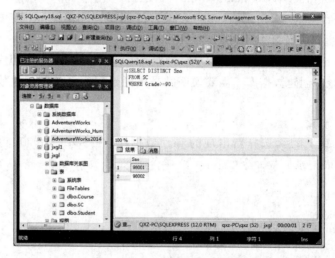

图 4-1　在 SSMS 查询子窗口中的查询执行情况

例 4.2 查年龄大于 18，并不是信息系(IS)与数学系(MA)的学生的姓名和性别。

```
SELECT Sname,Ssex
FROM Student
WHERE Sage > 18 AND Sdept NOT IN ('IS','MA');
```

在 SSMS 打开表后(如"编辑前 200 行"方式打开某表)，显示 SQL 窗格中 SQL 命令的执行情况如图 4-2 所示。

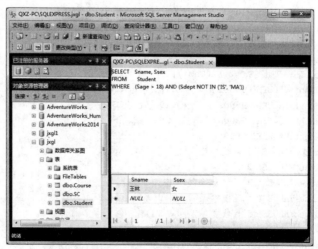

图 4-2　在 SSMS 打开表的显示 SQL 窗格中的查询执行情况

说明：①在 SSMS 打开表的显示 SQL 窗格中的查询执行方法为先选中数据库,再选中表,在任一表上,单击鼠标右键,然后从快捷菜单中选择"选择前 1000 行"或"编辑前 200 行",在打开返回表内容的子窗口后,按查询设计器工具栏上的"SQL"图标⧉,即能把子窗口分为上下两部分,上面部分能输入不同的 SQL 命令来执行,执行时单击工具栏上的"执行 SQL"图标❗即可;②限于篇幅,其他查询命令的执行窗口与运行情况类似于上两图将不再列出。

例 4.3 查以" 操作系统_"开头,且倒数第二个汉字为"原"字的课程的详细情况。

```
SELECT * FROM Course
WHERE Cname LIKE ´操作系统＃_％原_´ ESCAPE´＃´;
```

例 4.4 查询选修了课程的学生人数。

```
SELECT COUNT(DISTINCT Sno) /* 加 DISTINCT 去掉重复值后计数 */
FROM SC;
```

例 4.5 查询计算机系(CS)选修了 2 门及以上课程的学生的学号。

```
SELECT Student.Sno FROM Student,SC
WHERE Sdept = ´CS´ AND Student.Sno = SC.Sno
GROUP BY Student.Sno HAVING COUNT( * )>= 2;
```

例 4.6 查询 Student 表与 SC 表的广义笛卡儿积。

```
Select Student. * ,SC. * FROM Student,SC;
```

或

```
Select Student. * ,SC. * FROM Student Cross Join SC;
```

例 4.7 查询 Student 表与 SC 表基于学号 SNO 的等值连接。

```
Select * FROM Student,SC WHERE Student.Sno = SC.Sno;
```

例 4.8 查询 Student 表与 SC 表基于学号 SNO 的自然连接。

```
SELECT Student.Sno, Sname, Ssex, Sage, Sdept, Cno, Grade
FROM Student, SC WHERE Student.Sno = SC.Sno;
```

或

```
SELECT Student.Sno, Sname, Ssex, Sage, Sdept, Cno, Grade
FROM Student INNER JOIN SC ON Student.Sno = SC.Sno;
```

例 4.9 查询课程之先修课的先修课(自身连接例)。

```
SELECT FIRST.Cno, SECOND.cpno
FROM Course FIRST, Course SECOND
WHERE FIRST.cpno = SECOND.Cno;
```

我们为 Course 表取两个别名 FIRST 与 SECOND,这样就可以在 SELECT 子句和 WHERE 子句中的属性名前分别用这两个别名加以区分。

例 4.10 查询学生及其课程、成绩等情况(不管是否选课,均需列出学生信息)。

```
SELECT Student.Sno, Sname, Ssex, Sage, Sdept, Cno, Grade
FROM Student Left Outer JOIN SC ON Student.Sno = SC.Sno;
```

例 4.11 查询学生及其课程成绩与课程及其学生选修成绩的明细情况(要求学生与课程均需全部列出)。

```
SELECT Student.Sno, Sname, Ssex, Sage, Sdept, Course.Cno, Grade, cname, cpno, ccredit
FROM Student Left Outer JOIN SC ON Student.Sno = SC.Sno Full Outer join Course on SC.Cno =
Course.Cno;
```

例 4.12 查询性别为男、课程成绩及格的学生信息及课程号、成绩。

```
SELECT Student. * ,Cno,Grade
```

FROM STUDENT INNER JOIN SC ON Student. Sno = SC. Sno

WHERE SSEX = ´男´ AND GRADE > = 60

例 4.13 查询与"钱横"在同一个系学习的学生信息。

SELECT * FROM Student

WHERE Sdept IN

  (SELECT Sdept FROM Student WHERE Sname = ´钱横´);

或

SELECT * FROM Student

WHERE Sdept =

  (SELECT Sdept FROM Student

   WHERE Sname = ´钱横´); -- 当子查询为单列单行值时可以用" = "

或

SELECT S1. * FROM Student S1,Student S2

WHERE S1. Sdept = S2. Sdept AND S2. Sname = ´钱横´;

一般来说,连接查询可以替换大多数的嵌套子查询。

SQL-92 支持"多列成员"的属于(IN)条件表达。

例 4.14 找出同系、同年龄、同性别的学生。

Select * FROM Student as T

Where (T. sdept,T. sage,T. ssex) IN

  (Select sdept,sage,ssex

  FROM student as S

  Where S. Sno < > T. Sno); -- SQL Server 可能不支持

它等价于逐个成员 IN 的方式表达,如(能在 SQL Server 中执行,请调整 Student 表的内容来检验其有效性):

Select * From Student T

Where T. sdept IN

 (Select sdept From student S

  Where S. Sno < > T. Sno and

   T. sage IN

   (Select sage From student X

   Where S. Sno = X. Sno and X. Sno < > T. Sno and

     T. ssex IN

     (Select ssex From student Y

     Where X. Sno = Y. Sno and Y. Sno < > T. Sno)));

例 4.15 查询选修了课程名为"数据库系统"的学生学号、姓名和所在系。

SELECT Sno,Sname,Sdept FROM Student   -- IN 嵌套查询方法

WHERE Sno IN

  (SELECT Sno FROM SC

   WHERE Cno IN

    (SELECT Cno FROM Course WHERE Cname = ´数据库系统´));

或

SELECT Sno,Sname,Sdept FROM Student   -- IN、= 嵌套查询方法

WHERE Sno IN

   (SELECT Sno FROM SC

    WHERE Cno =

    (SELECT Cno FROM Course WHERE Cname = ´数据库系统´));

或

```
SELECT Student.Sno,Sname,Sdept        --连接查询方法
FROM Student,SC,Course
WHERE Student.Sno = SC.Sno AND SC.Cno = Course.Cno
      AND Course.Cname = ´数据库系统´;
```

或

```
Select Sno,Sname,Sdept From Student    -- Exists 嵌套查询方法
Where Exists( Select * From SC
          Where SC.Sno = Student.Sno And
          Exists( Select * From Course
               Where SC.Cno = Course.Cno And Cname = ´数据库系统´));
```

或

```
Select Sno,Sname,Sdept From Student    -- Exists 嵌套查询方法
Where Exists( Select * From course
          Where Cname = ´数据库系统´ and
          Exists( Select * From SC
               Where sc.Sno = student.Sno and SC.Cno = Course.Cno));
```

例 4.16 检索至少不学 2 号和 4 号课程的学生学号与姓名。

```
SELECT Sno,Sname FROM Student
WHERE Sno NOT IN (SELECT Sno FROM SC WHERE Cno IN (´2´,´4´));
```

例 4.17 查询其他系中比信息系(IS)所有学生年龄均大的学生名单,并排序输出。

```
SELECT Sname FROM Student
WHERE Sage > All(SELECT Sage FROM Student
             WHERE Sdept = ´IS´) AND Sdept < > ´IS´
ORDER BY Sname;
```

本查询实际上也可以用集函数实现:

```
SELECT Sname FROM Student
WHERE Sage >(SELECT MAX(Sage) FROM Student
             WHERE Sdept = ´IS´) AND Sdept < >´IS´
ORDER BY Sname;
```

例 4.18 查询哪些课程只有女生选读。(本题有多于两种表达法)

```
SELECT DISTINCT CNAME FROM COURSE C
WHERE ´女´ = ALL( SELECT SSEX FROM SC,STUDENT
             WHERE SC.SNO = STUDENT.SNO AND SC.CNO = C.CNO);
```

或

```
SELECT DISTINCT CNAME FROM COURSE C
WHERE NOT EXISTS
        ( SELECT * FROM SC,STUDENT
          WHERE SC.SNO = STUDENT.SNO AND SC.CNO = C.CNO AND STUDENT.SSEX = ´男´);
```

例 4.19 查询所有未修 1 号课程的学生姓名。

```
SELECT Sname FROM Student
WHERE NOT EXISTS
    ( SELECT * FROM SC WHERE Sno = Student.Sno AND Cno = ´1´);
```

或

```
SELECT Sname FROM Student
WHERE Sno NOT IN (SELECT Sno FROM SC  WHERE Cno = ´1´);
```

但如下是错的（请思考其原因）：

```
SELECT Sname FROM Student,SC
WHERE SC.Sno = Student.Sno AND Cno <> '1';
```

例 4.20 查询选修了全部课程的学生姓名（为了有查询结果，自己可调整一些表的内容）。

```
SELECT Sname FROM Student
WHERE NOT EXISTS
    ( SELECT * FROM Course
    WHERE NOT EXISTS
        (SELECT * FROM SC WHERE Sno = Student.Sno AND Cno = Course.Cno));
```

由于没有全称量词，我们将题目的意思转换成等价的存在量词的形式：查询这样的学生姓名，没有一门课程是他不选的。

本题的另一操作方法是：

```
SELECT Sname FROM Student,SC WHERE Student.Sno = SC.Sno
GROUP BY Student.Sno,Sname having Count( * ) >= (SELECT Count( * ) FROM Course);
```

例 4.21 查询至少选修了学生"98001"选修的全部课程的学生号码。

本题的查询要求可以做如下解释，不存在这样的课程 y，学生"98001"选修了 y，而要查询的学生 x 没有选。写成的 SELECT 语句为：

```
SELECT Sno FROM Student SX
WHERE NOT EXISTS
    ( SELECT * FROM SC SCY
      WHERE SCY.Sno = '98001' AND
            NOT EXISTS
            ( SELECT * FROM SC SCZ
              WHERE SCZ.Sno = SX.Sno AND SCZ.Cno = SCY.Cno));
```

例 4.22 查询选修了课程 1 或者选修了课程 2 的学生学号集。

```
SELECT Sno FROM SC WHERE Cno = '1'
    UNION
SELECT Sno FROM SC WHERE Cno = '2';
```

注意：扩展的 SQL 中有集合操作并（UNION）、集合操作交（INTERSECT）和集合操作差（EXCEPT 或 MINUS）等。SQL 的集合操作要求相容即属性个数、类型必须一致，与属性名无关，最终结果集采用第一个结果的属性名，缺省为自动去除重复元组，各子查询不带 Order By，Order By 可放在整个语句的最后。

例 4.23 查询计算机科学系的学生与年龄不大于 19 岁的学生的交集。

```
SELECT * FROM Student WHERE Sdept = 'CS'
    INTERSECT
SELECT * FROM Student WHERE Sage <= 19; --SQL Server 2005 及后续版本支持
```

本查询等价于"查询计算机科学系中年龄不大于 19 岁的学生"，为此变通法为：

```
SELECT * FROM Student WHERE Sdept = 'CS' AND Sage <= 19;
```

例 4.24 查询选修课程 2 的学生集合与选修课程 1 的学生集合的差集。

```
SELECT Sno FROM SC WHERE Cno = '2'
    EXCEPT  --有的数据库系统使用"MINUS"
SELECT Sno FROM SC WHERE Cno = '1'; --SQL Server 2005 及后续版本支持
```

本例实际上是查询选修了课程 2 但没有选修课程 1 的学生。为此变通法为：

```
SELECT Sno FROM SC
WHERE Cno = ´2´ AND Sno NOT IN
        (SELECT Sno FROM SC WHERE Cno = ´1´);
```

例 4.25 查询平均成绩大于 85 分的学号、姓名、平均成绩。

```
Select Stu_no,Sname,Avgr
From Student,( Select Sno,Avg(Grade) From SC
            GROUP BY Sno) as SG(Stu_no,Avgr)
Where Student.Sno = SG.Stu_no And Avgr>85;
```

SQL-92 允许在 From 中使用查询表达式,并必须为查询表达式取名。
它等价于如下未使用查询表达式的形式:

```
Select Student.Sno,Sname,AVG(Grade)
From Student,SC Where Student.Sno = SC.Sno
GROUP BY Student.Sno,Sname HAVING AVG(Grade)>85;
```

例 4.26 查出课程成绩在 90 分以上的男学生的姓名、课程名和成绩。

```
SELECT SNAME,CNAME,GRADE
FROM (SELECT SNAME,CNAME,GRADE
      FROM STUDENT,SC,COURSE
      WHERE SSEX = ´男´ AND STUDENT.SNO = SC.SNO AND SC.CNO = COURSE.CNO)
      AS TEMP(SNAME,CNAME,GRADE)
WHERE GRADE>90;      -- 特意用查询表达式实现,完全可用其他方式实现
```

但如下使用查询表达式的查询,则不易改写为其他形式。

例 4.27 查询各不同平均成绩所对应的学生人数(给出平均成绩与其对应的人数)。

```
Select Avgr,COUNT( * )
From (Select Sno,Avg(Grade) From SC
            GROUP BY Sno) as SG(Sno,Avgr)
GROUP BY Avgr;
```

例 4.28 查出学生、课程及成绩的明细信息及课程门数、总成绩及平均成绩。

```
SELECT Sno,Cno,Grade        -- SQL 2005/2008 COMPUTE 的使用有效
FROM sc
ORDER BY Sno
COMPUTE Count(Cno),SUM(Grade),Avg(Grade) BY Sno
```

类似功能可以用如下两语句实现:

```
SELECT Sno,Cno,Grade        -- SQL 2012 及后续版本不支持 COMPUTE 的使用
FROM SC
ORDER BY Sno;
SELECT Sno,Count(Cno),SUM(Grade),Avg(Grade)
FROM SC
GROUP BY Sno
```

例 4.29 利用 Rollup( )为(Sdept,Sage,Ssex)、(Sdept,Sage)、(Sdept)值的每个唯一组
合统计学生人数,并还能统计出总人数。

```
SELECT Sdept,Sage,Ssex,Count( * )
FROM Student
GROUP BY Rollup(Sdept,Sage,Ssex); -- 符合 ISO 语法的命令表示
SELECT Sdept,Sage,Ssex,Count( * ) FROM Student
GROUP BY Sdept,Sage,Ssex With Rollup  -- 不符合 ISO 语法的命令表示
```

说明:例 4.29 至例 4.31 适用于 SQL Server 2012/SQL Server 2014。

例 4.30 利用 Cube( )为"Sdept,Sage,Ssex"三属性的所有组合($2^3-1=7$ 种组合)值的每个唯一组合统计学生人数,并能统计出总人数。

```
SELECT Sdept,Sage,Ssex,Count( * ) FROM Student
GROUP BY Cube(Sdept,Sage,Ssex);  -- 符合 ISO 语法的命令表示
SELECT Sdept,Sage,Ssex,Count( * ) FROM Student
GROUP BY Sdept,Sage,Ssex With Cube  -- 不符合 ISO 语法的命令表示
```

例 4.31 利用 GROUPING SETS 只为 Sdept,Sage,Ssex,(Sage,Ssex)值的每个唯一组合统计学生人数。(说明:GROUPING SETS 在一个查询中指定数据的多个分组,仅聚合指定组;GROUPING SETS 可以包含单个元素或元素列表;GROUPING SETS 也可以指定与 ROLLUP 或 CUBE 返回的内容等效的分组)

```
SELECT Sdept,Sage,Ssex,Count( * ) FROM Student
GROUP BY GROUPING SETS (Sdept,Sage,Ssex,( Sage,Ssex));
```

如下利用 GROUPING SETS 的命令等效上例的功能:

```
SELECT Sdept,Sage,Ssex,Count( * ) FROM Student
GROUP BY GROUPING SETS (Cube(Sdept,Sage,Ssex))
```

例 4.32 利用 FOR 子句（Transact-SQL）把学生选课记录生成 XML 格式来显示与表示。

```
SELECT Sno,Cno,Grade FROM SC
FOR XML AUTO, TYPE, XMLSCHEMA, ELEMENTS XSINIL;
```

说明:FOR 子句的语法自查,查询结果自己运行、查阅与审视。

例 4.33 建立信息系学生的视图(含有学号、姓名、年龄及性别),并要求进行修改和插入操作时仍须保证该视图只有信息系的学生。通过视图查找年龄大于等于 18 岁的男学生。

```
CREATE VIEW IS_Student
    AS   SELECT Sno,Sname,Sage,Ssex FROM Student
        WHERE Sdept = 'IS' WITH CHECK OPTION
GO
SELECT * FROM IS_Student WHERE Sage >= 18 AND Ssex = '男';
```

例 4.34 设有"学生-课程"关系数据库,其数据库关系模式为:学生 S(学号 SNO,姓名 SN,所在系 SD,年龄 SA)、课程 C(课程号 CNO,课程名称 CN,先修课号 PCNO)、学生选课 SC(学号 SNO,课程号 CNO,成绩 G)。

试用 SQL 语言分别写出下列查询(只需写出 SQL 命令):

① 求学生"98001"(为学号)所选的成绩为 60 以上的课程号;

② 求选读了"数据库概论",并成绩为 80 或 90 的学生学号和姓名;

③ 求选修了全部课程的学生学号、姓名及其所在系名;

④ 找出没有学生选修的课程号及课程名称;

⑤ 列出选课数超过 3 门的学生学号、其所修课程数及平均成绩;

⑥ 删除"数据结构"课程及所有对它的选课情况。

解:① SELECT CNO FROM SC WHERE SNO = '98001' AND G >= 60;

② SELECT S.CNO,SN FROM S,SC,C
WHERE C.CNO = SC.CNO AND SC.SNO = S.SNO AND C.CN = '数据库概论'
        AND (G = 90 OR G = 80);

③ SELECT SNO,SN,SD FROM S
WHERE NOT EXISTS(SELECT * FROM C X WHERE NOT EXISTS

(SELECT ＊ FROM SC Y WHERE Y.CNO = X.CNO AND Y.SNO = S.SNO));

④ SELECT CNO,CN FROM C WHERE C.CNO NOT IN (SELECT SC.CNO FROM SC);

⑤ SELECT SNO,COUNT(CNO),AVG(G) FROM SC GROUP BY SNO HAVING COUNT(CNO)＞3;

⑥ DELETE FROM SC

WHERE SC.CNO IN (SELECT C.CNO FROM C WHERE CN＝´数据结构´);

DELETE FROM C WHERE CN＝´数据结构´;

实验内容与要求

请有选择地实践以下各题。

(1) 基于"教学管理"数据库 jxgl,试用 SQL 的查询语句表达下列查询:

① 检索年龄大于 23 岁的男学生的学号和姓名;

② 检索至少选修一门课程的女学生姓名;

③ 检索王同学不学的课程的课程号;

④ 检索至少选修两门课程的学生学号;

⑤ 检索全部学生都选修的课程的课程号与课程名;

⑥ 检索选修了所有 3 学分课程的学生学号。

(2) 基于"教学管理"数据库 jxgl,试用 SQL 的查询语句表达下列查询:

① 统计所有学生选修的课程门数;

② 求选修 4 号课程的学生的平均年龄;

③ 求学分为 3 的每门课程的学生平均成绩;

④ 统计每门课程的学生选修人数,超过 3 人的课程才统计,要求输出课程号和选修人数,查询结果按人数降序排列,若人数相同,按课程号升序排列;

⑤ 检索学号比王非同学大,而年龄比他小的学生姓名;

⑥ 检索姓名以王打头的所有学生的姓名和年龄;

⑦ 在 SC 中检索成绩为空值的学生学号和课程号;

⑧ 求年龄大于女同学平均年龄的男学生的姓名和年龄;

⑨ 求年龄大于所有女同学年龄的男学生的姓名和年龄;

⑩ 检索所有比"王华"年龄大的学生姓名、年龄和性别;

⑪ 检索选修 2 号课程的学生中成绩最高的学生的学号;

⑫ 检索学生姓名及其所选修课程的课程号和成绩;

⑬ 检索选修 4 门以上课程的学生总成绩(不统计不及格的课程),并要求按总成绩的降序排列出来。

(3) 设有如下 4 个基本表(表结构与表内容是假设的),如表 4-1、表 4-2、表 4-3、表 4-4 所示,请先创建数据库及根据表内容创建表结构,并添加表记录,实践以下各题的 SQL 命令操作:

① 查询选修课程"8105"且成绩在 80 到 90 之间的所有记录;

② 查询成绩为 79、89 或 99 的记录;

③ 查询 9803 班的学生人数;

④ 查询至少有 20 名学生选修的并以 8 开头的课程的平均成绩；

⑤ 查询最低分大于 80，最高分小于 95 的 SNO 与平均分；

⑥ 查询 9803 班学生所选各课程的课程号及其平均成绩；

⑦ 查询选修"8105"课程的成绩高于"9809"号同学成绩的所有同学的记录；

⑧ 查询与学号为"9808"的同学同岁的所有学生的 SNO、SNAME 和 AGE；

⑨ 查询"钱军"教师任课的课程号，选修其课程学生的学号和成绩；

⑩ 查询选修某课程的学生人数多于 20 人的教师姓名；

⑪ 查询同学选修编号为"8105"课程且成绩至少高于其选修编号为"8245"课程的同学的 SNO 及"8105"课程成绩，并按成绩从高到低次序排列；

⑫ 查询选修编号为"8105"课程且成绩高于所有选修编号为"8245"课程成绩的同学的 CNO、SNO、GRADE；

⑬ 列出所有教师和同学的姓名、SEX、AGE；

⑭ 查询成绩比该课程平均成绩高的学生的成绩表；

⑮ 列出所有任课教师的 TNAME 和 DEPT；

⑯ 列出所有未讲课教师的 TNAME 和 DEPT；

⑰ 列出至少有 4 名男生的班号；

⑱ 查询不姓"张"的学生的记录；

⑲ 查询每门课最高分的学生的 SNO、CNO、GRADE；

⑳ 查询与"李华"同性别并同班的同学的 SNAME；

㉑ 查询"女"教师及其所上的课程；

㉒ 查询选修"数据库系统"课程的"男"同学的成绩表；

㉓ 查询所有比刘涛年龄大的教师姓名、年龄和刘涛的年龄；

㉔ 查询不讲授"8104"号课程的教师姓名。

表 4-1　学生表 (Student)

SNO	SNAME	SEX	AGE	CLASS
980101	李华	男	19	9801
980102	张军	男	18	9801
980103	王红	女	19	9801
980301	黄华	女	17	9803
980302	大卫	男	16	9803
980303	赵峰	男	20	9803
980304	孙娟	女	21	9803

表 4-2　成绩表 (SC)

SNO	CNO	GRADE	SNO	CNO	GRADE
980101	8104	67	980302	8245	96
980101	8105	86	980302	8104	45
980102	8244	96	980302	8105	85
980102	8245	76	980303	8244	76
980103	8104	86	980303	8245	79
980103	8105	56	980304	8104	86
980301	8244	76	980304	8105	95

表 4-3 教师表(Teacher)

TNO	TNAME	SEX	AGE	PROF	DEPT
801	李新	男	38	副教授	计算机系
802	钱军	男	45	教授	计算机系
803	王立	女	35	副教授	食品系
804	李丹	女	22	讲师	食品系

表 4-4 课程表(Course)

CNO	CNAME	TNO	CNO	CNAME	TNO
8104	计算机导论	801	8244	数据库系统	803
8105	C 语言	802	8245	数据结构	804

(4) 设有关系模式:

① 供应商表 S(SN,SNAME,CITY),其中,SN 为供应商代号,SNAME 为供应商名字,CITY 为供应商所在城市,主关键字为 SN;

② 零件表 P(PN,PNAME,COLOR,WEIGHT)。其中,PN 为零件代号,PNAME 为零件名字,COLOR 为零件颜色,WEIGHT 为零件重量,主关键字为 PN;

③ 工程表 J(JN,JNAME,CITY),其中,JN 为工程编号,JNAME 为工程名字,CITY 为工程所在城市,主关键字为 JN;

④ 供应关系表 SPJ(SN, PN,JN, QTY),其中,SN,PN,JN 含义同上,QTY 表示提供的零件数量,主关键字为(SN,PN,JN),外关键字为 SN,PN,JN。

按照表 4-5、表 4-6、表 4-7、表 4-8 的内容,请先创建数据库及根据表内容创建表结构,并添加表记录,实践以下各题的 SQL 命令操作。

表 4-5 供应商(S)

SN	SNAME	CITY
Sl	SN1	上海
S2	SN2	北京
S3	SN3	南京
S4	SN4	西安
S5	SN5	上海

表 4-6 零件表(P)

PN	PNAME	COLOR	WEIGHT
P1	PNl	红	12
P2	PN2	绿	18
P3	PN3	蓝	20
P4	PN4	红	13
P5	PN5	白	11
P6	PN6	蓝	18

表 4-8 供应关系表(SPJ)

SN	PN	JN	QTY
S1	Pl	J1	200
S1	Pl	J4	700
S2	P3	J1	800
S2	P3	J2	200
S2	P3	J3	30
S2	P3	J4	400
S2	P3	J5	500
S2	P3	J6	200
S2	P3	J7	300
S2	P5	J2	200
S3	P3	J1	100
S3	P4	J2	200
S4	P6	J3	300

表 4-7　工程表(J)

JN	JNAME	CITY
J1	JN1	上海
J2	JN2	广州
J3	JN3	武汉
J4	JN4	北京
J5	JN5	南京
J6	JN6	上海
J7	JN7	上海

SN	PN	JN	QTY
S4	P6	J7	500
S5	P2	J2	500
S5	P2	J4	250
S5	P5	J5	300
S5	P5	J7	100
S5	P6	J2	200
S5	P1	J4	300
S5	P3	J4	100
S5	P4	J4	200

写出实现以下各题功能的 SQL 语句：

① 取出所有工程的全部细节；

② 取出所在城市为上海的所有工程的全部细节；

③ 取出重量最轻的零件代号；

④ 取出为工程 J1 提供零件的供应商代号；

⑤ 取出为工程 J1 提供零件 Pl 的供应商代号；

⑥ 取出由供应商 Sl 提供零件的工程名称；

⑦ 取出供应商 S1 提供的零件的颜色；

⑧ 取出为工程 J1 和 J2 提供零件的供应商代号；

⑨ 取出为工程 Jl 提供红色零件的供应商代号；

⑩ 取出为所在城市为上海的工程提供零件的供应商代号；

⑪ 取出为所在城市为上海或北京的工程提供红色零件的供应商代号；

⑫ 取出供应商与工程所在城市相同的供应商提供的零件代号；

⑬ 取出上海的供应商提供给上海的任一工程的零件的代号；

⑭ 取出至少有一个和工程不在同一城市的供应商提供零件的工程代号；

⑮ 取出上海供应商不提供任何零件的工程代号；

⑯ 取出这样一些供应商代号，他们能够提供至少一种提供红色零件的供应商所提供的零件；

⑰ 取出由供应商 S1 提供零件的工程代号；

⑱ 取出所有这样的二元组＜CITY，CITY＞，使得第 1 个城市的供应商为第 2 个城市的工程提供零件；

⑲ 取出所有这样的三元组＜CITY，P♯，CITY＞，使得第 1 个城市的供应商为第 2 个城市的工程提供指定的零件；

⑳ 重复⑲题，但不检索两个 CITY 值相同的二元组；

㉑ 求没有使用天津单位生产的红色零件的工程号；

㉒ 求至少用了单位 S1 所供应的全部零件的工程号；

㉓ 完成如下更新操作：把全部红色零件的颜色改成蓝色，由 S6 供给 J4 的零件 P6 改为由 S8 供应，请作必要的修改，从供应商关系中删除 S2 的记录，并从供应零件关系中删除相应的记录，删除工程 J8 订购的 S4 的零件，请将（S9，J8，P4，200）插入供应零件关系。

实验5 SQL语言 —— 更新操作命令

 实验目的

利用 INSERT、UPDATE 和 DELETE 命令(或语句)实现对表(或视图)数据的添加、修改与删除等更新操作,这里主要介绍对表的操作。

背景知识

实现数据存储的前提是要向表格中添加数据,实现表格的良好管理则还经常需要修改、删除表格中的数据。数据操纵实际上就是指通过 DBMS 提供的数据操纵语言 DML,实现对数据库中表的更新操作,如数据的插入或添加、删除、修改等操作,使用 Transact-SQL 操纵数据的内容主要包括:如何向表中一行行添加数据;如何把一个表中的多行数据插入到另外一个表中;如何更新表中的一行或多行数据;如何删除表中的一行或多行数据;如何清空表中的数据等。

实验示例

1. INSERT 命令

(1) 插入一个或多个元组的 INSERT 语句的格式为:

INSERT［INTO］＜表名或视图名＞［(＜属性列 1＞［,＜属性列 2＞…]）]｛VALUES (＜常量 1＞［,＜常量 2＞]…)［,…n]｝

① 按关系模式的属性顺序安排值。

例 5.1　插入学号、姓名、年龄、性别、系名分别为 98011、张静、27、女、CS 的新学生。

```
USE JXGL
GO
Insert Into Student Values(´98011´,´张静´,27,´女´,´CS´);
GO
```

例 5.2　按学号、姓名、年龄、性别、系名插入一组新学生的信息。

```
Insert Into Student Values (´99201´,´石科´,21,´男´,´CS´),
                           (´99202´,´宋笑´,19,´女´,´CS´),
```

('99203','王欢',20,'女','IS'),

('99204','彭来',18,'男','MA'),

('99205','李晓',22,'女','CS');

GO

执行结果如图 5-1 所示。

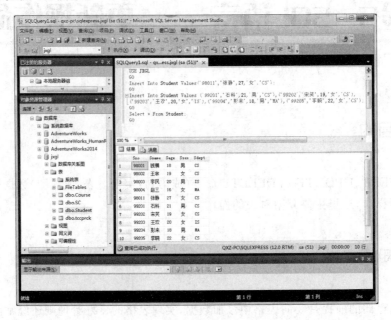

图 5-1 在 SSMS 查询子窗口中通过 INSERT 命令插入记录

② 按指定的属性顺序,也可以只添加部分属性(非 Null 属性是必须明确指定值的)。

例 5.3 插入学号为 98012、姓名为李四、年龄为 16 的学生信息。

Insert Into Student(Sno,Sname, Sage) Values('98012','李四',16);--新插入的记录在 Ssex 列上取缺省值"男",在 Sdept 列上取空值

执行结果如图 5-2 所示。

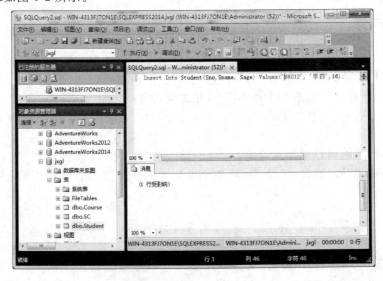

图 5-2 在 SSMS 中某表对应显示的 SQL 窗格中命令插入一记录

注意:① 从篇幅考虑,其余更新命令的执行与运行状况类似于图5-1和图5-2,将不再列出。

② 在INSERT语句中,VALUES列表中的表达式的个数,必须与表中的列数匹配,表达式的数据类型必须可以和表格中的对应各列的数据类型兼容。如果表格中存在定义为NOT NULL的数据列,那么该列的值必须出现在VALUES的列表中。否则,服务器会给出错误提示,操作失败。在INSERT语句中,INTO是一个可选关键字,使用这个关键字可以使语句表达得更加清楚。

③ 如果没有按正确顺序提供插入的数据,那么服务器有可能给出一个语法错误,插入操作失败,也有可能服务器没有错误反应,命令执行成功,但数据是有错的。

(2) 插入子查询结果的INSERT语句的格式为:

INSERT [INTO] <表名或视图名> [(<属性列1> [,<属性列2>…]) 子查询;

其功能为一次将子查询(子查询为一个SELECT-FROM-WHERE查询块)的结果全部插入指定表中。

例5.4 给CS系的学生开设5号课程,建立选课信息(成绩暂空)。

```
Insert Into SC
    Select sno,cno,null
    From Student,Course
    Where Sdept = ´CS´ and cno = ´5´;
```

例5.5 设班里来了位与"赵三"同名、同姓、同性别、同年龄的学生,希望通过使用带子查询块的INSERT命令来添加该新生记录,学号设定成"赵三"的学号加1,姓名为"赵三2",其他相同。

```
Insert Into Student
    Select cast(cast(sno as integer) + 1 as char(5)),sname + ´2´,sage,ssex,sdept
    From Student Where Sname = ´赵三´;
GO
SELECT * FROM Student;
GO
```

执行结果如图5-3所示。

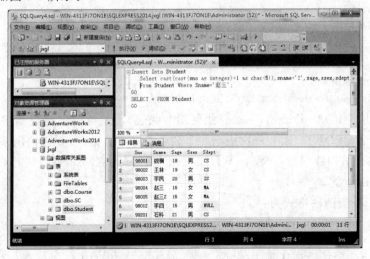

图5-3 带子查询的INSERT命令添加新记录

注意：INSERT 表和 SELECT 子查询结果集的列数、列序和数据类型必须一致，数据类型一致是指两方对应列的数据类型要么相同，要么可以由 SQL Server 服务器自动转换。

2. UPDATE 命令

UPDATE 语句基本语法如下：

UPDATE [TOP(expression) [PERCENT]] <表名或视图名> SET <列名> = <表达式>[,<列名> = <表达式>]…[FROM {<table_source>} [,…n]] [WHERE <条件>];

当需要修改表或视图中的一列或多列的值时，可以使用 UPDATE 语句。使用 UPDATE 语句可以指定要修改的列和想赋予的新值，通过给出检索匹配数据行的 WHERE 子句，还可以指定要更新的列所必须符合的条件（条件表达时可关联参照<table_source>）。

例 5.6 将学生"98003"的姓名改为李明，年龄改为 23 岁。

```
USE JXGL
GO
SELECT * FROM Student;   --修改前
UPDATE Student SET Sname = '李明',Sage = 23 WHERE Sno = '98003';   --修改中
SELECT * FROM Student;   --修改后,通过比较体会修改效果
```

例 5.7 将 Student 表的学号前 3 位学生的年龄均增加 1 岁。

```
UPDATE Student SET Student.Sage = Student.Sage + 1
FROM (SELECT TOP(3) * FROM Student ORDER BY SNO) AS STU3
WHERE STU3.SNO = Student.SNO
-- 或若 Student 本是按学号升序排序的,则直接利用带 TOP 的 UPDATE 命令
UPDATE TOP(3) Student SET Student.Sage = Student.Sage + 1
```

使用 PERCENT，指示修改表中前面 expression% 的行，小数部分的值向上舍入到下一个整数值。如下表示修改 Student 表前面 3% 行的学生年龄。

```
UPDATE TOP(3) PERCENT Student SET Student.Sage = Student.Sage + 1
```

例 5.8 将"98001"学生选修 3 号课程的成绩改为该课的平均成绩。

```
Update SC
Set Grade = (Select AVG(Grade) From SC Where Cno = '3')
Where Sno = '98001' AND Cno = '3';
```

例 5.9 学生王林在 2 号课程考试中作弊，该课成绩应作零分计。

```
UPDATE SC SET GRADE = 0
WHERE CNO = '2' AND '王林' = (SELECT SNAME FROM STUDENT
                              WHERE STUDENT.SNO = SC.SNO);
```

或

```
UPDATE SC SET GRADE = 0
WHERE CNO = '2' AND SNO IN (SELECT SNO FROM STUDENT WHERE SNAME = '王林');
```

注意：①使用 UPDATE 语句，一次只能更新一张表，但是可以同时更新多个要修改的数据列；②使用一个 UPDATE 语句一次更新一个表中的多个数据列，要比使用多个一次只更新一列的 UPDATE 语句效率高；③没有 WHERE 子句时，表示要对所有行进行修改。

3. DELETE 命令

删除语句的一般语法格式为：

DELETE [TOP(expression) [PERCENT]] [FROM] <表名或视图名>
[FROM {<table_source>} [,…n]] [WHERE <条件>]

DELETE 语句的功能是从指定表或视图中删除满足 WHERE 子句条件（条件表达时可关联参照<table_source>）的所有元组。如果省略 WHERE 子句，表示删除表中全部元组，

但表的定义仍在数据字典中。也就是说，DELETE 语句删除的是表中的数据，而不是表的结构定义。

实验删除操作前，先备份选修表 SC 到 TSC 中，命令为：

```
SELECT * INTO TSC FROM SC --备份到表 TSC 中
```

例 5.10　删除计算机系所有学生的选课记录。

```
SELECT * FROM SC      --删除前
DELETE FROM SC        --删除中
WHERE 'CS' =
      ( SELECT Sdept FROM Student
        WHERE Student.Sno = SC.Sno);
```

或

```
DELETE FROM SC FROM Student
WHERE Sdept = 'CS' AND Student.Sno = SC.Sno;
SELECT * FROM SC      --删除后，通过比较了解删除操作情况
```

从表 TSC 恢复数据到表 SC，命令为（若为部分恢复，子查询中要有相应的 WHERE 条件）：

```
INSERT INTO SC SELECT * FROM TSC --这是一种方便、简易的恢复数据的方法
```

例 5.11　使用 DELETE 语句删除表 SC 中的所有数据。

```
DELETE FROM SC
```

说明：使用 TRUNCATE TABLE 也能清空表格，如 TRUNCATE TABLE SC。TRUNCATE TABLE 语句可以删除表格中所有的数据，只留下一个表格的定义；使用 TRUNCATE TABLE 语句执行操作通常要比使用 DELETE 语句快，因为 TRUNCATE TABLE 是不记录日志的操作的；TRUNCATE TABLE 将释放表的数据和索引所占据的所有空间。其语法为：

```
TRUNCATE table name
```

注意：在 T-SQL 中，关键字 FROM 是可选的，这里是为了区别别的版本的 SQL 兼容而加上的。在操作数据库时，使用 DELETE 语句要小心，因为数据是会从数据库中永远地被删除的。

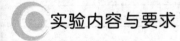

实验内容与要求

请实践以下命令式更新操作。

① 在学生表 Student 和学生选课表 SC 中分别添加表 5-1 和表 5-2 中的记录。

② 备份 Student 表到 TS 中，并清空 TS 表。

③ 给 IS 系的学生开设 7 号课程，建立所有相应的选课记录，成绩暂定为 60 分。

④ 把年龄小于等于 16 岁的女生记录保存到表 TS 中。

⑤ 在表 Student 中检索每门课均不及格的学生学号、姓名、年龄、性别及所在系等信息，并把检索到的信息存入 TS 表中。

⑥ 将学号为"98011"的学生姓名改为刘华，年龄增加 1 岁。

⑦ 把选修了"数据库系统"课程而成绩不及格的学生的成绩全改为空值（NULL）。

⑧ 将 Student 的前 4 位学生的年龄均增加 1 岁。

⑨ 学生王林在 3 号课程考试中作弊，该课成绩改为空值（NULL）。

⑩ 把成绩低于总平均成绩的女同学的成绩提高 5%。

⑪ 在基本表 SC 中修改课程号为"2"号课程的成绩,若成绩小于等于 80 分时降低 2%,若成绩大于 80 分时降低 1%(用两个 UPDATE 语句实现)。

⑫ 利用"select into…"命令来备份 Student、SC、Course 三表,备份表名自定。

⑬ 在基本表 SC 中删除尚无成绩的选课元组。

⑭ 把"钱横"同学的选课情况全部删去。

⑮ 能删除学号为"98005"的学生记录吗? 如果一定要删除该记录,该如何操作? 给出操作命令。

⑯ 删除姓"张"的学生的记录。

⑰ 清空 Student 与 Course 两表。

⑱ 如何又从备份表中恢复所有的三表?

表 5-1　学生表(Student)

学号 (Sno)	姓名 (Sname)	年龄 (Sage)	性别 (Ssex)	所在系 (Sdept)
99010	赵青江	18	男	CS
99011	张丽萍	19	女	CH
99012	陈景欢	20	男	IS
99013	陈婷婷	16	女	PH
99014	李 军	16	女	EH

表 5-2　学生选课表(SC)

学号 (Sno)	课程号 (Cno)	成绩 (Grade)
99010	1	87
99010	2	
99010	3	80
99010	4	87
99010	6	85
99011	1	52
99011	2	47
99011	3	53
99011	5	45
99012	1	84
99012	3	
99012	4	67
99012	5	81

实验6 嵌入式SQL应用

实验目的

掌握第三代高级语言如 C 语言中嵌入式 SQL 的数据库数据操作方法,能清晰地领略到 SQL 命令在第三代高级语言中操作数据库数据的方式方法,这种方式方法在今后各种数据库应用系统开发中将被广泛采用。

掌握嵌入式 SQL 语句的 C 语言程序的上机过程,包括编辑、预编译、编译、连接、修改、调试与运行等内容。

背景知识

国际标准数据库语言 SQL 应用广泛。目前,各商用数据库系统均支持它,各开发工具与开发语言均以各种方式支持 SQL 语言。涉及数据库的各类操作如插入、删除、修改与查询等主要是通过 SQL 语句来完成的。广义来讲,各类开发工具或开发语言,其通过 SQL 来实现的数据库操作均为嵌入式 SQL 应用。

但本实验主要介绍 SQL 语言嵌入到第三代过程式高级语言(如 C、COBOL、FORTRAN 等)中的使用情况。不同数据库系统一般都提供能嵌入 SQL 命令的高级语言,并把其作为应用开发工具之一,例如,SQL Server 支持的嵌入式 ANSI C,UDB/400 支持的 RPG Ⅳ、ILE COBOL/400、PL/1 等,Oracle 支持的 Pro * C 等。本实验主要基于 ANSI C 中嵌入了 SQL 命令实现的简易数据库应用系统——"学生学习管理系统"——来展开的。

实验示例

SQL Server 支持的嵌入式 C 的详细语法等请参阅 SQL Server 联机帮助。这里只是示范性介绍对数据库数据进行插入、删除、修改、查询、统计等的基本操作的具体实现,通过一个个功能的示范与介绍能体现出用嵌入式 C 实现一个简单系统的概况。

6.1 应用系统背景情况

应用系统开发环境是:SQL Server 支持的嵌入式 C 语言及某版本 SQL Server 数据库管

理系统。具体包括以下几方面。

① 开发语言：嵌入式 ANSI C。

② 编译与连接工具：VC98 编译器(即 VC++ 6.0)。

③ 子语言：MS SQL Server 嵌入式 SQL。

④ 数据库管理系统：目前适用于 SQL Server 2000、SQL Server 2005、SQL Server 2008、SQL Server 2012 或 SQL Server 2014。

⑤ 源程序编辑环境：文本编辑器，如记事本或其他源程序编辑器。

⑥ 运行环境：MS DOS 或 MS DOS 子窗口。

本应用系统也可采用其他大型数据库系统所提供的嵌入式第三代语言环境，如采用 Oracle 及其支持的 Pro * C。

要说明的是 MS SQL Server 嵌入式 SQL 语法基本同 T-SQL，SQL Server 支持的嵌入式 C 及嵌入式 SQL 详细语法等请参阅 SQL Server 联机帮助。常用命令在应用系统中已基本体现。

6.2　系统的需求与总体功能要求

为简单起见，假设该学生学习管理系统要处理的信息只涉及学生、课程与学生选课方面的信息。为此，系统的需求分析是比较简单明了的。本系统只涉及学生信息、课程信息及学生与课程间选修信息。

本系统功能需求有以下几个方面。

(1) 在 SQL Server 中，建立各关系模式对应的库表并初始化各表，确定各表的主键、索引、参照完整性、用户自定义完整性等。

(2) 能对各库表提供输入、修改、删除、添加、查询、打印显示等基本操作。

(3) 能明细实现如下各类查询：①能查询学生基本情况、学生选课情况及各科考试成绩情况；②能查询课程基本情况、课程学生选修情况、课程成绩情况；③能实现动态输入 SQL 命令查询。

(4) 能统计实现如下各类查询：①能统计学生选课情况及学生的成绩单(包括总成绩、平均成绩、不及格门数等)情况；②能统计课程综合情况、课程选修综合情况，如课程的选课人数，最高、最低、平均成绩等，能统计课程专业使用状况；③能动态输入 SQL 命令统计。

(5) 用户管理功能，包括用户登录、注册新用户、更改用户密码等功能。

(6) 所设计系统采用 MS DOS 操作界面，按字符实现子功能切换操作。

系统的总体功能安排如系统功能菜单所示：

0—exit	7—修改学生记录	e—显示学生记录	l—通用统计功能
1—创建学生表	8—修改课程记录	f—显示课程记录	m—数据库用户表名
2—创建课程表	9—修改成绩记录	g—显示成绩记录	n—动态执行 SQL 命令
3—创建成绩表	a—删除学生记录	h—学生课程成绩表	
4—添加学生记录	b—删除课程记录	i—统计某学生成绩	
5—添加课程记录	c—删除成绩记录	j—学生成绩统计表	
6—添加成绩记录	d—按学号查学生	k—课程成绩统计表	

6.3 系统概念结构设计与逻辑结构设计

1. 数据库概念结构设计

本简易系统的 E-R 图（不包括登录用户实体）如图 6-1 所示。

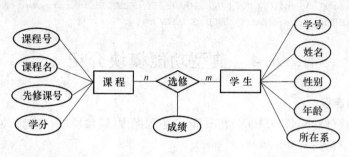

图 6-1 系统 E-R 图

2. 数据库逻辑结构设计

（1）数据库关系模式

按照"实体-联系"图转化为关系模式的规则,本系统的 E-R 图可转化为如下 3 个关系模式：

① 学生（学号、姓名、性别、年龄、所在系）；

② 课程（课程号、课程名、先修课号、学分）；

③ 选修（学号、课程号、成绩）。

另需辅助表：用户表（用户编号、用户名、口令、等级）。

表名与属性名对应由英文表示,则关系模式为：

① student(sno、sname、ssex、sage、sdept)；

② course(cno、cname、cpno、ccredit)；

③ sc(sno、cno、grade)；

④ users(uno、uname、upassword、uclass)。

（2）数据库及表结构的创建

设本系统使用的数据库名为 xxgl,根据已设计出的关系模式及各模式的完整性的要求,现在就可以在 SQL Server 数据库系统中实现这些逻辑结构。下面是创建数据库及其表结构的 T-SQL 命令（SQL Server 中的 SQL 命令）：

```
CREATE DATABASE xxgl;
GO
USE xxgl;
CREATE TABLE student (
    sno char(5) NOT null primary key,
    sname char(6) null ,
    ssex char(2) null DEFAULT ´男´ CHECK (ssex = ´男´ or ssex = ´女´),
    sage int null check(sage > = 8 and sage < = 45),
    sdept char(2) null);
CREATE TABLE course (
    cno char(1) NOT null primary key,
    cname char(10) null ,
```

```
        cpno char(1) null ,
        ccredit int null DEFAULT 2 CHECK (ccredit >= 0 and ccredit <= 50));
CREATE TABLE sc (
        sno char(5) NOT null ,cno char(1) NOT null ,grade int null ,
        CONSTRAINT FK_sc_course FOREIGN KEY(cno) REFERENCES course(cno),
        CONSTRAINT FK_sc_student FOREIGN KEY(sno) REFERENCES student(sno));
CREATE TABLE users(uno char(6) NOT NULL PRIMARY KEY   CLUSTERED (uno),uname char(10) NOT NULL,up-
assword varchar(10) NULL,uclass char(1) NULL DEFAULT ´A´);
```

6.4　典型功能模块介绍

1. 数据库的连接

数据库的连接（CONNECTION）在 main()主程序中（篇幅所限,可能牺牲程序格式）:

```
main(int argc,char ** argv,char ** envp)
{ //各变量定义略
  //SQL Server 支持的嵌入式 C 程序,先说明变量与主变量
  EXEC SQL BEGIN DECLARE SECTION; //用于连接的主变量说明
  char szServerDatabase[(SQLID_MAX * 2) + 2] = ""; //放数据库服务器与数据库名
  char szLoginPassword[(SQLID_MAX * 2) + 2] = ""; //放登录用户名与口令
  EXEC SQL END DECLARE SECTION;
  //接着是连接的相关设置与错误处理设置
  EXEC SQL WHENEVER SQLERROR CALL ErrorHandler();
  EXEC SQL SET OPTION LOGINTIME 10;
  EXEC SQL SET OPTION QUERYTIME 100;
  ...
  //GetConnectToInfo()实现连接信息的获取
  nRet = GetConnectToInfo(argc,argv,szServerDatabase,szLoginPassword);
  if (!nRet){return(1);}
  // 若不使用"GetConnectToInfo()",则也可直接指定"服务器名.数据库名"与
  //"用户名.口令名"来连接,如 EXEC SQL CONNECT TO qh.qxz USER sa.sa;
  // 这里"qh"为服务器名,"qxz"为数据库名,"sa"为用户名,"sa"为口令
  EXEC SQL CONNECT TO :szServerDatabase USER :szLoginPassword; //真正与 SQL Server 连接
  if (SQLCODE == 0) {printf("Connection to SQL Server established\n");}
  else{ printf("ERROR: Connection to SQL Server failed\n");return (1);}
   for(;;){ // 循环显示菜单,并调用功能子程序
    printf("Please select one function to execute:\n\n");
    printf(" 0--exit.\n");
    printf(" 1--创建学生表    7--修改学生记录   d--按学号查学生     i--统计某学生成绩 \n");
    printf(" 2--创建课程表    8--修改课程记录   e--显示学生记录     j--学生成绩统计表 \n");
    printf(" 3--创建成绩表    9--修改成绩记录   f--显示课程记录     k--课程成绩统计表 \n");
    printf(" 4--添加学生记录  a--删除学生记录   g--显示成绩记录     l--通用统计功能    \n");
    printf(" 5--添加课程记录  b--删除课程记录   h--学生课程成绩表   m--数据库用户表名 \n");
    printf(" 6--添加成绩记录  c--删除成绩记录   n--动态执行 SQL 命令\n");
      printf("\n");
      fu[0] = ´0´;
      scanf(" % s",&fu);
      if (fu[0] == ´0´) exit(0);
      if (fu[0] == ´1´) create_student_table(); //主体程序各子系统中含各种嵌入式 SQL 命令
      ...
      if (fu[0] == ´n´) dynamic_exec_sql_command();
```

```
        pause();
    }
    EXEC SQL DISCONNECT ALL; // main()结束时断开连接
} //end of main()
```

本系统运行主界面图如图6-2所示。

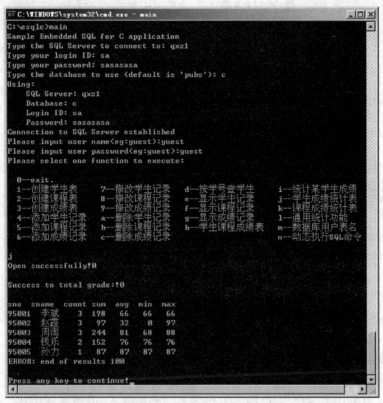

图6-2 学生学习管理系统运行菜单图

2. 表的初始创建(CREATE & INSERT)

系统能在第一次运行前,初始化用户表。程序在初始化前,先判断系统库中是否已存在学生表,若存在则询问是否要替换它,得到肯定回答后,便 DROP 已有表,create table 创建 Student 表,接着通过"begin transaction…多条 insert into…commit transaction"作为一个完整的事务,完成插入记录。

程序如下:

```
int create_student_table()
{   char yn[2];
    EXEC SQL BEGIN DECLARE SECTION;
    char tname[21] = "xxxxxxxxxxx";
    EXEC SQL END DECLARE SECTION;
    EXEC SQL SELECT name INTO :tname from sysobjects
            where (xtype = 'U' and name = 'student');
    if (SQLCODE == 0||strcmp(tname,"student") == 0)
    {   printf("The student table already exists,Do you want to delete it? \n",SQLCODE);
        printf("Delete the table? (y--yes,n--no):");
        scanf("% s",&yn);
        if (yn[0] == 'y' ||yn[0] == 'Y'){ EXEC SQL DROP TABLE student;
```

```
            if (SQLCODE == 0)
            { printf("Drop table student successfully! % d\n\n",SQLCODE);}
            else{ printf("ERROR: drop table student % d\n\n",SQLCODE);}
        }else return -1;
    }
    EXEC SQL CREATE TABLE student(sno char(5) NOT null primary key,sname char(6) null,ssex char
    (2) null DEFAULT '男' CHECK (ssex = '男' or ssex = '女'),sage int null check (sage >= 8 and sage
    <= 45),sdept char(2) null);
    if (SQLCODE == 0){ printf("Success to create table student!% d\n\n",SQLCODE);}
    else{ printf("ERROR: create table student % d\n\n",SQLCODE);}
    EXEC SQL begin transaction
        INSERT INTO student VALUES('95001','李斌','男',16,'CS')
        //其他插入语句略
        commit transaction;
    if (SQLCODE == 0){
        printf("Success to insert rows to student table! % d\n\n",SQLCODE);
    }else{ printf("ERROR: insert rows % d\n\n",SQLCODE);}
    return(0);
}
```

对 SQL Server 的操作往往能使用存储过程来实现,如果数据库中已创建存储过程 insert_to_student: create procedure insert_to_student @sno char(5),@sname char(6),@ssex char(2),@sage int,@sdept char(2) as insert into student values(@sno,@sname,@ssex,@sage,@sdept)。

则插入一条记录可使用如下命令:

```
EXEC SQL exec insert_to_student "95005","李斌","男",16,"MA"
```

3. 表记录的插入

表记录的插入(INSERT)程序功能比较简单,主要通过循环结构,可反复输入学生记录的字段值,用"insert into…"命令完成插入工作。直到不再插入,退出循环为止。要注意的是为实现某字段值插入空值,要结合使用指示变量,指示变量输入负数表示某字段值插入空值。该程序可进一步完善,使程序能在插入前,先判断输入学号的学生记录是否已存在,并据此作相应的处理(请自己完善)。程序如下:

```
int insert_rows_into_student_table()
{ EXEC SQL BEGIN DECLARE SECTION;
  char isno[] = "95002";
  char isname[] = "xxxxxx";
  char issex[] = "男";
  int isage = 18;
  char isdept[] = "CS";
  int isnameind = 0;
  //其他指示变量定义略(包括其他要介绍的程序)
EXEC SQL END DECLARE SECTION;
char yn[2];
while(1){
  printf("Please input sno(eg:95001):");                scanf("% s",isno);
  printf("Please input name(eg:XXXX):");                scanf("% s",isname);
  printf("Please input name indicator(<0 to set null):");   scanf("% d",&isnameind);
  printf("Please input age(eg:18):");                   scanf("% d",&isage);
  printf("Please input age indicator(<0 to set null):");    scanf("% d",&isageind);
```

```
    printf("Please input sex(eg:男):");                     scanf("%s",issex);
    printf("Please input sex indicator(<0 to set null):");   scanf("%d",&issexind);
    printf("Please input dept(eg:CS、IS、MA…):");             scanf("%s",isdept);
    printf("Please input dept indicator(<0 to set null):");  scanf("%d",&isdeptind);
    EXEC SQL INSERT INTO student(sno,sage,ssex,sname,sdept)
            values(:isno,:isage:isageind,:issex:issexind,
                    :isname:isnameind,:isdept:isdeptind);
    if (SQLCODE==0){printf("execute successfully!%d\n\n",SQLCODE);}
    else{printf("ERROR: execute %d\n",SQLCODE);}
    printf("Insert again? (y--yes,n--no):");
    scanf("%s",&yn);
    if (yn[0]=='y'||yn[0]=='Y'){ continue;} else break;
    }return (0);
}
```

4. 表记录的修改

表记录的修改(UPDATE)程序:首先要求输入学生所在系名("＊＊"代表全部系),然后逐个列出该系的每个学生,询问是否要修改,若要修改则再要求输入该学生的各字段值,字段输入中结合使用指示变量,可控制是否要保留字段原值,设置为空还是要输入新值。逐个字段值输入完毕用 UPDATE 命令完成修改操作。询问是否修改时,也可输入"0"来结束该批修改而直接退出。程序如下:

```
int current_of_update_for_student()
{ char yn[2];
EXEC SQL BEGIN DECLARE SECTION;
char deptname[3];      char hsno[6];           char hsname[5];
char hssex[3];         char hsdept[3];         float hsage;
int ihsdept = 0;       int ihsname = 0;        int ihssex = 0;
int ihsage = 0;        float isage = 38;       int isageind = 0;
char issex[3] = "男";  int issexind = 0;       char isname[5] = "xxxx";
int isnameind = 0;     char isdept[3] = "CS";  int isdeptind = 0;
EXEC SQL END DECLARE SECTION;
EXEC SQL SET CURSORTYPE CUR_STANDARD;
printf("Please input deptname to be updated(CS、IS、MA…,＊＊--All):\n");
scanf("%s",deptname);
if (strcmp(deptname,"＊")==0||strcmp(deptname,"＊＊")==0) strcpy(deptname,"%");
EXEC SQL DECLARE sx2 CURSOR FOR SELECT sno,sname,ssex,sage,sdept
    FROM student WHERE sdept like :deptname
    for update of sname,ssex,sage,sdept;
EXEC SQL OPEN sx2;
while(SQLCODE==0)
{ EXEC SQL FETCH sx2 INTO :hsno,:hsname:ihsname,:hssex:ihssex,
            :hsage:ihsage,:hsdept:ihsdept;
    if (SQLCODE!=0) continue;
    printf("%s\n","sno  sname  ssex  sage  sdept");
    printf("%s",hsno);
    if (ihsname==0) printf("  %s",hsname); else printf(" null");
    if (ihssex==0) printf("  %s",hssex); else printf(" null");
    if (ihsage==0) printf("  %3.0f",hsage); else printf(" null");
    if (ihsdept==0) printf("  %s\n",hsdept); else printf(" null\n");
    printf("UPDATE ? (y/n/0,y--yes,n--no,0--exit)");
    scanf("%s",&yn);
```

```
        if (yn[0] == 'y' || yn[0] == 'Y'){
            printf("Please input new name(eg:XXXX):");
            scanf("%s",isname);
            printf("Please input name indicator(<0 to set null,9 no change):");
            scanf("%d",&isnameind);
            if (isnameind == 9) { if (ihsname<0) isnameind = -1;
            else strcpy(isname,hsname);}
            printf("Please input new age(eg:18):"); scanf("%f",&isage);
            printf("Please input age indicator(<0 to set null,9 no change):");
            scanf("%d",&isageind);
            if (isageind == 9) { if (ihsage<0) isageind = -1; else isage = hsage;}
            printf("Please input new sex(eg:男):"); scanf("%s",issex);
            printf("Please input sex indicator(<0 to set null,9 no change):");
            scanf("%d",&issexind);
            if (issexind == 9) { if (ihssex<0) issexind = -1; else strcpy(issex,hssex);}
            printf("Please input new dept(eg:CS、IS、MA…):"); scanf("%s",isdept);
            printf("Please input dept indicator(<0 to set null,9 no change):");
            scanf("%d",&isdeptind);
            if (isdeptind == 9) { if (ihsdept<0) isdeptind = -1; else strcpy(isdept,hsdept); }
            EXEC SQL UPDATE student set sage = :isage:isageind,sname = :isname:isnameind,
                ssex = :issex:issexind,sdept = :isdept:isdeptind where current of sx2;
        };
        if (yn[0] == '0') break;
    };
    EXEC SQL CLOSE sx2;
    return (0);
}
```

5. 表记录的删除

表记录的删除（delete）程序：首先要求输入学生所在系名（"＊＊"代表全部系），然后逐个列出该系的每个学生，询问是否要删除，若要删除则调用 DELETE 命令完成该操作。询问是否删除时也可输入"0"直接结束该批删除处理，退出程序。程序如下：

```
int current_of_delete_for_student()
{ char yn[2];
… //主变量定义略
EXEC SQL SET CURSORTYPE CUR_STANDARD;
printf("Please input deptname(CS、IS、MA…, ＊＊--All):\n");
scanf("%s",deptname);
if (strcmp(deptname,"＊")== 0||strcmp(deptname,"＊＊")== 0) strcpy(deptname,"%");
EXEC SQL DECLARE sx CURSOR FOR
    SELECT sno,sname,ssex,sage,sdept FROM student
    where sdept like :deptname for update of sname,ssex,sage,sdept;
EXEC SQL OPEN sx;
while( SQLCODE == 0)
{   EXEC SQL FETCH sx INTO :hsno,:hsname:ihsname,
        :hssex:ihssex,:hsage:ihsage,:deptname:ihsdept;
    if (SQLCODE! = 0) continue;
    printf("%s %5s %s %s  %s\n","sno ","sname","ssex","sage","sdept");
    // 学生记录的显示代码略
    printf("DELETE? (y/n/0,y--yes,n--no,0--exit)");
    scanf("%s",&yn);
```

```
    if (yn[0] == 'y' || yn[0] == 'Y')
    { EXEC SQL DELETE FROM student where current of sx;};
    if (yn[0] == '0') break;
  };
  EXEC SQL CLOSE sx;
  return (0);
}
```

6. 表记录的查询

表记录的查询(SELECT & CURSOR)程序,先根据 SELECT 查询命令定义游标,打开游标后,再通过循环逐条取出记录并显示出来。所有有效的 SELECT 语句均可通过本程序模式查询并显示。程序如下:

```
int using_cursor_to_list_student()
{  ⋯ //主变量定义略
  EXEC SQL declare studentcursor cursor
      for SELECT * FROM student order by sno for read only;
  EXEC SQL open studentcursor;
  if (SQLCODE == 0){ printf("Open successfully!% d\n",SQLCODE);}
  else{ printf("ERROR: open % d\n",SQLCODE);}
  printf("\n");
  printf("sno sname ssex sage sdept \n");
  while (SQLCODE == 0){EXEC SQL FETCH NEXT studentcursor
            INTO :csno,:csname:csnamenull,:cssex:cssexnull,
                :csage:csagenull,:csdept:csdeptnull;
      if (SQLCODE == 0){ // 学生记录的显示代码略 }}
  printf("\n");
  EXEC SQL close studentcursor;
  return (0);
}
```

7. 实现统计功能(total select & cursor)

表记录的统计程序与表记录的查询程序如出一辙,只是 SELECT 查询语句带有分组子句 GROUP BY,并且 SELECT 子句中使用统计函数。程序如下:

```
int using_cursor_to_total_s_sc()
{  ⋯ //主变量定义略
  EXEC SQL declare totalssc cursor
      for SELECT student. sno,sname,count(grade),sum(grade),
            avg(grade),MIN(grade),MAX(grade)
        FROM student,sc WHERE student. sno = sc. sno
        GROUP BY student. sno,sname for read only;
  EXEC SQL open totalssc;
  if (SQLCODE == 0){ printf("Open successfully!% d\n",SQLCODE);}
  else{ printf("ERROR: open % d\n",SQLCODE);}
  printf("\n");
  printf("Success to total grade:!% d\n\n",SQLCODE);
  printf("sno  sname  count sum  avg  min  max \n");
  while (SQLCODE == 0){EXEC SQL FETCH NEXT totalssc
            into :isno,:isname:isnameind,:icnt:icnti,
          :isum:isumi,:iavg:iavgi,:imin:imini,:imax:imaxi;
      if (SQLCODE == 0){  //统计结果的显示代码略
      }else{ printf("ERROR: end of results % d\n",SQLCODE);}
  }
```

```
      printf("\n");
      EXEC SQL close totalssc;
      return(0);
  }
```

8. SQL 的动态执行

SQL 的动态执行（EXECUTE）主要是对 INSERT、DELETE、UPDATE 命令来讲的，输入一条有效的 SQL 命令，调用"execute immediate…"命令即可动态执行。程序如下：

```
  int dynamic_exec_sql_command()
  {   EXEC SQL BEGIN DECLARE SECTION;
        char cmd[81];
      EXEC SQL END DECLARE SECTION;
      char c,str[7];
      printf("Please input a sql command(DELETE、UPDATE、INSERT):\n");
      c = getchar();gets(cmd);
      if (strlen(cmd)>= 6) strncpy(str,cmd,7);
      else{printf("Please input correct command.\n");return(-1);}
      if (strcmp(str,"select ") == 0){
          printf("Please input only DELETE、UPDATE、INSERT command.\n");
          return(-1); }
      EXEC SQL execute immediate :cmd;
      if (SQLCODE == 0)
      { printf("The sql command is executed successfully!% d\n",SQLCODE);}
      else{ printf("ERROR: execute the sql command.  % d\n",SQLCODE);}
      return (0);
  }
```

9. 通用统计功能

通用统计功能能完成含有单一统计列的 SELECT 语句的动态执行。先任意输入一条含有两列（其中一列含统计函数）的 SELECT 命令，再利用动态游标来执行与显示，动态游标一般由"declare…prepare…open…fetch…"命令序列来完成。简略程序如下：

```
  int using_cursor_to_total_ty()
  {   //变量定义等略
      gets(cmd); //输入动态统计 SQL 命令
      //判断 cmd 中统计命令是否有效程序略
      EXEC SQL declare total_ty_cur cursor for total_ty;    //定义游标
      EXEC SQL prepare total_ty from :cmd;                  //准备动态命令
      EXEC SQL SET CURSORTYPE CUR_STANDARD;                 //设置游标类型
      EXEC SQL open total_ty_cur;                           //打开游标
      if (SQLCODE == 0){ printf("Open successfully!% d\n",SQLCODE);}
      else{ printf("ERROR: open % d\n",SQLCODE); }
      printf(" 分组字段名         统计值 \n");              //以下程序组织输出结果
      while (SQLCODE == 0){                                 //取游标当前记录并显示
        EXEC SQL FETCH NEXT total_ty_cur into :icno,:icnt:icnti;
        if (SQLCODE == 0){ printf(" % s",icno);
            if (icnti== 0 ) printf("   % f\n",icnt);
            else printf("   null\n");
        } else{ printf("ERROR: end of results % d\n",SQLCODE); }}
      EXEC SQL close total_ty_cur;
      return(0);
  }
```

其他功能程序可参阅以上典型程序自己设计完成。

6.5 系统运行情况

① 新建 C:\esqlc 目录,把 SQL Server 7.0(也可以是 SQL Server 2000)安装盘上的\dev-tools\include 目录、\devtools\x86lib 目录、\x86\binn 目录与\devtools\samples\esqlc 中的例子复制到 c:\esqlc 目录中,嵌入了 SQL 的 C 语言程序(文件扩展名为 sqc)也放于此目录中。

② 启动"MS-DOS"窗口,发如下命令,使当前盘为 C,当前目录为 esqlc。

```
C:
cd\esqlc
```

③ 设置系统环境变量值,执行如下批处理命令:

```
setenv
```

④ 预编译、编译、连接嵌入 SQL 的 C 语言程序(如 main.sqc),执行如下批处理命令(有语法语义错时可修改后重新运行):

```
run main
```

⑤ 运行生成应用程序(main.exe),如图 6-3 所示,输入程序名即可:

```
main
```

图 6-3 ③到⑤步的运行情况

对系统运行情况需作如下说明。

① 嵌入 SQL 的 C 语言程序可用任意文本编辑器进行编辑修改(如记事本、Word 等)。

② 运行发现错误时,可先用如下命令进行预编译,发现问题后再用文本编辑器进行编辑修改后重新运行:

```
nsqlprep main /NOSQLACCESS        (假设对 main.sqc 进行预编译)
```

③ 数据库中应有 student、sc、course 等所需的表（或通过嵌入 SQL C 语言运行时执行创建功能）。

④ 需要有 VC++6.0 的 C 程序编译器 cl.exe 及相关的动态连接库与库文件等。

⑤ setenv.bat 文件内容：

```
echo use setenv to set up the appropriate environment for
echo building Embedded SQL for C programs
set path = "C:\Program Files\Microsoft SQL Server\MSSQL\Binn";"C:\esqlc\binn";"C:\program files\microsoft visual studio\vc98\bin"
set INCLUDE = C:\esqlc\include;C:\Program Files\Microsoft Visual Studio\VC98\Include;%include%
set LIB = C:\esqlc\x86lib;C:\Program Files\Microsoft Visual Studio\VC98\Lib;%lib%
```

⑥ 嵌入 SQL 的 C 语言程序编译环境要求（即 SETENV.BAT 文件内容）：需 VC 安装目录下的\bin、\include、\lib 子目录；SQL Server 安装目录下的\binn 子目录；SQL Server 安装盘（早期 SQL Server 2000 等才有）上目录\x86\binn、\devtools\include、\devtools\x86lib、\devtools\samples\esqlc（可能是压缩文件需要先释放）等。为此 SETENV.BAT 文件目录情况应按照实际目录情况调整。

⑦ run.bat 文件内容为：

```
nsqlprep %1 /NOSQLACCESS
cl /c /W3 /D"_x86_" /Zi /od /D"_DEBUG" %1.c
cl /c /W3 /D"_x86_" /Zi /od /D"_DEBUG" gcutil.c
link /NOD /subsystem:console /debug:full /debugtype:cv %1.obj gcutil.obj kernel32.lib libcmt.lib sqlakw32.lib caw32.lib ntwdblib.lib
```

说明：%1.c 代表预编译后生成的 C 程序，gcutil.c 是 SQL Server 安装目录\devtools\samples\esqlc 中的实用程序，主要实现对 GetConnectToInfo() 函数的支持。

⑧ 以上实验的运行环境最早为 Windows98+SQL Server 7.0+VC++ 6.0，目前 Windows 7+SQL Server 2014+VC++ 6.0 也同样可行，在不同环境下批处理文件内容应有所变动，编译、连接、运行中可能要用到动态连接库文件，如 mspdb60.dll，sqlakw32.dll，ntwdblib.DLL 等（需要时查找下载并复制它们到编译、运行环境，如"C:\esqlc"中）。

实际上本系统是可以在 Windows XP、Windows 2000、Windows 2003 或 Windows 7 等操作系统环境的 MS-DOS 窗口中运行，并能连接与操作 SQL Server 7.0、SQL Server 2000、SQL Server 2005、SQL Server 2008、SQL Server 2012、SQL Server 2014 等多个版本的微软数据库管理系统上的数据库。

6.6　其他高级语言中嵌入式 SQL 的应用情况

1. Pro*C 程序概述

Pro*C 是 Oracle 的一种开发工具，它把过程化语言 C 和非过程化语言 SQL 最完善地结合起来，具有完备的过程处理能力，又能完成任何数据库的处理任务，使用户可以通过编程完成各种类型的报表。在 Pro*C 程序中可以嵌入 SQL 语言，利用这些 SQL 语言可以动态地建立、修改和删除数据库中的表，也可以查询、插入、修改和删除数据库表中的行，还可以实现事务的提交和回滚。在 Pro*C 程序中还可以嵌入 PL/SQL 块，以改进应用程序的性能，特别是在网络环境下，可以减少网络传输和处理的总开销。

2. Pro * C 程序的组成结构

通俗来说,Pro * C 程序实际是内嵌有 SQL 语句或 PL/SQL 块的 C 程序,因此,它的组成很类似 C 程序。但因为它内嵌有 SQL 语句或 PL/SQL 块,所以它还含有与之不同的成分。

每一个 Pro * C 程序都包括两部分:应用程序首部与应用程序体。

① 应用程序首部:定义了 Oracle 数据库的有关变量,为在 C 语言中操纵 Oracle 数据库做好了准备。

② 应用程序体:基本上由 Pro * C 的 SQL 语句调用组成,主要指查询 SELECT、INSERT、UPDATE、DELETE 等语句。

3. Pro * C 程序举例

例如,"example. pc"程序能完成输入雇员号、雇员名、职务名和薪金等信息,并插入到雇员表 emp(Oracle 缺省安装后含该表)中的功能。

```c
# define USERNAME "SCOTT"                              //连接 Oracle 的用户名
# define PASSWORD "TIGER"                              //连接 Oracle 的用户口令
# include <stdio. h>
# include <string. h>
# include <stdlib. h>
# include <sqlda. h>
# include <sqlcpr. h>
EXEC SQL INCLUDE sqlca;
EXEC SQL BEGIN DECLARE SECTION;
    char * username = USERNAME;
    char * password = PASSWORD;
    varchar sqlstmt[80];
    int empnum;
    varchar emp_name[15];
    varchar job[50];
    float salary;
EXEC SQL END DECLARE SECTION;
void sqlerror();
main()
{   EXEC SQL WHENEVER SQLERROR DO sqlerror();          //错误处理
    EXEC SQL CONNECT :username IDENTIFIED BY :password;   //连接本机 Oracle
    sqlstmt. len = sprintf(sqlstmt. arr,"INSERT INTO EMP(EMPNO,ENAME,JOB,SAL) VALUES(:V1,:V2,:V3,:V4)");
    EXEC SQL PREPARE S FROM :sqlstmt;                  //SQL 命令区 S 动态准备
    for(;;)
    {   printf("\nenter employee number:");
        scanf("% d",&empnum);
        if (empnum = = 0) break;
        printf("\nenter employee name:");
        scanf("% s",emp_name. arr);
        emp_name. len = strlen(emp_name. arr);
        printf("\nenter employee job:");
        scanf("% s",job. arr);
        job. len = strlen(job. arr);
        printf("\nenter employee salary:");
        scanf("% f",&salary);
        printf("% d-- % s-- % s-- % f",empnum,emp_name. arr,job. arr,salary);
        EXEC SQL EXECUTE S USING :empnum,:emp_name,:job,:salary;
    } // 以下通过命令区 S 参数化动态执行 SQL 命令
```

```
      EXEC SQL COMMIT WORK RELEASE;
      exit(0);
  }
  void sqlerror(){    //错误处理程序
      EXEC SQL WHENEVER SQLERROR CONTINUE;
      printf("\nOracle error detected:\n");
      printf("\n%.70s\n", sqlca.sqlerrm.sqlerrmc);
      EXEC SQL ROLLBACK WORK RELEASE; // 出错回滚,取消操作
      exit(1);
  }
```

关于 Pro * C 操作数据库,通过以上 example.pc 程序可见一斑,有关 Pro * C 的详细内容请参阅相关的 Oracle 资料。

4. Pro * C 的编译和运行

Pro * C 预编译、编译与连接步骤:

(1) 先用 Oracle 预编译器 PROC 对 Pro * C 程序进行预处理,该编译器将源程序中嵌入的 SQL 语言翻译成 C 语言,产生一个 C 语言编译器能直接编译的 C 语言源文件,其扩展名为".c"。

(2) 用 C 语言编译器 CC 对扩展名为".c"的源文件进行编译,产生目标码文件,其扩展名为".o"。

(3) 使用 MAKE 命令,连接目标码文件,生成可运行文件。

例如,对上面的 example.pc 进行编译、运行,执行命令如下所示。

① 预编译命令:

```
PROC iname = example.pc
```

② 编译命令:

```
CC example.c
```

③ 连接生成可执行命令:

```
MAKE EXE = example OBJS = "example.o"
```

④ 运行:

```
example
```

若利用 VC98 编译器编译与连接 C 语言程序,则过程与命令如下(执行参见图 6-4)。

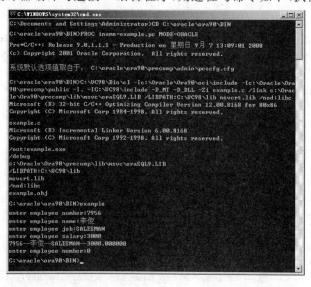

图 6-4 example.pc 预编译、编译、连接与运行执行情况

（1）对嵌入 SQL 的 Pro * C 源程序 example.pc 进行预编译的命令是：

PROC iname = example.pc MODE = ORACLE

预编译后会产生 example.c 程序。

（2）编译与连接命令如下：

C:\VC98\Bin\cl -Ic:\Oracle\Ora90\oci\include -Ic:\Oracle\Ora90\precomp\public -I. -IC:\VC98\include -D_MT -D_DLL -Zi example.c /link c:\Oracle\Ora90\precomp\lib\msvc\oraSQL9.LIB /LIBPATH:C:\VC98\lib msvcrt.lib /nod:libc

（3）运行：example。执行后，通过 SQL * Plus 工作单查询到了添加的记录，如图 6-5 所示。

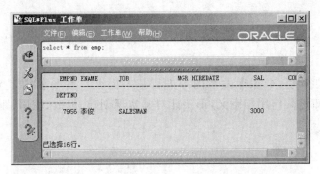

图 6-5　在 SQL * Plus 工作单查询添加的记录

实验内容与要求（选做）

参阅以上典型的程序，自己实践设计并完成如下功能：

① 模拟 create_student_table() 实现创建 SC 表或 Course 表，即实现 create_sc_table() 或 create_course_table() 子程序的功能；

② 模拟 insert_rows_into_student_table() 实现对 SC 表或 Course 表的记录添加，即实现 insert_rows_into_sc_table() 或 insert_rows_into_course_table() 子程序的功能；

③ 模拟 current_of_update_for_student() 实现对 SC 表或 Course 表的记录修改，即实现 current_of_update_for_sc() 或 current_of_update_for_course() 子程序的功能；

④ 模拟 current_of_delete_for_student() 实现对 SC 表或 Course 表的记录删除，即实现 current_of_delete_for_sc() 或 current_of_delete_for_course() 子程序的功能；

⑤ 模拟 using_cursor_to_list_student() 实现对 SC 表或 Course 表的记录查询，即实现 using_cursor_to_list_sc() 或 using_cursor_to_list_course 子程序的功能；

⑥ 模拟 using_cursor_to_total_s_sc() 实现对各课程选修后的分析统计功能，即实现分课程统计出课程的选修人数、课程总成绩、课程平均成绩、课程最低成绩与课程最高成绩等，即实现 using_cursor_to_total_c_sc() 子程序的功能；

⑦ 利用 Pro * C + Oracle 来实现本系统。

Pro * C 与 SQL Server 支持的嵌入式 ANSI C 非常相似，特别是嵌入式 SQL 命令的操作表示是非常相近的。可尝试利用 Pro * C 来改写学生学习管理系统程序（main.sqc 源程序）。

可选用嵌入式 SQL 技术来设计其他简易管理系统，以此来作为数据库课程设计任务。用嵌入式 SQL 技术实践数据库课程设计，能更清晰地体现 SQL 命令操作数据库数据的真谛。

实验7 索引、数据库关系图等的基本操作

 实验目的

对数据库对象如索引、数据库关系图等进行基本操纵。重点掌握交互式界面操作方法。对每一种对象都要知道其作用与意义,都要能对其实现创建、修改、使用、删除等核心操作。

 背景知识

索引是与表或视图关联的磁盘上的结构,通过索引可以加快从表或视图中检索行的速度。索引包含由表或视图中的一列或多列生成的键,这些键存储在一个结构(B 树)中,使 SQL Server 可以快速有效地查找与键值关联的行。索引可以简单理解为是键值与键值关联行的存取地址的一张表。

表或视图的索引可以粗分为以下两大类:聚集索引与非聚集索引。在聚集索引中,表中各行的物理顺序与键值的逻辑(索引)顺序相同,表只能包含一个聚集索引。非聚集索引,表中各行的物理顺序与键值的逻辑顺序不匹配。聚集索引比非聚集索引有更快的数据访问速度。

可以利用索引快速定位表中的特定信息,相对于顺序查找,利用索引查找能更快地获取信息。通常情况下,只有当经常查询索引列中的数据时,才需要在表上查询列创建索引。索引将占用磁盘空间,并且降低添加、删除和修改行的速度。不过在多数情况下,索引所带来的数据检索速度的优势大大超过它的不足之处。

每当修改了表数据后,系统会自动维护表或视图的索引。

数据库关系图是 SQL Server 中一类特殊的数据库对象,它提供给用户直观地管理数据库表的方法。通过图表,用户可以直观地创建、编辑数据库表之间的关系,也可以编辑表及其列的属性。

 实验示例

7.1 索 引

要考虑的一个重要因素是对空表还是对包含数据的表创建索引。对空表创建索引在创建

索引时不会对性能产生任何影响,而向表中添加数据时,会对性能产生影响。

对大型表创建索引时应仔细计划,这样才不会影响数据库性能。对大型表创建索引的首选方法是先创建聚集索引,然后创建任何非聚集索引。在对现有表创建索引时,请考虑将ONLINE选项设置为 ON。该选项设置为 ON 时,将不持有长期表锁以继续对基础表的查询或更新。按照以下方法创建索引。

(1) 使用 CREATE TABLE 或 ALTER TABLE 对列定义 PRIMARY KEY 或 UNIQUE 约束。

SQL Server 2014 Database Engine 自动创建唯一索引来强制 PRIMARY KEY 或 U-NIQUE 约束的唯一性要求。

(2) 使用 CREATE INDEX 语句或 SQL Server Management Studio 对象资源管理器中的"新建索引"对话框创建独立于约束的索引。

必须指定索引的名称、表以及应用该索引的列,还可以指定索引选项和索引位置、文件组或分区方案。默认情况下,如果未指定聚集或唯一选项,将创建非聚集的非唯一索引。

1. 索引创建

(1) 在 Management Studio 中创建索引

在 Management Studio 的对象资源管理器中创建索引的步骤如下所示。

对要创建索引的表打开表设计器窗口,然后利用"表设计器"菜单或"表设计器"上鼠标右键的快捷菜单中的"索引/键"菜单项,也可以直接单击"表设计器"工具栏上的"管理索引和键"。在出现的"索引/键"对话框(如图 7-1 所示)上,能方便地"添加"或"删除"索引或键,当添加索引或键时,"索引/键"对话框左边添加了缺省索引名,右边对该索引指定了缺省属性,如索引列、是否唯一、索引名、创建为聚集、索引说明等。可以逐项设置或修改,完成后单击"关闭"。

退出到"表设计器"后,要使对索引或键的修改有效,注意一定要保存,即在退出"表设计器"前要单击标准工具栏上的"保存"工具或单击"文件"菜单中的"保存"菜单项。

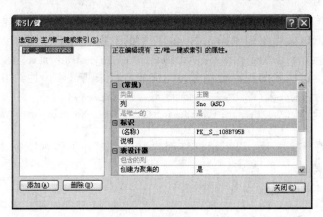

图 7-1 "索引/键"对话框

(2) CREATE INDEX 命令

CREATE INDEX 命令可以为指定表或视图创建关系索引,或为指定表创建 XML 索引。可在向表中填入数据前创建索引。可通过指定限定的数据库名称,为另一个数据库中的表或视图创建索引。CREATE INDEX 命令的语法如下所示。

Create Relational Index:

CREATE [UNIQUE] [CLUSTERED|NONCLUSTERED] INDEX index_name ON <object> (column [ASC|DESC][,…n])[INCLUDE(column_name[,…n])] [WITH (<relational_index_option>[,…n])]

 [ON {partition_scheme_name(column_name)|filegroup_name|default}][;]

 <object> :: = {[database_name.[schema_name].|schema_name.]table_or_view_name}

 <relational_index_option>:: = {PAD_INDEX = {ON|OFF}|FILLFACTOR = fillfactor|SORT_IN_TEMPDB = {ON|OFF}|IGNORE_DUP_KEY = {ON|OFF}|STATISTICS_NORECOMPUTE = {ON|OFF}|DROP_EXISTING = {ON|OFF}|ONLINE = {ON|OFF}|ALLOW_ROW_LOCKS = {ON|OFF}|ALLOW_PAGE_LOCKS = {ON|OFF}|MAXDOP = max_degree_of_parallelism}

Create XML Index：

CREATE [PRIMARY] XML INDEX index_name ON <object> (xml_column_name)[USING XML INDEX xml_index_name [FOR {VALUE | PATH | PROPERTY}][WITH (<xml_index_option> [,…n])][;]

 <object> :: = {[database_name.[schema_name].|schema_name.] table_name}

向后兼容的 CREATE INDEX：

CREATE [UNIQUE] [CLUSTERED | NONCLUSTERED] INDEX index_name

  ON <object> (column_name [ASC|DESC][,…n]) [WITH <backward_compatible_index_option>[,…n]][ON {filegroup_name | "default"}]

 <object> :: = {[database_name.[owner_name].|owner_name.]table_or_view_name}

 <backward_compatible_index_option>:: = {PAD_INDEX | FILLFACTOR = fillfactor | IGNORE_DUP_KEY | DROP_EXISTING | STATISTICS_NORECOMPUTE | SORT_IN_TEMPDB}

例 7.1 对 Student 表的 DEPT 字段降序建立非聚集索引，索引名为 S_DEPT_index。

CREATE NONCLUSTERED INDEX S_DEPT_index ON Student(Sdept DESC)

例 7.2 创建简单非聚集组合索引。以下示例为 Sales.SalesPerson 表的 SalesQuota 和 SalesYTD 列创建非聚集组合索引。

```
USE AdventureWorks
IF EXISTS (SELECT name FROM sys.indexes WHERE name = N´IX_SalesPerson_SalesQuota_SalesYTD´)
    DROP INDEX IX_SalesPerson_SalesQuota_SalesYTD ON Sales.SalesPerson; -- 若已存在先删除
CREATE NONCLUSTERED INDEX IX_SalesPerson_SalesQuota_SalesYTD ON Sales.SalesPerson (SalesQuota, SalesYTD);
```

例 7.3 创建唯一非聚集索引。以下示例为 Production.UnitMeasure 表的 Name 列创建唯一的非聚集索引。该索引将强制插入 Name 列中的数据具有唯一性。

```
CREATE UNIQUE INDEX AK_UnitMeasure_Name ON Production.UnitMeasure(Name);
```

以下查询通过尝试插入与现有行包含相同值的一行来测试唯一性约束。

```
SELECT Name FROM Production.UnitMeasure WHERE Name = N´Ounces´;
INSERT INTO Production.UnitMeasure (UnitMeasureCode, Name, ModifiedDate) VALUES (´OC´, ´Ounces´, GetDate());   -- 执行后将得到错误信息,插入失败
```

例 7.4 为视图创建索引。以下示例将创建一个视图并为该视图创建索引,其包含两个使用该索引视图的查询。

```
SET NUMERIC_ROUNDABORT OFF;                         -- 支持索引视图的选项
SET ANSI_PADDING, ANSI_WARNINGS, CONCAT_NULL_YIELDS_NULL, ARITHABORT,QUOTED_IDENTIFIER, ANSI_NULLS ON;
IF OBJECT_ID (´Sales.vOrders´, ´view´) IS NOT NULL
DROP VIEW Sales.vOrders ;                            -- 已存在该视图,则先删除之
CREATE VIEW Sales.vOrders WITH SCHEMABINDING          --将视图绑定到基础表的架构
AS SELECT SUM(UnitPrice * OrderQty * (1.00-UnitPriceDiscount)) AS Revenue,OrderDate, ProductID,
COUNT_BIG( * ) AS COUNT FROM Sales.SalesOrderDetail AS od, Sales.SalesOrderHeader AS o WHERE od.SalesOrderID = o.SalesOrderID GROUP BY OrderDate,ProductID;
GO -- 以下在视图上创建索引
CREATE UNIQUE CLUSTERED INDEX IDX_V1 ON Sales.vOrders(OrderDate,ProductID);
```

```
GO  -- 以下查询即使 FROM 子句中没有指定该索引视图,照样能使用该索引着的视图
SELECT SUM(UnitPrice * OrderQty * (1.00-UnitPriceDiscount)) AS Rev,OrderDate, ProductID
FROM Sales.SalesOrderDetail AS od JOIN Sales.SalesOrderHeader AS o ON od.SalesOrderID = o.Sale-
sOrderID AND ProductID BETWEEN 700 and 800 AND OrderDate＞= CONVERT(datetime,´05/01/2002´,101)
GROUP BY OrderDate, ProductID ORDER BY Rev DESC;
```

例7.5 创建主 XML 索引。以下示例为 Production. ProductModel 表的 CatalogDescription 列创建主 XML 索引。

```
CREATE PRIMARY XML INDEX PXML_ProductModel_CatalogDescription
ON Production.ProductModel(CatalogDescription);
```

例7.6 创建辅助 XML 索引。以下示例为 Production. ProductModel 表的 CatalogDescription 列创建辅助 XML 索引。

```
CREATE XML INDEX IXML_ProductModel_CatalogDescription_Path ON Production.ProductModel (Catalog-
Description) USING XML INDEX PXML_ProductModel_CatalogDescription FOR PATH;
```

例7.7 创建已分区索引。以下示例为现有分区方案 TransactionsPS1 创建非聚集已分区索引。此示例假定安装了已分区索引示例。

```
CREATE NONCLUSTERED INDEX IX_TransactionHistory_ReferenceOrderID
ON Production.TransactionHistory(ReferenceOrderID) ON TransactionsPS1(TransactionDate);
```

2. 索引的使用

索引一般用户不能直接使用,而是由 DBMS 自动引用的。SQL Server 2014 查询优化器是主要使用索引者,查询优化器在多数情况下可靠地选择最高效的索引。总体索引设计策略应为查询优化器提供更多的索引选择机会,并支持其做出正确的决定。这在各种情形下可减少分析时间并取得较好的性能。

3. 修改索引

在 SQL Server 2005 中,可以通过使用 ALTER INDEX 语句或对象资源管理器执行常规索引维护任务。其语法为:

```
ALTER INDEX {index_name |ALL } ON <object>{ REBUILD [[ WITH (<rebuild_index_option> [,…n])
] | [ PARTITION = partition_number [ WITH (<single_partition_rebuild_index_option> [,…n])]]]|
DISABLE |REORGANIZE[ PARTITION = partition_number][ WITH(LOB_COMPACTION = {ON|OFF})] | SET (<set_in-
dex_option>[,…n ])}[;]
```

以下举例说明。

例7.8 重新生成索引,本示例在 Employee 表中重新生成单个索引。

```
ALTER INDEX PK_Employee_EmployeeID ON HumanResources.Employee REBUILD;
```

例7.9 重新生成表的所有索引并指定选项,本示例指定了 ALL 关键字。这将重新生成与表相关联的所有索引,其中指定了3个选项。

```
ALTER INDEX ALL ON Production.Product REBUILD WITH (FILLFACTOR = 80, SORT_IN_TEMPDB = ON, STA-
TISTICS_NORECOMPUTE = ON);
```

例7.10 通过 LOB 压缩重新组织索引,本示例重新组织单个聚集索引。因为该索引在叶级别包含 LOB 数据类型,所以该语句还会压缩所有包含该大型对象数据的页。

```
ALTER INDEX PK_ProductPhoto_ProductPhotoID ON Production.ProductPhoto REORGANIZE ;
```

例7.11 设置索引的选项,本例为索引 AK_SalesOrderHeader_SalesOrderNumber 设置了几个选项。

```
ALTER INDEX AK_SalesOrderHeader_SalesOrderNumber ON Sales.SalesOrderHeader
SET (STATISTICS_NORECOMPUTE = ON,IGNORE_DUP_KEY = ON, ALLOW_PAGE_LOCKS = ON);
```

禁用索引可防止用户访问该索引,对于聚集索引,还可防止用户访问基础表数据。索引定义保留在元数据中,非聚集索引的索引统计信息仍保留。对视图禁用非聚集索引或聚集索引

会以物理方式删除索引数据。禁用表的聚集索引可以防止对数据的访问，数据仍保留在表中，但在删除或重新生成索引之前，无法对这些数据执行 DML 操作。若要重新生成并启用已禁用的索引，请使用 ALTER INDEX REBUILD 语句或 CREATE INDEX WITH DROP_EXISTING 语句。在以下情况中可能禁用一个或多个索引：①SQL Server 2005 Database Engine 在 SQL Server 升级期间自动禁用索引；②使用 ALTER INDEX 手动禁用索引。

例 7.12 禁用索引，本例禁用了对 Employee 表的非聚集索引。

```
ALTER INDEX IX_Employee_ManagerID ON HumanResources.Employee DISABLE ;
```

例 7.13 禁用约束，本例通过禁用 PRIMARY KEY 索引来禁用 PRIMARY KEY 约束。对基础表的 FOREIGN KEY 约束自动被禁用，并显示关联外码失效的警告消息。

```
ALTER INDEX PK_Department_DepartmentID ON HumanResources.Department DISABLE ;
```

结果集返回此警告消息：

```
Warning: Foreign key 'FK_EmployeeDepartmentHistory_Department_DepartmentID' on table 'Employee
DepartmentHistory' referencing table 'Department' was disabled as a result of disabling the index 'PK_
Department_DepartmentID'.
```

例 7.14 启用约束，本例启用在上示例中被禁用的 PRIMARY KEY 和 FOREIGN KEY 约束。通过重新生成 PRIMARY KEY 索引启用 PRIMARY KEY 约束。

```
ALTER INDEX PK_Department_DepartmentID ON HumanResources.Department REBUILD ;
```

此时，将关联启用 FOREIGN KEY 约束。

4. 查看索引信息

有多个显示索引元数据信息的目录视图和函数。例如，可以显示特定表上存在的索引类型，为指定索引设置的当前索引选项或数据库中一个或多个索引使用的总空间。

表 7-1 列出了返回索引元数据的目录视图。

表 7-1 索引元数据的目录视图

目录视图	显示相关信息
sys.indexes	元数据中存储的索引类型、文件组或分区方案 ID 和索引选项的当前设置
sys.index_columns	列 ID、索引内的位置、类型（键或非键）和排序顺序（ASC 或 DESC）
sys.stats	与索引关联的统计信息（包括统计信息名称），以及该名称是自动创建的还是用户创建的
sys.stats_columns	与统计信息关联的列 ID
sys.xml_indexes	XML 索引类型：主要和次要，以及次要类型和说明

如表 7-2 所示的系统函数也返回索引元数据。

表 7-2 系统函数返回索引元数据

函　数	显示相关信息
sys.dm_db_index_physical_stats	索引大小和碎片统计信息
sys.dm_db_index_operational_stats	当前索引和表 I/O 统计信息
sys.dm_db_index_usage_stats	按查询类型排列的索引使用情况统计信息
INDEXKEY_PROPERTY	索引内的索引列的位置以及列的排序顺序（ASC 或 DESC）
INDEXPROPERTY	元数据中存储的索引类型、级别数目和索引选项的当前设置
INDEX_COL	指定索引的键列的名称

5. 删除索引

当一个索引不再需要时,可以将其从数据库中删除,以回收它当前使用的磁盘空间。这样数据库中的任何对象都可以使用此回收的空间。删除聚集索引时,可以指定 ONLINE 选项。此选项设置为 ON 时,DROP INDEX 事务将不妨碍对基本数据和关联的非聚集索引进行查询和修改。类似于创建,在"索引/键"对话框中能方便地删除不再需要的索引或键。

删除索引的命令其语法为:

```
DROP INDEX {<drop_relational_or_xml_index>[,…n] |
               <drop_backward_compatible_index>[,…n]}
<drop_relational_or_xml_index> :: = index_name ON <object> [ WITH (<drop_clustered_index_
option>[,…n])]
```

例 7.15　删除 Student 表上的非聚集索引 S_DEPT_index。

```
DROP INDEX S_DEPT_index ON Student
```

例 7.16　删除索引,本例删除了 ProductVendor 表中的 IX_PV_VendorID 索引。

```
USE AdventureWorks; DROP INDEX IX_PV_VendorID ON Purchasing.ProductVendor;
```

例 7.17　在 ONLINE 模式中删除聚集索引。下列示例在 ONLINE 选项设置为 ON 时删除了一个聚集索引。未排序的结果表(堆)存储在该索引所在的文件组中。

```
DROP INDEX AK_BillOfMaterials_ProductAssemblyID_ComponentID_StartDate ON
    Production.BillOfMaterials WITH(ONLINE = ON,MAXDOP = 2);
```

例 7.18　删除多个索引。以下示例删除单个事务中的两个索引。

```
DROP INDEX IX_PurchaseOrderHeader_EmployeeID ON Purchasing.PurchaseOrderHeader,
 IX_VendorAddress_AddressID ON Purchasing.VendorAddress;
```

例 7.19　联机删除 PRIMARY KEY 约束。在创建 PRIMARY KEY 或 UNIQUE 约束时创建的索引不能使用 DROP INDEX 来删除。可以使用 ALTER TABLE DROP CONSTRAINT 语句将其删除。

以下示例通过删除 PRIMARY KEY 约束删除了具有该约束的聚集索引。ProductCostHistory 表没有 FOREIGN KEY 约束。如果具有此类约束,则必须首先将其删除。

```
ALTER TABLE Production.ProductCostHistory DROP CONSTRAINT PK_ProductCostHistory_ProductID_
StartDate WITH(ONLINE = ON);
```

例 7.20　删除 XML 索引。以下示例删除 ProductModel 表上的 XML 索引。

```
DROP INDEX PXML_ProductModel_CatalogDescription ON Production.ProductModel;
```

 **自己动手**

　实践索引的创建,通过编写循环读、写表的批处理,可以检验索引使用的有效性。

7.2　数据库关系图

可以使用服务器资源管理器创建新的数据库关系图。数据库关系图以图形方式显示数据库的结构。使用数据库关系图可以创建和修改表、列、关系和键。此外,还可以修改索引和约束。

1. 创建新的数据库关系图

(1) 在对象资源管理器中,右键单击"数据库关系图"文件夹或该文件夹中的任何关系图。

（2）从快捷菜单中选择"新建数据库关系图"（如图 7-2 所示）。此时，将显示"添加表"对话框。

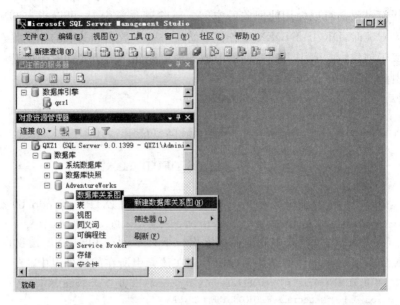

图 7-2　新建数据库关系图

（3）在"表"列表中选择所需的表，再单击"添加"。这些表将以图形方式显示在新的数据库关系图中，如图 7-3 所示。

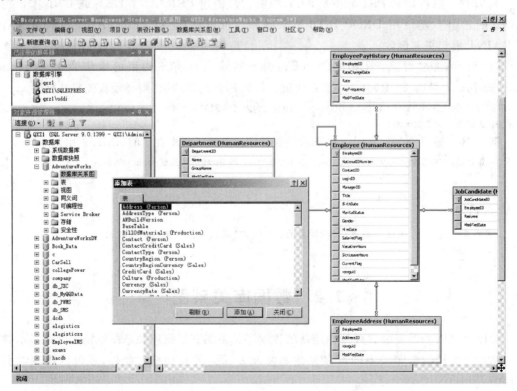

图 7-3　向数据库关系图中添加表

可以继续添加或删除表,修改现有表或更改表关系,直到新的数据库关系图完成为止。

2. 打开数据库关系图

(1)在对象资源管理器中,展开"数据库关系图"文件夹。

(2)双击要打开的数据库关系图的名称,或右键单击要打开的数据库关系图的名称,然后选择"设计数据库关系图"。

此时,将在数据库关系图设计器中打开该数据库关系图,可以在其中编辑关系图,如图 7-3 所示。

3. 删除数据库关系图

当不再需要某个数据库关系图时,可以将其删除,其操作方法为:

(1)在对象资源管理器中,展开"数据库关系图"文件夹;

(2)右键单击要删除的数据库关系图;

(3)从快捷菜单中选择"删除",如图 7-4 所示;

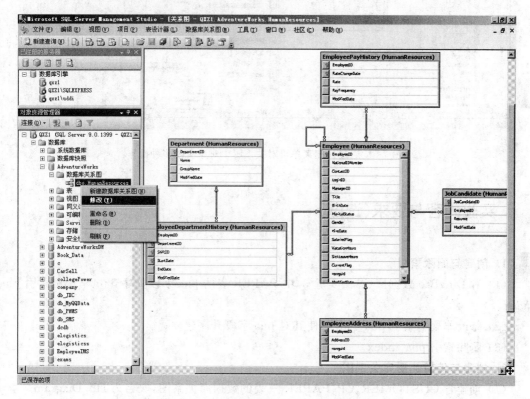

图 7-4　已创建数据库关系图上的快捷菜单

(4)此时,将显示一条消息,提示确认删除,选择"是"。

该数据库关系图随即从数据库中删除。在删除数据库关系图时,不会删除关系图中的表。

对已创建关系图的其他操作也可以通过快捷菜单来实现操作,如图 7-5 所示。通过关系图来操作表、列、关系与键、索引和约束等,同样通过关系图中各对象上的快捷菜单来便捷操作,方法是在对象上按鼠标右键,如图 7-5 所示。

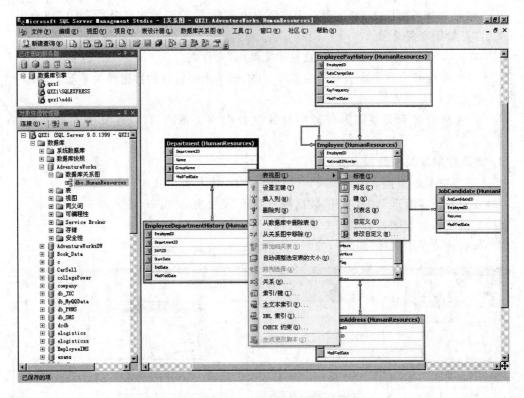

图 7-5　通过快捷菜单可对关系图中对象实现多种操作

实验内容与要求（选做）

1. 创建与删除索引

（1）对 DingBao 数据库（参阅实验 3）中 PAPER 表的 pna 字段降序建立非聚集索引 pna_index。

（2）修改非聚集索引 pna_index，使其对 pna 字段升序建立。

（3）删除索引 pna_index。

2. 创建与使用数据库关系图

（1）创建含 CUSTOMER、CP、PAPER 三表的数据库关系图，取名为 DB_Diagram。

（2）在关系图 DB_Diagram 中，通过快捷菜单实现对三表的多项操作，如查看表与字段属性、查看表间关系、浏览表内容等。

（3）能删除不需要的数据库关系图。

实验8 数据库存储及效率

 实验目的

了解不同实用数据库系统数据存放的存储介质情况、数据库与数据文件的存储结构与存取方式(尽可能查阅相关资料及系统联机帮助等),实践索引的使用效果,实践数据库系统的效率与调节。

背景知识

有3种类型的文件用来存储数据库:

① 主文件包含数据库的启动信息,主文件还可以用来存储数据,每个数据库都包含一个主文件;

② 次要文件保存所有主要数据文件中容纳不下的数据,如果主文件大到足以容纳数据库中的所有数据,就不需要有次要数据文件,而另一些数据库可能非常大,需要多个次要数据文件,也可能使用多个独立磁盘驱动器上的次要文件,以将数据分布在多个磁盘上;

③ 事务日志文件的保存用来恢复数据库的日志信息,每个数据库必须至少有一个事务日志文件(尽管可以有多个),事务日志文件最小为1 MB。

每个数据库至少有两个文件,一个主文件和一个事务日志文件。数据库都至少包含一个主文件组,所有系统表都分配在主文件组中。数据库还可以包含用户定义的文件组。如果使用指定用户定义文件组的 ON filegroup 子句创建对象,则该对象的所有页均从指定的文件组中分配。所有没有使用 ON filegroup 子句(或使用 ON DEFAULT 子句)创建的用户对象的页将分配到默认文件组。数据库首次创建时,主文件组就是默认文件组。

可以利用索引快速访问数据库表中的特定信息。索引是对数据库表中一个或多个列(如 employee 表的姓氏(lname)列)的值进行排序的结构。如果想按特定职员的姓来查找他或她,则与在表中搜索所有的行(因未建索引)相比,索引有助于更快地获取信息。

索引可以简单理解为是键值与键值关联行的存取地址的一张表,而键值是根据指定的排序次序排列的。数据库使用索引的方式与使用书的目录很相似:通过搜索索引找到特定的键值,然后根据键值对应的地址找到关联行。

通常情况下,只有当经常查询索引列中的数据时,才需要在表上创建索引。索引将占用磁盘空间,并且降低添加、删除和更新行的速度。不过在多数情况下,索引所带来的数据检索速

度的优势大大超过它的不足之处。然而，如果应用程序非常频繁地更新数据，或磁盘空间有限，那么最好限制索引的数量。

可以在不影响数据库架构和应用程序设计的情况下除去、添加和更改索引。高效的索引设计对获得好的性能极为重要。正因为如此，应该尽量试验不同的索引。实际上，不正确的索引检索选择会导致比最佳性能差的结果。

关于创建索引的建议如下所示。

（1）将更新尽可能多的行的查询写入单个语句内，而不要使用多个查询更新相同的行。仅使用一个语句，就可以利用优化的索引维护。

（2）使用索引优化向导分析查询并获得索引建议。

（3）对聚集索引使用整型键。另外，在唯一列、非空列或 IDENTITY 列上创建聚集索引可以获得性能收益。

（4）在查询经常用到的所有列上创建非聚集索引，这可以最大程度地利用隐蔽查询。

（5）物理创建索引所需的时间在很大程度上取决于磁盘子系统。需要考虑的重要因素包括：①用于存储数据库和事务日志文件的 RAID（独立磁盘冗余阵列）等级；②磁盘阵列中的磁盘数（如果使用了 RAID）；③每个数据行的大小和每页的行数，这将决定为创建索引需从磁盘读取的数据页的数目；④索引中的列数和使用的数据类型，这将决定必须写入磁盘的索引页的数目。

（6）检查列的唯一性。

（7）在索引列中检查数据分布。通常情况下，为包含很少唯一值的列创建索引或在这样的列上执行连接将导致长时间运行的查询。

实验示例

对约有 16 万条记录的表，进行单记录插入与所有记录排序查询（分别对两个不同字段进行排序）执行耗时的（以毫秒为单位）比较，测试使用索引与不使用索引、使用聚集索引与非聚集索引、对唯一值字段与非唯一值字段建索引并排序等情况的执行状况。从中能领略到使用索引的作用与意义。并能在其他需建索引场合，利用这种测试办法来作分析与比较。

（1）创建表 itbl，并插入 16 万条记录。

请在 SQL Server 集成管理器查询子窗口中，选择某用户数据库，执行如下命令，生成 16 万条记录，如图 8-1 所示。

```
CREATE TABLE itbl(id bigint IDENTITY (1, 1) NOT NULL, rq datetime NULL, srq varchar(20) NULL, hh
smallint NULL, mm smallint NULL, ss smallint NULL, num numeric(12, 3))
    declare @i int
    select @i = 1
    while @i <= 160000
    begin
        insert into itbl(rq,srq,hh,mm,ss,num) values(getdate(),cast(getdate() as varchar(20)),DATE-
PART(hh, getdate()),DATEPART(mi, getdate()),DATEPART(ss, getdate()),cast(rand(@i) * 100 as numeric
(12,3)))
        Select @i = @i + 1
    End
```

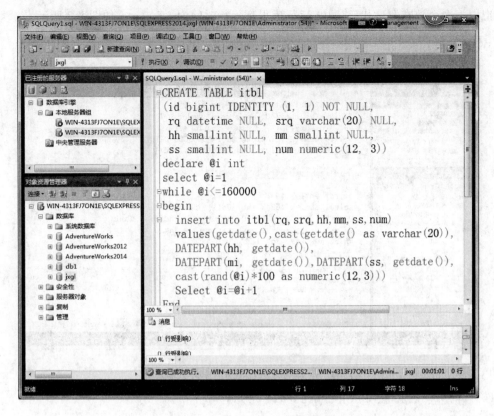

图 8-1 在表 itbl 中生成 16 万条记录

（2）下面是测试命令执行的代码。运行时把"待测试命令"替换成你的测试命令，在查询分析器中执行后，能返回命令执行的大致时间（单位为 ms）。

```
declare @dt1 datetime
declare @i int
declare @s char(40)
declare @hm1 int
declare @hm2 int
select @dt1 = getdate()
select @hm1 = DATEPART(hh, @dt1) * 3600000 + DATEPART(mi, @dt1) * 60000 + DATEPART(ss, @dt1)
* 1000 + DATEPART(ms, @dt1)
    "待测试命令"      --   此行将用测试命令替代
select @dt1 = getdate()
select @hm2 = DATEPART(hh, @dt1) * 3600000 + DATEPART(mi, @dt1) * 60000 + DATEPART(ss, @dt1)
* 1000 + DATEPART(ms, @dt1) - @hm1
select @s = ´time--´ + convert(char(10),@hm2)
RAISERROR (@s, 16, 1)
```

（3）未建索引时按以下步骤操作。

① 单记录插入（约 3 ms，给出的毫秒数是在特定环境下得出的，只作参考，下同）。

```
select @i = DATEPART(ms, @dt1)
insert into itbl(rq,srq,hh,mm,ss,num) values(getdate(),cast(getdate() as varchar(20)),DATEPART
(hh, getdate()),DATEPART(mi, getdate()),
DATEPART(ss, getdate()),cast(rand(@i) * 100 as numeric(12,3)))
```

② 查询所有记录，按 id 排序（约 3 719 ms）

```
Select * from itbl order by id
```

把以上命令放在测试代码段中，运行后得到运行时间为 3 500 ms，如图 8-2 所示。

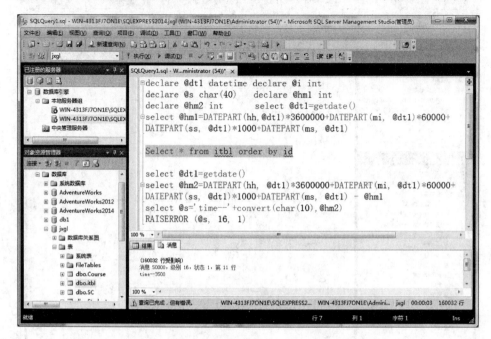

图 8-2　按 id 升序查询表 itbl 中的全部记录

③ 查询所有记录，按 mm 排序（约 3 514 ms）。

Select * from itbl order by mm

（4）对 itbl 表 id 字段建非聚集索引

① 建索引耗时（约 322 ms）。

CREATE NONCLUSTERED INDEX indexname1 ON itbl(id)

② 单记录插入（约 3 ms），插入命令同上"单记录插入"。

③ 查询所有记录，按 id 排序（约 3 541 ms）。

Select * from itbl order by id

④ 查询所有记录，按 mm 排序（约 3 494 ms）。

Select * from itbl order by mm

⑤ 删除索引（约 5 ms）。

drop index itbl.indexname1

（5）对 itbl 表 mm 字段建非聚集索引。

① 建索引耗时（约 211 ms）。

CREATE NONCLUSTERED INDEX indexname1 ON itbl(mm)

② 单记录插入（约 3 ms），插入命令同上"单记录插入"。

③ 查询所有记录，按 id 排序（约 3 512 ms）。

Select * from itbl order by id

④ 查询所有记录，按 mm 排序（约 3 487 ms）。

Select * from itbl order by mm

⑤ 删除索引（约 7 ms）。

drop index itbl.indexname1

（6）对 itbl 表 id 字段建聚集索引。

① 建索引耗时（约 605 ms）。

```
CREATE CLUSTERED INDEX indexname1 ON itbl(id)
```

② 单记录插入(约 3 ms),插入命令同上"单记录插入"。

③ 查询所有记录,按 id 排序(约 3 017 ms)。

```
Select * from itbl order by id
```

④ 查询所有记录,按 mm 排序(约 3 460 ms)。

```
Select * from itbl order by mm
```

⑤ 删除索引(约 5 ms)。

```
drop index itbl.indexname1
```

(7) 对 itbl 表 mm 字段建聚集索引。

① 建索引耗时(约 552 ms)。

```
CREATE CLUSTERED INDEX indexname1 ON itbl(mm)
```

② 单记录插入(约 8 ms),插入命令同上"单记录插入"。

③ 查询所有记录,按 id 排序(约 3 432 ms)。

```
Select * from itbl order by id
```

④ 查询所有记录,按 mm 排序(约 3 017 ms)。

```
Select * from itbl order by mm
```

⑤ 删除索引(约 22 ms)。

```
drop index itbl.indexname1
```

需要说明的是命令执行的耗时是在特定环境下的大概数(本书运行环境:Windows 7 32位操作系统;处理器为 Intel(R)Core(TM)2 Duo CPU P8600 @2.40 GHz 2.40 Ghz;内存为 2.00 GB(1.90 GB 可用)),因为有很多因素会影响到执行的时间,通过比较能说明一个粗略而大体的状况。可以进一步加大表的记录数、多次实验取平均值方法等来更正确地体现使用索引的效果。

 实验内容与要求(选做)

1. 实验总体要求

(1) 列出多种数据库系统,如 Access、MS SQL Server、Oracle 等,了解其数据库存放的存储介质情况及文件组织方式等。

(2) 列出常用数据库系统数据文件的存储结构与存取方式方法等。

(3) 索引的使用效果测试。

(4) 了解数据库系统效率相关的参数并测试这些参数的调节效果。

2. 实验内容

(1) 参照实验示例上机操作,增大表 itbl 的记录到 32 万或更大,重做实验。多次实验记录耗时,作分析比较。

(2) 自己找一个较真实的、含较多记录的表,参照示例做类似实验,测试不使用索引或使用索引的效果。多次实验记录耗时,作分析比较。

(3) 新创建一个数据库,含有自定义文件组,自定义文件组包含的次要文件存放于不同主文件的分区或磁盘上。然后,创建索引指定到自定义文件组中,通过类似实验示例的上机实验,检验数据与索引分区或分盘并行存取的效果。请记录对比效果并作简单分析。

新建数据库命令类似如下:

```
CREATE DATABASE test
ON PRIMARY ( NAME = test1_dat,FILENAME = ´C:\test1_dat.mdf´,
    SIZE = 10,MAXSIZE = 50,FILEGROWTH = 15%),
FILEGROUP fileGroupl ( NAME = test2_dat,FILENAME = ´D:\test2_dat.ndf´,
    SIZE = 15,MAXSIZE = 50,FILEGROWTH = 5),
FILEGROUP fileGroup2 ( NAME = test3_dat,FILENAME = ´E:\test3_dat.ndf´,
    SIZE = 15,MAXSIZE = 50,FILEGROWTH = 5)
LOG ON ( NAME = ´test_log´,FILENAME = ´C:\test_log.ldf´,SIZE = 50MB,
        MAXSIZE = 100MB,FILEGROWTH = 5MB)
```

带指定文件组的索引创建命令类似如下：

```
CREATE NONCLUSTERED INDEX indexname1 ON itbl(id) ON fileGroup1
```

其他索引创建命令类似地在最后加上"ON fileGroup1"或"ON fileGroup2"。

（4）SQL Server 中影响数据存取效率的因素还有以下几个方面。

① 不同数据库表分布创建于不同分区或磁盘上。

② 在创建数据表或索引时指定 fillfactor 选项。

下面的示例使用 FILLFACTOR 子句，将其设置为 80。FILLFACTOR 为 80 将使每一页填满 80%，该选项对索引的创建也有影响。

```
CREATE CLUSTERED INDEX indexname1 ON itbl(id) ON fileGroup1 WITH FILLFACTOR = 80
```

③ DBCC 作为 SQL Server 的数据库控制台命令，它能对数据库的物理和逻辑一致性进行检查，并能对检测到的问题进行修复。为此对数据存取有影响，如 DBCC INDEXDEFRAG (test,itbl) 能整理 test 数据库中 itbl 表上的聚集索引和辅助索引碎片。可通过帮助查看 DBCC 的不同功能。

④ 在了解相关参数意义的基础上，通过实践可调节数据库服务器或某数据库的性能相关的调节参数。如图 8-3（在某数据库服务器目录上单击鼠标右键→"属性"菜单项得出）与图 8-4（在某数据库上单击鼠标右键→"属性"菜单项得出）所示。

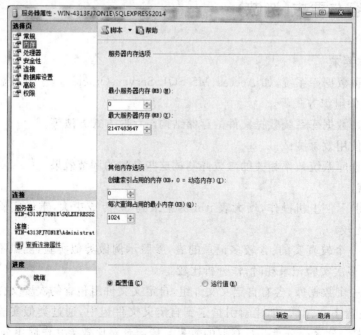

图 8-3　SQL Server 服务器属性（配置）窗口

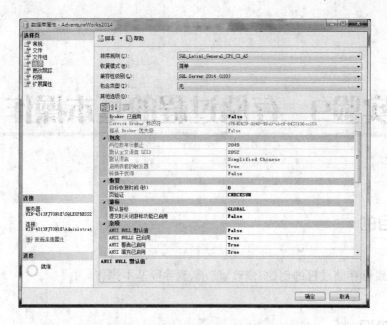

图 8-4 数据库 jxgl 的属性窗口

通过以上这些影响数据存取效率的因素的调节,能在实践中寻求数据库数据的最优操作性能。

实验9　存储过程的基本操作

 **实验目的**

学习与实践对存储过程的创建、修改、使用、删除等基本操作。

 **背景知识**

SQL Server 提供了一种方法,它可以将一些固定的操作集中起来由 SQL Server 数据库服务器来执行,以实现某个任务,这种命名的操作集合就是存储过程。存储过程的主体构成是标准 SQL 命令,同时包括 SQL 的扩展:语句块、结构控制命令、变量、常量、运算符、表达式、流程控制、游标等。使用存储过程能有效地提高数据库系统的整体运行性能。

在 SQL Server 中有多种可用的存储过程,主要有用户定义的存储过程(分 T-SQL 与 CLR)、扩展存储过程、系统存储过程。这里主要来实践用户定义的存储过程(T-SQL)。

 **实验示例**

1. 创建存储过程

可以使用 T-SQL 语句 CREATE PROCEDURE 来创建存储过程。其语法为:

```
CREATE { PROC | PROCEDURE } [ schema_name. ] procedure_name [ ; number ] [ { @ parameter [ type_sche-
ma_name. ] data_type } [ VARYING ] [ = default ] [ OUT | OUTPUT | [READONLY] ] [ ,…n ] [ WITH <procedure
_option> [ ,…n ] ] [ FOR REPLICATION ]
    AS { [ BEGIN ] sql_statement [;] [ …n ] [ END ] } [;]
```

sp_executesql 用于执行可以多次重复使用或动态生成的 T-SQL 语句或批处理。T-SQL 语句或批处理可以包含嵌入参数。其语法:

```
sp_executesql [ @ stmt = ] statement [ { ,[ @ params = ] N´@ parameter_name data_type [ OUT | OUTPUT ]
[ ,…n ]´} { ,[ @ param1 = ] ´value1´ [ ,…n ] } ]
```

例 9.1　建立含参数的 SQL 命令字符串,指定参数值并执行。

```
use AdventureWorks                  --use AdventureWorks2014
DECLARE @ IntVariable int,@ SQLString nvarchar(500),@ ParmDefinition nvarchar(500);
    SET @ SQLString = N´SELECT * FROM AdventureWorks. HumanResources. Employee WHERE ManagerID = @
ManagerID´;                         -- 建立 SQL 命令字符串
```

```
SET @ParmDefinition = N´@ManagerID tinyint´;
SET @IntVariable = 197;/* 用参数值执行 SQL 命令字符串 */
EXECUTE sp_executesql @SQLString,@ParmDefinition,@ManagerID = @IntVariable;
SET @IntVariable = 109;　/* 用另一个参数值执行 SQL 命令字符串 */
EXECUTE sp_executesql @SQLString, @ParmDefinition,@ManagerID = @IntVariable;
```

例 9.2　使用带有复杂 SELECT 的简单过程,下面的存储过程返回某个视图中的所有雇员(提供了姓名)、他们的职务和部门名称。该存储过程不使用任何参数,如图 9-1 所示。

```
Use AdventureWorks   --use AdventureWorks2014
IF OBJECT_ID(´HumanResources.usp_GetAllEmployees´,´P´) IS NOT NULL
    DROP PROCEDURE HumanResources.usp_GetAllEmployees;
GO
CREATE PROCEDURE HumanResources.usp_GetAllEmployees
AS SELECT LastName, FirstName, JobTitle, Department
    FROM HumanResources.vEmployeeDepartment;
GO  -- usp_GetAllEmployees 存储过程可通过以下方法执行
EXECUTE HumanResources.usp_GetAllEmployees;
GO   -- 或如下
EXEC HumanResources.usp_GetAllEmployees;
GO   --或如下,如果存储过程是批处理中的第一条命令
HumanResources.usp_GetAllEmployees;
```

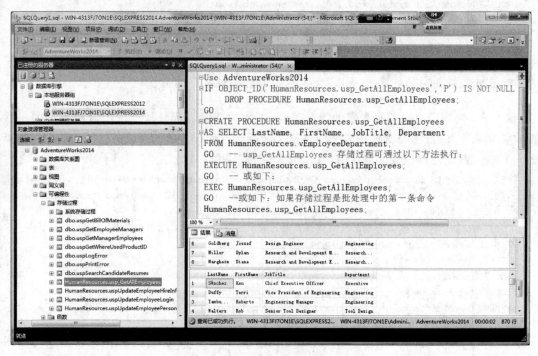

图 9-1　创建并执行存储过程

例 9.3　使用带有参数的简单过程,下面的存储过程只从视图中返回指定的雇员(提供名字和姓氏)及其职务和部门名称。该存储过程接受与传递的参数精确匹配的值。

```
CREATE PROCEDURE HumanResources.usp_GetEmployees @lastname varchar(40),@firstname varchar
(20)
AS SELECT LastName,FirstName,JobTitle,Department FROM HumanResources.vEmployeeDepartment
    WHERE FirstName = @firstname AND LastName = @lastname;
GO -- usp_GetEmployees 存储过程可通过以下方式执行
```

EXECUTE HumanResources.usp_GetEmployees ´钱´,´力´; --钱力雇员可换其他雇员

EXECUTE HumanResources.usp_GetEmployees ´Miller´,´Dylan´; -- 其他执行形式如下

EXEC HumanResources.usp_GetEmployees @lastname = ´钱´,@firstname = ´力´;

GO -- 或如下

EXECUTE HumanResources.usp_GetEmployees @firstname = ´力´,@lastname = ´钱´;

GO --或如下,如果存储过程是批处理中的第一条命令

HumanResources.usp_GetEmployees ´钱´,´力´

例9.4 在 AdventureWorks2014 数据库中创建存储过程 HumanResources.usp_EmployeeDepartment,实现通过参数,查找雇员的雇员号、姓名、职位名称、部门名称、工作组名称及承担职位起始日期等相关信息的功能。

CREATE PROCEDURE HumanResources.usp_EmployeeDepartment @lastname varchar(40),@firstname varchar(20) as

SELECT e.BusinessEntityID,p.FirstName,p.MiddleName,p.LastName,e.JobTitle,d.Name AS Department,d.GroupName,edh.StartDate FROM HumanResources.Employee AS e INNER JOIN Person.Person AS p ON p.BusinessEntityID = e.BusinessEntityID INNER JOIN HumanResources.EmployeeDepartmentHistory AS edh ON e.BusinessEntityID = edh.BusinessEntityID INNER JOIN HumanResources.Department AS d ON edh.DepartmentID = d.DepartmentID WHERE (edh.EndDate IS NULL) and FirstName = @firstname AND LastName = @lastname

执行存储过程如下:

DECLARE @FirstName nvarchar(50),@LastName nvarchar(50);

SET @FirstName = ´Terri´; SET @LastName = ´Duffy´;

EXECUTE HumanResources.usp_EmployeeDepartment @LastName,@FirstName;

Go --或

EXECUTE HumanResources.usp_EmployeeDepartment ´Duffy´,´Terri´; --或

EXECUTE HumanResources.usp_EmployeeDepartment @FirstName = ´Terri´,

@LastName = ´Duffy´;

例9.5 使用带有通配符参数的简单过程,下面的存储过程只从视图中返回指定的一些雇员(提供名字和姓氏)及其职务和部门名称。该存储过程对传递的参数进行模式匹配。如果没有提供参数,则使用预设的默认值(姓氏以字母 D 开头)。

CREATE PROCEDURE HumanResources.usp_GetEmployees2 @lastname varchar(40) = ´D%´,@firstname varchar(20) = ´%´ AS SELECT LastName,FirstName,JobTitle,Department FROM HumanResources.vEmployeeDepartment WHERE FirstName LIKE @firstname AND LastName LIKE @lastname;

GO -- usp_GetEmployees2 存储过程可以按多种组合执行,下面只列出了部分组合

EXECUTE HumanResources.usp_GetEmployees2; -- 或

EXECUTE HumanResources.usp_GetEmployees2 ´Wi%´; -- 或

EXECUTE HumanResources.usp_GetEmployees2 @firstname = ´%´; -- 或

EXECUTE HumanResources.usp_GetEmployees2 ´[CK]ars[OE]n´; -- 或

EXECUTE HumanResources.usp_GetEmployees2 ´Hesse´,´Stefen´; -- 或

EXECUTE HumanResources.usp_GetEmployees2 ´H%´,´S%´;

例9.6 使用 OUTPUT 参数,本例创建 usp_GetList 存储过程,它返回其价格不超过指定金额的产品列表。此示例显示如何使用多个 SELECT 语句和多个 OUTPUT 参数。使用OUTPUT 参数,外部过程、批或多个 T-SQL 语句可以访问在过程执行期间设置的值。

CREATE PROCEDURE Production.usp_GetList @product varchar(40),

@maxprice money, @compareprice money OUTPUT, @listprice money OUT

AS SELECT p.name AS Product,p.ListPrice AS ´List Price´

FROM Production.Product p JOIN Production.ProductSubcategory s

ON p.ProductSubcategoryID = s.ProductSubcategoryID

WHERE s.name LIKE @product AND p.ListPrice < @maxprice;

SET @listprice = (SELECT MAX(p.ListPrice) -- 计算输出变量@listprice

```
  FROM Production.Product p JOIN  Production.ProductSubcategory s
  ON p.ProductSubcategoryID = s.ProductSubcategoryID
  WHERE s.name LIKE @product AND p.ListPrice<@maxprice);
SET @compareprice = @maxprice;        -- 给输出变量@compareprice赋值
```

执行 usp_GetList 返回成本低于 700 美元的 Adventure Works 产品(Bikes)列表。OUT-PUT 参数@cost 和@compareprices 与控制流语言一起使用,在"消息"窗口返回一条消息。

提示与技巧：OUTPUT 变量必须在过程创建和变量使用期间进行定义。参数名称和变量名称不一定要匹配,但是数据类型和参数定位必须匹配(除非使用@listprice＝variable)。

```
DECLARE @compareprice money, @cost money
EXECUTE Production.usp_GetList ´%Bikes%´,700,@compareprice OUT,@cost OUTPUT
IF @cost<=@compareprice
BEGIN PRINT ´These products can be purchased for less than $´+ RTRIM(CAST(@compareprice AS var-
char(20)))+´.´ END
ELSE PRINT ´The prices for all products in this category exceed $´+ RTRIM(CAST(@compareprice AS
varchar(20)))+´.´
```

例9.7 本例显示 3 个参数@first、@second 和@third 均有默认值的过程 my_proc,以及在用其他参数值执行该存储过程时所显示的值。

```
CREATE PROCEDURE dbo.my_proc @first int = NULL/ * NULL 缺省值 * /,@second int = 2 / * 缺省值为 2
* /,@third int = 3/ * 缺省值为 3 * / AS SELECT @first, @second, @third;
  GO
EXECUTE dbo.my_proc;      -- 未提供参数
  GO -- 执行结果为：NULL  2  3
EXECUTE dbo.my_proc 10, 20, 30;          -- 提供所有参数值
  GO -- 执行结果为：10  20  30
EXECUTE dbo.my_proc @second = 500;        -- 只提供第 2 个参数
  GO -- 执行结果为：NULL  500  3
EXECUTE dbo.my_proc 40, @third = 50      -- 提供第 1 个、第 3 个参数
  GO -- 执行结果为：40  2  50
```

例9.8 本示例显示有一个输入参数和一个输出参数的存储过程。存储过程中的第一个参数 @SalesPerson 将接收由调用程序指定的输入值,第二个参数@SalesYTD 将用于将该值返回调用程序。SELECT 语句使用@SalesPerson 参数获取正确的 SalesYTD 值,并将该值分配给@SalesYTD 输出参数。

```
Use AdventureWorks --本例需使用 AdventureWorks 数据库
CREATE PROCEDURE Sales.usp_GetEmployeeSalesYTD @SalesPerson nvarchar(50),@SalesYTD money OUT-
PUT AS SELECT @SalesYTD = SalesYTD FROM Sales.SalesPerson AS sp JOIN HumanResources.vEmployee AS e ON
e.EmployeeID = sp.SalesPersonID WHERE LastName = @SalesPerson;
```

下列语句使用输入参数值执行存储过程,并将存储过程的输出值保存在调用程序的局部变量@SalesYTD 中。

```
DECLARE @SalesYTDBySalesPerson money;  -- 定义接收存储过程输出值的变量
EXECUTE Sales.usp_GetEmployeeSalesYTD
  N´Blythe´, @SalesYTD = @SalesYTDBySalesPerson OUTPUT;  --调用存储过程得到输出值
PRINT N´该雇员本年度至尽的销售总额为´+ convert(varchar(10),@SalesYTDBySalesPerson);
```

也可以在执行存储过程时为 OUTPUT 参数指定输入值。这将允许存储过程从调用程序接收值,更改该值或使用该值执行操作,然后将新值返回调用程序。在上面的示例中,可以在

执行存储过程之前为@SalesYTDBySalesPerson变量分配值。@SalesYTD变量包含存储过程主体中的参数的值，当存储过程退出时，@SalesYTD变量的值将返回调用程序。这常常被称为"传址调用功能"。

2. 修改存储过程

如果需要更改存储过程中的语句或参数，可以删除并重新创建该存储过程，也可以更改该存储过程。删除并重新创建存储过程时，与该存储过程关联的所有权限都将丢失。更改存储过程时，将更改过程或参数定义，但为该存储过程定义的权限将保留，并且不会影响任何相关的存储过程或触发器。

还可以修改存储过程以加密其定义或使该过程在每次执行时都得到重新编译。

修改存储过程使用 ALTER PROCEDURE 命令完成。其语法为：

```
ALTER 〈PROC|PROCEDURE〉[schema_name.] procedure_name [ ; number ][ { @parameter [ type_schema_
name. ] data_type } [ VARYING ][ = default ][ OUT | OUTPUT ][READONLY ][ ,…n ][ WITH <procedure
_option> [ ,…n ] ][ FOR REPLICATION ]
AS { [ BEGIN | sql_statement [;][ …n ][ END ] }[;]
```

例 9.9　如修改已创建的存储过程 HumanResources. usp_GetAllEmployees，修改命令如下：

```
ALTER PROCEDURE HumanResources.usp_GetAllEmployees
AS   SELECT FirstName+´´+LastName AS´姓名´,JobTitle´职务´, Department AS´部门名称´
     FROM HumanResources.vEmployeeDepartment;
GO
EXECUTE HumanResources.usp_GetAllEmployees; --执行修改后的存储过程
```

3. 执行存储过程

若要执行存储过程，可以使用 T-SQL EXECUTE 语句。如果存储过程是批处理中的第一条语句，那么不使用 EXECUTE 关键字也可以执行存储过程。

系统存储过程以字符 sp_开头。它们物理上存储于资源数据库中，但逻辑上出现在 SQL Server 实例的每个系统定义和用户定义数据库的 sys 架构中。可以从任何数据库执行系统存储过程，而不必完全限定存储过程名称。非架构限定名称可以由一部分组成，如 sp_someproc，也可以由三部分组成，如 somedb..sp_someproc，第二部分是架构名称，这里并未指定。

下列示例说明执行系统存储过程的向后兼容方法。

```
EXEC sp_who; EXEC master.dbo.sp_who; EXEC AdventureWorks..sp_who; EXEC dbo.sp_who;
EXEC AdventureWorks.dbo.sp_who;
```

建议使用 sys 架构名称对所有系统存储名称进行限定，以防止名称冲突。以下示例说明执行系统存储过程的推荐方法。

```
EXEC sys.sp_who;
```

SQL Server 与系统过程名称匹配时调用数据库排序规则。因此，在应用程序中应始终使用系统过程名称的正确大小写形式。例如，如果在具有区分大小写的排序规则的数据库上下文中执行，以下代码将失败：

```
exec SP_heLP; -- 因为 SP_heLP 与 sp_help 不同,执行失败,
```

使用 sys.system_objects 和 sys.system_parameters 目录视图可以显示确切的系统存储过程名称。

系统扩展存储过程以字符 xp_开头。它们物理上存储在资源数据库中，但逻辑上出现在 SQL Server 实例的每个系统定义和用户定义数据库的 sys 架构中。以下示例说明执行系统

扩展存储过程的推荐方法：

```
EXEC sys.xp_subdirs 'c:\';
```

执行用户定义存储过程(不管是在批处理中还是在模块内,如在用户定义存储过程或函数中)时,强烈建议至少用架构名称限定存储过程名称。

以下示例说明执行用户定义存储过程的推荐方法。

```
EXEC dbo.uspGetEmployeeManagers 50;            --或--
EXEC AdventureWorks.dbo.uspGetEmployeeManagers 50;
```

如果指定了非限定的用户定义存储过程,数据库引擎将按以下顺序搜索该过程:①当前数据库的 sys 架构;②调用方的默认架构(如果在批处理或动态 SQL 中执行),或者如果非限定的过程名称出现在另一个过程定义的主体中,则接着搜索包含这一过程的架构;③当前数据库中的 dbo 架构。

4. 查看存储过程

有几种系统存储过程和目录视图可提供有关存储过程的信息。使用它们,可以:①查看存储过程的定义,即查看用于创建存储过程的 T-SQL 语句,这对于没有用于创建存储过程的 T-SQL 脚本文件的用户是很有用的;②获得有关存储过程的信息(如存储过程的架构、创建时间及其参数);③列出指定存储过程所使用的对象及使用指定存储过程的过程,此信息可用来识别那些受数据库中某个对象的更改或删除影响的过程。

若要查看存储过程的定义:

```
sys.sql_modules,OBJECT_DEFINITION,sp_helptext
```

查看有关存储过程的信息:

```
sys.objects,sys.procedures,sys.parameters,sys.numbered_procedures,sys.numbered_procedure_pa-
rameters,sp_help
```

查看存储过程的依赖关系:

```
sys.sql_dependencies,sp_depends
```

查看有关扩展存储过程的信息:

```
sp_helpextendedproc
```

5. 删除存储过程

不再需要存储过程时可将其删除。如果另一个存储过程调用某个已被删除的存储过程,SQL Server 将在执行调用进程时显示一条错误消息。但是,如果定义了具有相同名称和参数的新存储过程来替换已被删除的存储过程,那么引用该过程的其他过程仍能成功执行。例如,如果存储过程 proc1 引用存储过程 proc2,而 proc2 已被删除,但又创建了另一个名为 proc2 的存储过程,现在 proc1 将引用这一新存储过程,proc1 也不必重新创建。

删除存储过程命令为:

```
DROP {PROC|PROCEDURE} {[schema_name.]procedure}[,…n];
```

删除扩展存储过程的命令为:

```
sp_dropextendedproc [@functname = ]'procedure'
```

例 9.10 删除 HumanResources.usp_GetAllEmployees 存储过程。

```
DROP PROCEDURE HumanResources.usp_GetAllEmployees;
```

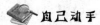 **自己动手**

> 创建本章示例中的存储过程,并执行检验其完成的功能,自己学习模拟。

6. 存储过程的交互式操作菜单

在 Management Studio 中"对象资源管理器"中展开各级目录到"某数据库"→"可编程性"→"存储过程"，展开"存储过程"目录后，能看到该数据库的所有用户定义存储过程，在"存储过程"目录上或某具体存储过程上单击鼠标右键，弹出的快捷菜单是交互式快捷操作存储过程的简便方法，如图 9-2 所示。从快捷菜单可知，它提供了"新建存储过程""修改存储过程""执行存储过程""编写多种存储过程脚本到新查询编辑器窗口或到文件或到剪贴板""查看存储过程依赖关系""重命名存储过程""删除存储过程""存储过程的属性"等功能菜单。读者不妨逐一操作，来加强操作实践。

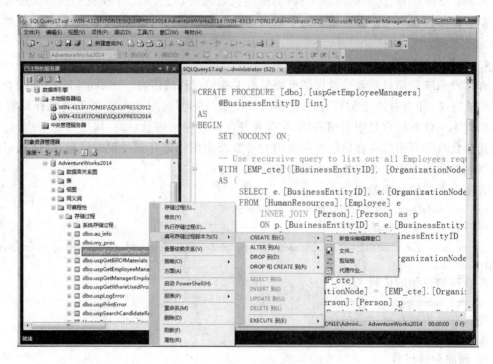

图 9-2　操作存储过程的快捷菜单

实验内容与要求（选做）

本实验（及实验 10）中要用到这样的"学生-课程"数据库 jxgl2，S、SC 与 C 三表的关系图如图 9-3 所示（字段名及其含义可见于图）。其创建于添加记录 SQL 命令如下：

```
CREATE DATABASE jxgl2
GO
USE jxgl2
CREATE TABLE S(SNO CHAR(5) NOT NULL PRIMARY KEY,SN VARCHAR(8) NOT NULL,SEX CHAR(2) NOT NULL CHECK
(SEX IN ('男','女')) DEFAULT '男',AGE SMALLINT NOT NULL CHECK(AGE>7),DEPT VARCHAR(20),CONSTRAINT SN_U
UNIQUE(SN));
CREATE TABLE C(CNO CHAR(5) NOT NULL PRIMARY KEY,CN VARCHAR(20),CT SMALLINT CHECK(CT>=1))
CREATE TABLE SC(SNO CHAR(5) NOT NULL CONSTRAINT S_F FOREIGN KEY REFERENCES S(SNO),CNO CHAR(5) NOT
NULL,SCORE SMALLINT CHECK ((SCORE IS NULL) OR (SCORE BETWEEN 0 AND 100)),CONSTRAINT S_C_P PRIMARY KEY
(SNO,CNO),CONSTRAINT C_F FOREIGN KEY(CNO) REFERENCES C(CNO))
```

可以利用类似如下的添加语句生成各表的记录：

```
INSERT INTO S VALUES('S1','李涛','男',19,'信息');  --插入 1 学生记录,其他略
INSERT INTO C VALUES('C1','C 语言',4);             --插入 1 选课记录,其他略
INSERT INTO SC VALUES('S1','C1',90);               --插入 1 课程记录,其他略
```

图 9-3 "学生-课程"数据库三表关系图

（1）创建存储过程。

① 利用 Management Studio 创建存储过程。

在对象资源管理器中,依次展开:数据库服务器→数据库→某数据库→可编程性→存储过程,在"存储过程"节点上,单击鼠标右键,从弹出的快捷菜单中选择"新建存储过程"菜单项,在出现的"新建存储过程"的创建对话框中,可直接输入存储过程代码。

② 利用模板创建存储过程。

在模板资源管理器中,展开"Stored Procedure",然后双击某创建存储过程项,如"Create Procedure Basic Template"。经过正确连接后,在模板代码窗口中修改完成存储过程的创建。

③ 利用 CREATE PROCEDURE 语句能创建存储过程。

例 9.11 在 jxgl 数据库中,创建一个名称为 Select_S 的存储过程,该存储过程的功能是从数据表 S 中查询所有女同学的信息,并执行该存储过程。

```
USE jxgl2  --以下略本命令
GO
CREATE PROCEDURE Select_S AS SELECT * FROM S WHERE sex='男'
GO
Execute Select_S  --执行该存储过程
```

例 9.12 定义具有参数的存储过程。在 jxgl 数据库中,创建一个名称为 InsRecToS 的存储过程,该存储过程的功能是向 S 表中插入一条记录,新记录的值由参数提供,如果未提供值给@sex,由参数的默认值代替。

```
CREATE PROCEDURE InsRecToS(@sno char(5),@sn varchar(8),@sex char(2)='男',@age int,@dept
varchar(20)) AS INSERT INTO S VALUES(@sno,@sn,@sex,@age,@dept)
GO
Execute InsRecToS @sno='S8',@sn='罗兵',@age=18,@dept='信息' --执行该存储过程
```

例 9.13 定义能够返回值的存储过程。在 jxgl 数据库中创建一个名称为 Query_S 的存储过程。该存储过程的功能是从数据表 S 中根据学号查询某一学生的姓名和年龄,并返回。

```
CREATE PROCEDURE Query_S(@Sno char(5),@SN varchar(8) OUTPUT,@Age smallint OUTPUT) AS SELECT
@sn=sn,@age=age FROM S WHERE Sno=@Sno
```

（2）执行存储过程。

Query_S 存储过程可以通过以下方法执行（如图 9-4 所示）：

```
Declare @SN VARCHAR(8),@AGE SMALLINT
execute Query_S 'S1',@SN OUTPUT,@AGE OUTPUT
SELECT @SN,@AGE
-- 执行语句还可以是:execute Query_S 'S1',@SN=@SN OUTPUT, @AGE = @AGE OUTPUT  -- 或
```

-- execute Query_S ′S1′,@AGE = @AGE OUTPUT,@SN = @SN OUTPUT   -- 或

-- exec Query_S ′S1′,@SN OUTPUT,@AGE OUTPUT。

-- 如果该过程是批处理中的第一条语句,则可使用 Query_S ′S1′,@SN OUTPUT,@AGE OUTPUT 或 Query_S ′S1′,@SN = @SN OUTPUT, @AGE = @AGE OUTPUT 等方法执行。

（3）查看和修改存储过程。

在对象资源管理器中,依次展开:数据库服务器→数据库→某数据库→可编程性→存储过程,在某存储过程,如"InsRecToS"上单击鼠标右键,从弹出的快捷菜单中,选择各功能菜单操作。单击"编写存储过程脚本为"或"修改"可以查看并修改存储过程(如图 9-5 所示),按"重命名"能修改存储过程名,单击"删除"能删除不需要的存储过程,其他操作功能还有新建存储过程、执行存储过程、查看存储过程、查看存储过程属性等。

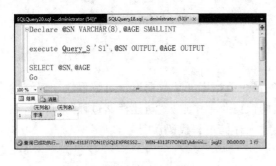

图 9-4 存储过程的执行   图 9-5　存储过程修改窗口

例 9.14　使用 ALTER PROCEDURE 命令,修改存储过程 InsRecToS,命令如下:

ALTER PROCEDURE [dbo].[InsRecToS] (@sno char(5),@sn varchar(8),@sex char(2) = ′女′,@age smallint,@dept varchar(20)) AS INSERT INTO S VALUES(@sno,@sn,@sex,@age,@dept)

（4）查看、重命名和删除存储过程。

查看、重命名和删除存储过程交互式操作类似"查看和修改存储过程"所述,这里通过命令来举例说明与操作。

例 9.15　查看数据库 S 中存储过程 Select_S 的源代码。

exec sp_helptext Select_S

如果在创建时使用了 WITH ENCRYPTION 选项,使用系统存储过程 sp_helptext 是无法查看到存储过程的源代码的。

例 9.16　将存储过程 Select_S 改名为 Select_Student。

sp_rename Select_S,Select_Student

DROP PROCEDURE 从当前数据库中删除一个或多个存储过程或过程组。

例 9.17　将存储过程 Select_Student 从数据库中删除。

DROP PROCEDURE Select_Student

（5）在 DingBao 数据库中创建存储过程 C_P_Proc,实现参数化查询顾客订阅信息,查询参数为顾客姓名,要求能查询出参数指定顾客的顾客编号、顾客名、订阅报纸名及订阅份数等信息。

（6）执行存储过程 C_P_Proc,实现对李涛、钱金浩等不同顾客的订阅信息的查询。

（7）删除存储过程 C_P_Proc。

（8）参阅实验 15 中 15.2.6 节"成品实时库存计算与组合查询模块的实现"中的 p_refresh_tccpsskc 存储过程,了解其完成的功能,并通过该系统的数据库 KCGL(随书光盘中能找到)查阅其他存储过程的名称(如 p_sc_tccpjdkc、p_tccprck_day_dlggcz 等)与功能。

实验10 触发器的基本操作

实验目的

学习与实践对触发器创建、修改、使用、删除等的基本操作。

背景知识

触发器是一种特殊类型的存储过程。触发器主要是通过事件进行触发而被执行的,而存储过程可以通过存储过程名称被直接调用。触发器是一个功能强大的工具,它使每个站点可以在有数据修改时自动强制执行其业务规则。触发器可以用于 SQL Server 约束、默认值和规则等的完整性检查。触发器可以强制限制,这些限制比用 CHECK 约束所定义的更复杂。

触发器有两大类型:数据操纵语言 DML 触发器和数据定义语言 DDL 触发器。

DML 触发器又分 INSTEAD OF 和 AFTER(或 FOR) 触发器两类,其中 DML 触发器之 AFTER 触发器还分 INSERT 触发器、DELETE 触发器、UPDATE 触发器及其混合类型触发器。

INSTEAD OF 触发器用于替代引起触发器执行的 T-SQL 语句。可在表和视图上指定 INSTEAD OF 触发器,可用来扩展视图可以支持的更新操作。只能为每个触发操作(INSERT、UPDATE、DELETE)定义一个 INSTEAD OF 触发器。INSTEAD OF 触发器可用于对 INSERT 和 UPDATE 语句中提供的数据值执行增强的完整性检查。

AFTER 触发器在一个 INSERT、UPDATE 或 DELETE 语句之后执行,如果该语句因错误而失败,触发器将不会执行。不能为视图指定 AFTER 触发器,只能为表指定该触发器。可以为每个触发操作(INSERT、UPDATE、DELETE)指定多个 AFTER 触发器。

SQL Server 为每个 DML 触发器都创建了两个专用表:Inserted 表和 Deleted 表。这两个表由系统来维护,它们存在于内存中而不是数据库中。这两个表的结构总是与被该触发器作用的表的结构相同,触发器执行完成后,与该触发器相关的这两个表也被删除,其有效性与表内容见表 10-1。

表 10-1 Inserted 表和 Deleted 表的有效性及其表内容

对表的操作	Inserted 逻辑表	Deleted 逻辑表
增加记录(INSERT)	存放增加的记录	
删除记录(DELETE)		存放被删除的记录
修改记录(UPDATE)	存放更新后的记录	存放更新前的记录

 实验示例

10.1 DML 触发器

DML 触发器是当数据库服务器中发生数据操作语言（DML）事件时要执行的操作。DML 事件包括对表或视图发出的 UPDATE、INSERT 或 DELETE 语句。DML 触发器用于在数据被修改时强制执行业务规则，以及扩展 SQL Server 约束、默认值和规则的完整性检查逻辑。

可以设计以下类型的 DML 触发器：①AFTER 触发器，在执行了 INSERT、UPDATE 或 DELETE 语句操作之后执行 AFTER 触发器，指定 AFTER 与指定 FOR 相同，它是 SQL Server 早期版本中唯一可用的选项，AFTER 触发器只能在表上指定；②INSTEAD OF 触发器，执行 INSTEAD OF 触发器代替通常的触发动作，还可为带有一个或多个基表的视图定义 INSTEAD OF 触发器，而这些触发器能够扩展视图可支持的更新类型；③CLR 触发器，CLR 触发器可以是 AFTER 触发器或 INSTEAD OF 触发器，CLR 触发器还可以是 DDL 触发器，CLR 触发器将执行在托管代码（在.NET Framework 中创建并在 SQL Server 中上载的程序集的成员）中编写的方法。

AdventureWorks 示例数据库中包括的 DML 触发器设计为强制实施 Adventure Works Cycles 的业务规则并帮助保护其数据的完整性。查看 Management Studio 中每个触发器的文本，方法为：①在对象资源管理器中，找到定义触发器的表，并展开"触发器"文件夹；②右键单击需要的触发器，再单击"编写触发器脚本为"下的子菜单项。

AdventureWorks 示例数据库中包括的 DML 触发器有：uContact DML 触发器、uSalesOrderHeader DML 触发器、uPurchaseOrderHeader DML 触发器、iPurchaseOrderDetail DML 触发器等。请自己查阅其代码。

1. 指定 DML 触发器何时激发

可通过指定以下两个选项之一来控制 DML 触发器何时激发：

① AFTER 触发器将在处理触发操作（INSERT、UPDATE 或 DELETE）、INSTEAD OF 触发器和约束之后激发，可通过指定 AFTER 或 FOR 关键字来请求 AFTER 触发器；

② INSTEAD OF 将在处理约束前激发，以替代触发操作，如果表有 AFTER 触发器，它们将在处理约束之后激发，如果违反了约束，将回滚 INSTEAD OF 触发器操作并且不执行 AFTER 触发器。

2. 创建触发器

创建触发器命令为 CREATE TRIGGER，其语法为：

```
CREATE TRIGGER [schema_name.]trigger_name ON {table|view} [WITH <dml_trigger_option> [ ,…n
]]{ FOR | AFTER | INSTEAD OF } { [ INSERT ][,][ UPDATE ][,][DELETE] }[ WITH APPEND ][ NOT FOR REPLICA-
TION ] AS { sql_statement [ ; ] […n ] | EXTERNAL NAME <method specifier [ ; ] > }
    <dml_trigger_option>∷ = [ ENCRYPTION ][ EXECUTE AS Clause ]
    <method_specifier>∷ = assembly_name.class_name.method_name
```

例 10.1 在下列 T-SQL 语句序列中，INSTEAD OF 触发器更新视图中的两个基表。另

外,显示以下处理错误的方法:①忽略对 Person 表的重复插入,并且插入的信息将记录在 PersonDuplicates 表中;②将对 EmployeeTable 的重复插入转变为 UPDATE 语句,该语句将当前信息检索至 EmployeeTable,而不会产生重复键冲突。

T-SQL 语句创建两个基表、一个视图、一个记录错误表和视图上的 INSTEAD OF 触发器。以下表将个人数据和业务数据分开并且是视图的基表。

```
CREATE TABLE Person(SSN char(11) PRIMARY KEY,Name nvarchar(100),Address nvarchar(100),Birthdate
datetime)
CREATE TABLE EmployeeTable(EmployeeID int PRIMARY KEY,SSN char(11) UNIQUE, Department nvarchar
(10),Salary money,CONSTRAINT FKEmpPer FOREIGN KEY(SSN) REFERENCES Person (SSN))
```

下面的视图使用某个人的两个表中的所有相关数据建立报表。

```
CREATE VIEW Employee AS
    SELECT P.SSN as SSN,Name,Address,Birthdate,EmployeeID,Department,Salary
    FROM Person P,EmployeeTable E WHERE P.SSN = E.SSN
```

可记录对插入具有重复的社会保障号的行的尝试。PersonDuplicates 表记录插入的值、尝试插入的用户的姓名和插入的时间。

```
CREATE TABLE PersonDuplicates(SSN char(11),Name nvarchar(100),Address nvarchar(100),Birthdate
datetime,InsertSNAME nchar(100),WhenInserted datetime)
```

INSTEAD OF 触发器将行插入到单个视图的多个基表中。在 PersonDuplicates 表中记录了插入具有重复社会保障号的行的尝试。EmployeeTable 中的重复行将更改为更新语句。

```
CREATE TRIGGER IO_Trig_INS_Employee ON Employee INSTEAD OF INSERT AS
BEGIN
SET NOCOUNT ON
-- 检查人员重复情况,不重复则插入
IF (NOT EXISTS (SELECT P.SSN FROM Person P, inserted I WHERE P.SSN = I.SSN))
    INSERT INTO Person SELECT SSN,Name,Address,Birthdate FROM inserted
ELSE  --重复则日志记录于"人员重复表"中
    INSERT INTO PersonDuplicates
        SELECT SSN,Name,Address,Birthdate,SUSER_SNAME(),GETDATE() FROM inserted
-- 检查雇员重复情况,不重复则插入
IF (NOT EXISTS (SELECT E.SSN FROM EmployeeTable E, inserted WHERE E.SSN = inserted.SSN))
    INSERT INTO EmployeeTable SELECT EmployeeID,SSN, Department, Salary FROM inserted
ELSE --重复则改为对表 EmployeeTable 作修改操作
    UPDATE EmployeeTable
    SET EmployeeID = I.EmployeeID,Department = I.Department,Salary = I.Salary
    FROM EmployeeTable E,inserted I WHERE E.SSN = I.SSN
END
```

3. 管理触发器安全性

默认情况下,在调用触发器的用户的上下文中执行 DML 和 DDL 触发器。触发器的调用方是执行使触发器运行的语句的用户。下面是由用户 JohnDoe 创建的 DDL 触发器:

```
CREATE TRIGGER DDL_trigJohnDoe ON DATABASE FOR ALTER_TABLE
AS GRANT CONTROL SERVER TO JohnDoe;
```

可以采取下列措施阻止触发器代码在升级特权下执行。

(1) 注意数据库和服务器实例中存在的 DML 和 DDL 触发器,方法是查询 sys.triggers 和 sys.server_triggers 目录视图。下面的查询将返回当前数据库中的所有 DML 触发器和数据库级别的 DDL 触发器,以及服务器实例中所有服务器级别的 DDL 触发器:

```
SELECT type,name,parent_class_desc FROM sys.triggers
  UNION
```

```
SELECT type,name,parent_class_desc FROM sys.server_triggers;
```

（2）使用 DISABLE TRIGGER 禁用在升级特权下执行时可能会损害数据库或服务器完整性的触发器。下面的语句可以禁用当前数据库中所有数据库级别的 DDL 触发器：

```
DISABLE TRIGGER ALL ON DATABASE
```

（3）下面的语句可以禁用服务器实例中所有服务器级别的 DDL 触发器：

```
DISABLE TRIGGER ALL ON ALL SERVER
```

（4）下面的语句可以禁用当前数据库中的所有 DML 触发器。

例 10.2 禁用当前数据库中的所有 DML 触发器。

```
DECLARE @schema_name sysname,@trigger_name sysname, @object_name sysname;
DECLARE @sql nvarchar(max);
DECLARE trig_cur CURSOR FORWARD_ONLY READ_ONLY FOR
    SELECT SCHEMA_NAME(schema_id) AS schema_name,name AS trigger_name,OBJECT_NAME(parent_ob-
ject_id) as object_name
    FROM sys.objects WHERE type in ('TR','TA');
OPEN trig_cur;
FETCH NEXT FROM trig_cur INTO @schema_name, @trigger_name, @object_name;
WHILE @@FETCH_STATUS = 0
BEGIN
    SELECT @sql = 'DISABLE TRIGGER ' + @schema_name + '.' + @trigger_name +
        ' ON ' + @schema_name + '.' + @object_name + ';';
    EXEC (@sql);  -- 执行命令禁用触发器
    FETCH NEXT FROM trig_cur INTO @schema_name,@trigger_name,@object_name;
END
GO
SELECT * FROM sys.triggers WHERE is_disabled = 0; --检验触发器,结果应为空
CLOSE trig_cur; DEALLOCATE trig_cur;
```

4. 对 DML 触发器编程

几乎所有可以编写成批处理的 T-SQL 语句都可用于创建 DML 触发器,下列语句除外：ALTER DATABASE、CREATE DATABASE、DROP DATABASE、RECONFIGURE、RESTORE DATABASE、RESTORE LOG。

此外,在对作为触发操作的目标的表或视图使用下列 T-SQL 语句时,将不允许在 DML 触发器的主体内使用这些语句：CREATE INDEX、ALTER INDEX、DROP INDEX、DBCC DBREINDEX、ALTER PARTITION FUNCTION、DROP TABLE、ALTER TABLE。

例 10.3 对表 Student 创建 UPDATE 触发器 TR_student_age_update。

```
CREATE TRIGGER TR_student_age_update on Student
AFTER UPDATE as
  DECLARE @age int
  SELECT @age = Sage
  FROM inserted
  IF @age < 16
  BEGIN
    raiserror ('学生年龄应大于等于 16 岁。',16,1)
    rollback transaction
  END
Go
UPDATE Student SET Sage = 15 WHERE Sno = '98001'
```

当对表 Student 作 UPDATE 操作时,会自动触发 TR_student_age_update 触发器,若年龄小于 8,则取消该次修改操作,如图 10-1 所示。

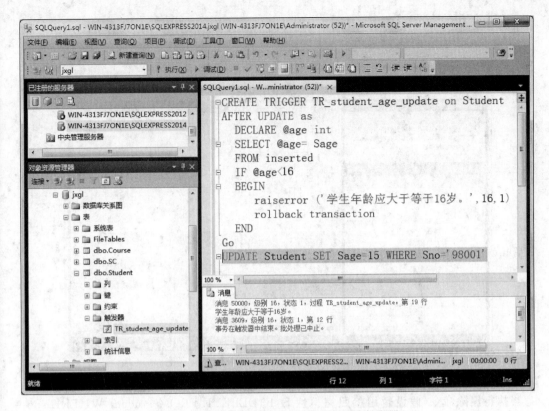

图 10-1 创建 UPDATE 触发器并引发该触发器

例 10.4 类似地对 Student 创建插入触发器 TR_student_insert：

```
CREATE TRIGGER TR_student_insert on student
FOR INSERT as
  DECLARE @age int
  SELECT @age = Sage FROM inserted
  IF @age < 16
  BEGIN
    raiserror('学生年龄应大于等于16岁。',16,1)
    rollback transaction
  END
```

当对 Student 表插入一条记录，如：

```
INSERT INTO student(Sno,Sname,Sage,Ssex,Sdept) VALUES('98010','张力',15,'男','CS')
```

则引发触发器 TR_student_insert，取消该记录的插入，如图 10-2 所示。

例 10.5 还能对表创建 DELETE 触发器，如果此表有 DELETE 型的触发器，则删除记录时触发器将被触发执行。被删除的记录存放在 Deleted 表中，可据此作其他处理。如下是在 Student 表上创建的 TR_student_delete 触发器。

```
CREATE TRIGGER TR_student_delete on student
AFTER DELETE as
DECLARE @icount int
SELECT @icount = count( * )
FROM deleted,sc WHERE deleted.sno = sc.sno
IF @icount >= 1
BEGIN
  raiserror('该学生在表 SC 中被引用,暂不能被删除!',16,1)
```

```
    rollback transaction
END
```

图 10-2　创建 INSERT 触发器并引发该触发器

当执行删除命令（假设暂用参照完整性 S_F）DELETE FROM student WHERE sno='98001'时，由于 SC 表中有对学号为 98001 的学生的选课记录，为此删除未能成功。执行情况如图 10-3 所示。

图 10-3　删除记录时引发删除触发器

参照图 10-3,可禁用参照完整性约束 S_F:

```
Alter Table SC NOCHECK CONSTRAINT S_F
```

可用来再启用参照完整性约束 S_F:

```
Alter Table SC CHECK CONSTRAINT S_F
```

若要确保其他用户不能查看触发器定义,可以使用 WITH ENCRYPTION 子句。触发器定义即以无法读取的格式进行存储。触发器定义加密,无法进行解密,且任何人都无法进行查看,包括触发器的所有者和系统管理员。

UPDATE()函数可用于确定 INSERT 或 UPDATE 语句是否影响表中的特定列。无论何时为列赋值,该函数都将返回 TRUE。此外,COLUMNS_UPDATED()函数也可用于检查 INSERT 或 UPDATE 语句更新了表中的哪些列。此函数使用整数位掩码指定要测试的列。

例 10.6 使用 IF UPDATE()子句测试数据修改。本示例对表 my_table 创建了 INSERT 触发器 my_trig,并测试列 b 是否受任何 INSERT 尝试的影响。

```
CREATE TABLE my_table(a int NULL,b int NULL)
GO
CREATE TRIGGER my_trig ON my_table FOR INSERT AS IF UPDATE(b) PRINT ´列 b 被修改了´
```

这样当执行如"insert into my_table values(1,2)"的插入命令时,将触发 my_trig 触发器而显示"列 b 被修改了"的消息。

例 10.7 使用 COLUMNS_UPDATED()函数测试数据修改,获得上例类似的结果。

```
CREATE TRIGGER my_trig2 ON my_table FOR INSERT
    AS IF (COLUMNS_UPDATED() & 2 = 2) PRINT ´列 b 被修改了´
```

下列示例中的 DML 触发器用于在 AdventureWorks 示例数据库的另一个表中存储某列的运行总计。

例 10.8 存储单行插入的运行总计,第一种 DML 触发器在一行数据加载到 PurchaseOrderDetail 表中时适合于单行插入。INSERT 语句激发 DML 触发器,新行在触发器执行期间加载到插入的表中。UPDATE 语句读取该行的 LineTotal 列值,并将该值与 PurchaseOrderHeader 表的 SubTotal 列中的现有值相加。WHERE 子句确保 PurchaseOrderDetail 表中的更新行与插入的表中 PurchaseOrderID 行相匹配。

```
CREATE TRIGGER NewPODetail ON Purchasing.PurchaseOrderDetail
    AFTER INSERT AS     -- 本触发器只对单行触发有效
    UPDATE PurchaseOrderHeader SET SubTotal = SubTotal + LineTotal
    FROM inserted WHERE PurchaseOrderHeader.PurchaseOrderID = inserted.PurchaseOrderID;
```

例 10.9 存储多行或单行插入的运行总计,对于多行插入,上一示例中的 DML 触发器可能不会正确运行,位于 UPDATE 语句(SubTotal+LineTotal)中赋值表达式右侧的表达式只能是一个值,而不能是一个值列表。因此,该触发器的作用是检索插入的表中任意一行的值,并将该值与 PurchaseOrderHeader 表中的现有 SubTotal 值相加,以获得特定 PurchaseOrderID 值。如果某个 PurchaseOrderID 值在插入的表中出现多次,则此操作可能无法达到预期效果。

若要正确更新 PurchaseOrderHeader 表,必须允许对插入的表中的多行使用触发器。可以通过使用 SUM 函数达到此目的,该函数计算每个 PurchaseOrderID 的插入的表中许多行的总 LineTotal。SUM 函数包含在相关子查询(括号中的 SELECT 语句)中。此子查询将为插入的表中的每个 PurchaseOrderID 返回一个值,该值与 PurchaseOrderHeader 表中的 PurchaseOrderID 匹配或相关。

```
CREATE TRIGGER NewPODetail2 ON Purchasing.PurchaseOrderDetail
AFTER INSERT AS   -- 本触发器对单行与多行触发都有效
  UPDATE PurchaseOrderHeader
  SET SubTotal = SubTotal + (SELECT SUM(LineTotal) FROM inserted
    WHERE PurchaseOrderHeader.PurchaseOrderID = inserted.PurchaseOrderID)
  WHERE PurchaseOrderHeader.PurchaseOrderID IN (SELECT PurchaseOrderID FROM inserted);
```

例 10.10　基于插入类型存储运行总计,可以更改触发器以针对不同行数使用最优方法。例如,可以在触发器逻辑中使用 @@ROWCOUNT 函数来区分单行插入和多行插入。

```
CREATE TRIGGER NewPODetail3 ON Purchasing.PurchaseOrderDetail
FOR INSERT AS   -- 本触发单行或多行,有选择则优化处理
IF @@ROWCOUNT = 1
BEGIN
  UPDATE PurchaseOrderHeader SET SubTotal = SubTotal + LineTotal
  FROM inserted WHERE PurchaseOrderHeader.PurchaseOrderID = inserted.PurchaseOrderID
END
ELSE
BEGIN
  UPDATE PurchaseOrderHeader
  SET SubTotal = SubTotal + (SELECT SUM(LineTotal) FROM inserted
    WHERE PurchaseOrderHeader.PurchaseOrderID = inserted.PurchaseOrderID)
  WHERE PurchaseOrderHeader.PurchaseOrderID IN (SELECT PurchaseOrderID FROM inserted)
END;
```

例 10.11　本例中说明使用递归触发器来解决自引用关系(也称为传递闭包)。例如,表 emp_mgr 定义了以下内容:①一个公司中的雇员(emp);②每个雇员的经理(mgr);③组织树中向每个经理汇报的雇员总数(NoOfReports)。

递归 UPDATE 触发器可以用于在插入新雇员记录时让 NoOfReports 列保持最新。INSERT 触发器更新经理记录的 NoOfReports 列,而该操作递归更新管理层向上的其他记录的 NoOfReports 列。

```
ALTER DATABASE AdventureWorks SET RECURSIVE_TRIGGERS ON --允许递归触发器
CREATE TABLE emp_mgr (emp char(30) PRIMARY KEY,mgr char(30) NULL FOREIGN KEY REFERENCES emp_mgr
(emp),NoOfReports int DEFAULT 0)
CREATE TRIGGER emp_mgrins ON emp_mgr FOR INSERT AS
  DECLARE @e char(30), @m char(30)
  DECLARE c1 CURSOR FOR
    SELECT emp_mgr.emp FROM emp_mgr,inserted WHERE emp_mgr.emp = inserted.mgr
  OPEN c1;  FETCH NEXT FROM c1 INTO @e
  WHILE @@fetch_status = 0
  BEGIN
    UPDATE emp_mgr SET emp_mgr.NoOfReports = emp_mgr.NoOfReports + 1 --该雇员报告数加 1
    WHERE emp_mgr.emp = @e
    FETCH NEXT FROM c1 INTO @e
  END
CLOSE c1; DEALLOCATE c1
GO
--递归修改触发器工作假设:表 emp_mgr 上只有一个修改操作;没有在组织树中间有插入操作
CREATE TRIGGER emp_mgrupd ON emp_mgr FOR UPDATE AS
IF UPDATE (mgr)
BEGIN
  UPDATE emp_mgr
```

```
    SET emp_mgr.NoOfReports = emp_mgr.NoOfReports + 1 --添加者要加 1
    FROM inserted WHERE emp_mgr.emp = inserted.mgr
    UPDATE emp_mgr SET emp_mgr.NoOfReports = emp_mgr.NoOfReports - 1 --删除者要减 1
    FROM deleted WHERE emp_mgr.emp = deleted.mgr
END
INSERT emp_mgr(emp,mgr) VALUES('张勇',NULL)   -- 添加些测试数据
INSERT emp_mgr(emp,mgr) VALUES('钱力','张勇')
INSERT emp_mgr(emp,mgr) VALUES('沈晓','钱力')
INSERT emp_mgr(emp,mgr) VALUES('曹正','钱力')
INSERT emp_mgr(emp,mgr) VALUES('李明','曹正')
GO
SELECT * FROM emp_mgr -- 更新前
UPDATE emp_mgr SET mgr = '张勇' WHERE emp = '李明' -- 李明的管理者由曹正改为张勇
GO
SELECT * FROM emp_mgr -- 更新后
```

运行并比较更新前与更新后的结果变化情况。

可以为视图或表定义 INSTEAD OF INSERT 触发器来替换 INSERT 语句的标准操作。

例 10.12　下面先来看一个例子。在 kcgl 数据库中的表 tccprck 上定义了一个 IN-STEAD OF INSERT 触发器 tr_tccprck_i_instead_of,其内容为:

```
CREATE TRIGGER [tr_tccprck_i_instead_of] ON [dbo].[tccprck] instead of INSERT
    AS BEGIN
        SET NOCOUNT ON;
        --可能是新类型,要先插入到实时库存表中,以便在 AFTER 触发器中自动更新库存
            insert into tccpsskc(dl,gg,cz1,cprk,cpck,cpkc,dj)   -- tccpsskc 为产品实时库存表
                select tt.dl,tt.gg,tt.cz1,0,0,0,tt.dj from
                    (select dl,gg,cz1,dj from inserted group by dl,gg,cz1,dj) as tt
                where (tt.dl + tt.gg + tt.cz1) not in (select dl + gg + cz1 from tccpsskc);
        -- 代替插入操作后,这里需要准备一条插入命令
            insert into tccprck(dl,gg,cz1,dw,fhqx,dj,rq,crkz,jbr) -- tccprck 为产品入出库表
                select dl,gg,cz1,dw,fhqx,dj,rq,crkz,jbr
                from inserted ; --本插入命令将引发 tccprck 表上的 AFTER 触发器 tr_tccprck_i
END  --说明:tccprck、tccpsskc 的表结构及其含有的触发器,可参阅附带光盘中的 kcgl 数据库
```

通常会为视图定义 INSTEAD OF INSERT 触发器以在一个或多个基表中插入数据。

例 10.13　虽然 INSERT 语句必须为映射到基表中标识列或计算列的视图列指定值,但是它可以提供占位符值。INSTEAD OF 触发器在构成将值插入基表的 INSERT 语句时,可以忽略提供的值。下列语句将创建说明该进程的表、视图和触发器。

```
CREATE TABLE BaseTable(PrimaryKey int IDENTITY(1,1),Color nvarchar(10) NOT NULL,Material nvar-
char(10) NOT NULL,ComputedCol AS (Color + Material))
CREATE VIEW InsteadView AS SELECT PrimaryKey, Color, Material, ComputedCol FROM BaseTable
GO
CREATE TRIGGER InsteadTrigger on InsteadView INSTEAD OF INSERT AS
BEGIN
    INSERT INTO BaseTable SELECT Color, Material FROM inserted
END
```

直接引用 BaseTable 的 INSERT 语句无法为 PrimaryKey 和 ComputedCol 列提供值,如:

```
INSERT INTO BaseTable (Color, Material) VALUES (N'Red', N'Cloth')  --正确地插入语句
SELECT PrimaryKey, Color, Material, ComputedCol FROM BaseTable     --查看结果
INSERT INTO BaseTable VALUES (2, N'Green', N'Wood', N'GreenWood')  --直接指定是错的
```

但是,引用 InsteadView 的 INSERT 语句必须为 PrimaryKey 和 ComputedCol 列提供值:

```
INSERT INTO InsteadView(PrimaryKey, Color, Material, ComputedCol)
    VALUES (999, N′Blue′, N′Plastic′, N′XXXXXX′)        -- 对视图必须指定哑值
SELECT PrimaryKey, Color, Material, ComputedCol FROM InsteadView  --查看结果情况
```

传递到 InsteadTrigger 的所插入表是由不可为空值的 PrimaryKey 列和 ComputedCol 列生成的，因此引用该视图的 INSERT 语句必须为那些列提供值。值 999 和 N′XXXXXX′将传递到 InsteadTrigger，但是触发器中的 INSERT 语句未选择 inserted.PrimaryKey 或 inserted.ComputedCol，因此，将忽略这两个值。实际插入到 BaseTable 的行在 PrimaryKey 中的值为2，在 ComputedCol 中的值为 N′BluePlastic′。

5．删除和禁用触发器

当不再需要某个触发器时，可将其禁用或删除。

禁用触发器不会删除该触发器。该触发器仍然作为对象存在于当前数据库中。但是，当执行任意 INSERT、UPDATE 或 DELETE 语句（在其上对触发器进行了编程）时，触发器将不会激发。已禁用的触发器可以被重新启用。启用触发器会以最初创建它时的方式将其激发。默认情况下，创建触发器后会启用触发器。

删除了触发器后，它就从当前数据库中删除了。它所基于的表和数据不会受到影响。删除表将自动删除其上的所有触发器。删除触发器的权限默认授予在该触发器所在表的所有者。禁用触发器命令为：DISABLE TRIGGER（如 DISABLE TRIGGER TR_student_delete on student），ALTER TABLE（如 ALTER TABLE student DISABLE TRIGGER TR_student_delete）。启用触发器命令为：ENABLE TRIGGER（如 ENABLE TRIGGER TR_student_delete on student），ALTER TABLE（如 ALTER TABLE student ENABLE TRIGGER TR_student_delete）。删除触发器命令为：DROP TRIGGER。

例 10.14　删除上例中的触发器 InsteadTrigger。

```
DROP TRIGGER InsteadTrigger
```

6．触发器的交互式操作

触发器的交互式操作请在 Management Studio 对象资源管理器中进行，如图 10-4 所示。

图 10-4　触发器的交互式操作

10.2 DDL 触发器

DDL 触发器是一种特殊的触发器,它在响应数据定义语言(DDL)语句(如 CREATE、ALTER、DROP 等)时触发。它们可以用于在数据库中执行管理任务,例如,审核以及规范数据库操作,以下举例说明。

例 10.15 本例说明了如何使用 DDL 触发器来防止数据库中的任一表被修改或删除。

```
USE JXGL
CREATE TRIGGER safety ON DATABASE FOR DROP_TABLE, ALTER_TABLE
AS   PRINT ´你必须失效 DDL 触发器"safety"后,才能删除或修改数据库表!´
     ROLLBACK ;
```

仅在要响应由 T-SQL DDL 语法指定的 DDL 事件时,DDL 触发器才会激发。也不支持执行类似 DDL 操作的系统存储过程。在响应当前数据库或服务器中处理的 T-SQL 事件时,可以激发 DDL 触发器。触发器的作用域取决于事件。

若要获取 AdventureWorks 示例数据库中的 DDL 触发器示例,请打开 Management Studio 对象资源管理器中的"数据库触发器"文件夹(位于 AdventureWorks 数据库的"可编程性"文件夹中)。右键单击 ddlDatabseTriggerLog 并选择"编写数据库触发器脚本为"。默认情况下禁用 DDL 触发器 ddlDatabseTriggerLog。

1. 设计 DDL 触发器

在设计 DDL 触发器之前,必须:①了解 DDL 触发器的作用域;②确定触发器的 T-SQL 语句或语句组。

在响应当前数据库或服务器中处理的 T-SQL 事件时,可以激发 DDL 触发器。触发器的作用域取决于事件。例如,每当数据库中发生 CREATE TABLE 事件时,都会触发为响应 CREATE TABLE 事件创建的 DDL 触发器。每当服务器中发生 CREATE LOGIN 事件时,都会触发为响应 CREATE LOGIN 事件创建的 DDL 触发器。

例 10.16 每当数据库中发生 DROP TABLE 事件或 ALTER TABLE 事件,都将触发 DDL 触发器 safety(见例 10.15):

```
SELECT  *  INTO TS FROM Student       --产生一个临时表 TS
DROP TABLE TS                         -- 删除表 TS 失败
GO
DISABLE TRIGGER safety ON DATABASE
DROP TABLE TS                         -- 成功删除表 TS
```

例 10.17 如果当前服务器实例中发生 CREATE LOGIN、ALTER LOGIN 或 DROP LOGIN 事件,DDL 触发器将显示消息。该触发器使用 EVENTDATA 函数检索相应的 T-SQL语句的文本。

```
CREATE TRIGGER ddl_trig_login ON ALL SERVER FOR DDL_LOGIN_EVENTS AS
PRINT ´记录登录相关事务!´
SELECT EVENTDATA().value(´(/EVENT_INSTANCE/TSQLCommand/CommandText)[1]´,´nvarchar(max)´)
GO
CREATE LOGIN KittiLert WITH PASSWORD = ´3KHJ6dhx(0xVYsdf´; --运行以下命令来检验
GO
DROP LOGIN KittiLert
GO
DROP TRIGGER ddl_trig_login ON ALL SERVER   -- 删除触发器
```

选择触发 DDL 触发器的特定 DDL 语句的一部分中提供了一些链接，通过这些链接可以找到将 T-SQL 语句映射到为它们指定的作用域的列表。

数据库范围内的 DDL 触发器都作为对象存储在创建它们的数据库中。可以在 master 数据库中创建 DDL 触发器，这些 DDL 触发器的行为与在用户设计的数据库中创建的 DDL 触发器一样。可以从创建 DDL 触发器的数据库上下文中的 sys. triggers 目录视图中，或通过指定数据库名称作为标识符（如 master. sys. triggers）来获取有关这些 DDL 触发器的信息。

服务器范围内的 DDL 触发器作为对象存储在 master 数据库中。不同的是，可以从任何数据库上下文中的 sys. server_triggers 目录视图中获取有关数据库范围内的 DDL 触发器的信息。

对于影响局部或全局临时表和存储过程的事件，不会触发 DDL 触发器。

可以创建响应以下语句的 DDL 触发器：①一个或多个特定 DDL 语句；②预定义的一组 DDL 语句；③可以安排在运行一个或多个特定 T-SQL 语句后触发 DDL 触发器。

并非所有的 DDL 事件都可用于 DDL 触发器中。有些事件只适用于异步非事务语句。例如，CREATE DATABASE 事件不能用于 DDL 触发器中。应为这些事件使用事件通知。

用于激发 DDL 触发器的 DDL 事件主题列出了可以指定哪些单个 T-SQL 语句触发 DDL 触发器，以及它们可以触发的作用域。

可以在执行属于一组预定义的相似事件的任何 T-SQL 事件后触发 DDL 触发器。例如，如果希望在运行 CREATE TABLE、ALTER TABLE 或 DROP TABLE DDL 语句后触发 DDL 触发器，则可以在 CREATE TRIGGER 语句中指定 FOR DDL_TABLE_EVENTS。运行 CREATE TRIGGER 后，事件组涵盖的事件都添加到 sys. trigger_events 目录视图中。

用于激发 DDL 触发器的事件组主题列出了可以触发 DDL 触发器的多组预定义的 DDL 语句、它们涵盖的特定语句以及这些事件组可以触发的作用域。

（1）用于激发 DDL 触发器的 DDL 事件

表 10-2 列出了可以用来触发 DDL 触发器的服务器域 DDL 事件，而数据库域 DDL 事件请查阅联机帮助，此略。

提示与技巧：每个事件都对应一个 T-SQL 语句，语句语法经过修改，在关键字之间包含了下划线（"_"）。

表 10-2　服务器作用域的 DDL 语句

ALTER_AUTHORIZATION_SERVER		
CREATE_DATABASE	ALTER_DATABASE	DROP_DATABASE
CREATE_ENDPOINT	DROP_ENDPOINT	
CREATE_LOGIN	ALTER_LOGIN	DROP_LOGIN
GRANT_SERVER	DENY_SERVER	REVOKE_SERVER

（2）用于激发 DDL 触发器的事件组

用于激发 DDL 触发器的事件组、事件组所涵盖的 T-SQL 语句以及可以在其中对事件组进行编程的作用域（ON SERVER 或 ON DATABASE），请查找系统帮助。要特别注意事件组的包含性，由树结构所指明。例如，指定 FOR DDL_TABLE_EVENTS 的 DDL 触发器涵盖

CREATE TABLE、ALTER TABLE 和 DROP TABLE T-SQL 语句,而指定 FOR DDL_TA-BLE_VIEW_EVENTS 的 DDL 触发器涵盖 DDL_TABLE_EVENTS、DDL_VIEW_EVEN-TS、DDL_INDEX_EVENTS 和 DDL_STATISTICS_EVENTS 下的所有 T-SQL 语句。

（3）使用 EVENTDATA 函数

EVENTDATA 函数用来捕获有关激发 DDL 触发器的事件信息。该函数返回一个 XML 值。XML 架构包含以下信息:①事件时间;②执行了触发器的连接的系统进程 ID(SPID);③激发触发器的事件类型。

根据事件类型的不同,架构会包括一些其他信息,如发生事件的数据库、事件发生对象和事件的 T-SQL 命令。

例 10.18　假设在 AdventureWorks 数据库中创建了以下 DDL 触发器:

```
CREATE TRIGGER safety ON DATABASE FOR CREATE_TABLE AS
PRINT ´记录创建表相关事务!´
SELECT EVENTDATA().value(´(/EVENT_INSTANCE/TSQLCommand/CommandText)[1]´,´nvarchar(max)´)
RAISERROR (´本数据库中不能创建表!´,16,1)
ROLLBACK;
```

然后运行以下 CREATE TABLE 语句:

```
CREATE TABLE NewTable (Column1 int);
```

DDL 触发器中的 EVENTDATA()语句捕获到不允许的 CREATE TABLE 语句的文本。这是通过对由 EVENTDATA 生成的 XML 数据使用 XQuery 及检索<CommandText>元素来完成的。

可以使用 EVENTDATA 函数来创建事件日志。在下面的示例中,创建了一个表来存储事件信息。然后对填充该表的当前数据库创建一个 DDL 触发器,该表存储发生数据库级别的 DDL 事件的以下信息:①事件时间(使用 GETDATE 函数);②其会话上发生事件的数据库用户(使用 CURRENT_USER 函数);③事件类型;④构成事件的 T-SQL 命令。

然后,对由 EVENTDATA 生成的 XML 数据使用 XQuery 来捕获最后两项。

```
CREATE TABLE ddl_log (PostTime datetime, DB_User nvarchar(100), Event nvarchar(100), TSQL nvar-
char(2000));   -- 请先用 DROP TRIGGER safety ON DATABASE 删除之前的触发器
CREATE TRIGGER [log] ON DATABASE FOR DDL_DATABASE_LEVEL_EVENTS AS
DECLARE @data XML
SET @data = EVENTDATA()
INSERT ddl_log (PostTime,DB_User,Event,TSQL) VALUES(GETDATE(),CONVERT(nvarchar(100),
    CURRENT_USER),@data.value(´(/EVENT_INSTANCE/EventType)[1]´,´nvarchar(100)´),
    @data.value(´(/EVENT_INSTANCE/TSQLCommand)[1]´,´nvarchar(2000)´));
GO
CREATE TABLE TestTb(a1 int)   -- 创建表来测试触发器
DROP TABLE TestTb ;            -- 删除表来测试触发器
GO
SELECT * FROM ddl_log;  -- 查阅 DDL 触发情况
```

AdventureWorks 示例数据库中有一个类似的 DDL 触发器示例 ddlDatabseTriggerLog。

2. 实现 DDL 触发器

实现 DDL 触发器有下列操作:创建 DDL 触发器、修改 DDL 触发器、禁用和删除 DDL 触发器。

（1）创建 DDL 触发器

DDL 触发器是使用 DDL 触发器的 T-SQL CREATE TRIGGER 语句创建的。

可以在 Management Studio 对象资源管理器中创建或查看 DDL 触发器，服务器作用域的 DDL 触发器显示在对象资源管理器中的"触发器"文件夹中。此文件夹位于"服务器对象"文件夹下。数据库范围的 DDL 触发器显示在"数据库触发器"文件夹中。此文件夹位于相应数据库的"可编程性"文件夹下，如图 10-5 所示。

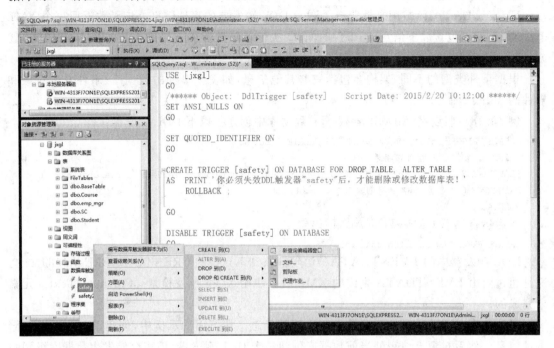

图 10-5　Management Studio 交互式创建或查看 DDL 触发器

（2）修改 DDL 触发器

如果必须修改 DDL 触发器的定义，只需一个操作即可删除并重新创建触发器，或重新定义现有触发器。如果更改 DDL 触发器引用的对象的名称，则必须修改触发器，以使其文本反映该新名称。因此，在重命名对象之前，需要先显示该对象的依赖关系，以确定所建议的更改是否会影响任何触发器。

也可以重命名 DDL 触发器，新名称必须遵守标识符规则。只能重命名自己拥有的触发器，但数据库所有者可以更改任意用户的触发器名称。要重命名的触发器必须位于当前数据库中。也可将触发器修改为对定义进行加密。

修改触发器：ALTER TRIGGER。重命名触发器：sp_rename。查看触发器的依赖关系：sp_depends。

（3）禁用和删除 DDL 触发器

当不再需要某个 DDL 触发器时，可以禁用或删除该触发器。

禁用 DDL 触发器不会将其删除。该触发器仍然作为对象存在于当前数据库中。但是，当编程触发器的任何 T-SQL 语句运行时，触发器将不会激发。可以重新启用禁用的 DDL 触发器。启用 DDL 触发器会使该触发器像在最初创建时那样激发。创建 DDL 触发器后，这些触发器在默认情况下处于启用状态。

删除 DDL 触发器时，该触发器将从当前数据库中删除。DDL 触发器范围内的任何对象或数据均不受影响。

禁用 DDL 触发器命令:DISABLE TRIGGER 或 ALTER TABLE。启用 DDL 触发器命令:ENABLE TRIGGER 或 ALTER TABLE。删除 DDL 触发器命令:DROP TRIGGER。

（4）获取有关 DDL 触发器的信息

下列目录视图和系统存储过程可用于获取有关 DDL 触发器的信息。

① 数据库范围内的 DDL 触发器

获取有关数据库范围内的触发器的信息:

```
SELECT * FROM sys.triggers;
```

获取有关激发触发器的数据库事件的信息:

```
SELECT * FROM sys.trigger_events;
```

查看数据库范围内的触发器的定义:

```
SELECT * FROM sys.sql_modules;
```

获取有关 CLR 数据库范围内的触发器的信息:

```
SELECT * FROM sys.assembly_modules;
```

② 服务器范围内的 DDL 触发器

获取有关服务器范围内的触发器的信息:

```
SELECT * FROM sys.server_triggers;
```

获取有关激发触发器的服务器事件信息:

```
SELECT * FROM sys.server_trigger_events;
```

查看服务器范围内的触发器的定义:

```
SELECT * FROM sys.sql_modules;
```

获取有关 CLR 服务器范围内的触发器的信息:

```
SELECT * FROM sys.server_assembly_modules
```

 自己动手

　　实践本章介绍的 DML 与 DDL 触发器,测试其有效性。

说明:表或视图在有多个触发器时,可以使用存储过程 sp_settriggerorder 来声明激活顺序,具体略。

实验内容与要求(选做)

（1）创建触发器。

① 利用 Management Studio 创建与修改触发器

在对象资源管理器中,依次展开:数据库服务器→数据库→某数据库→表→某表,如:S 表→展开点击触发器→在某触发器上,单击鼠标右键,如图 10-6 所示。单击"新建触发器",在出现的模板代码窗口中,修改或输入触发器脚本,如图 10-7 所示,触发器脚本准备完成后,单击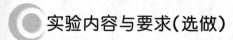工具或按 F5 运行完成创建触发器。

从弹出的快捷菜单中,选择各功能菜单能完成:单击"编写触发器脚本为"或"修改"可以查看并修改触发器;单击"删除"能删除不需要的触发器;单击"禁用"或"启用"能控制触发器是否生效;其他操作功能还有查看依赖关系、刷新等。

图 10-6　新建触发器快捷菜单　　　　　图 10-7　新建触发器代码窗口

说明：本方法的部分菜单项在 SQL Server 2014/2012 Express 等版本中有所限制，创建触发器主要通过 CREATE TRIGGER 命令或"CREATE T-SQL TRIGGER"模板来实现。

② 利用 CREATE TRIGGER 语句能创建触发器

例 10.19　对表 S 创建 UPDATE 触发器 TR_S_Age_update（以下使用到的 S、SC、C 三表的创建参见教材第 3 章）。

```
create trigger TR_S_Age_update on S
for update as
    declare @iAge int; select @iAge = age from inserted
    if @iAge<10 or @iAge>45
    begin
        raiserror（'学生年龄应该大于等于10,并小于等于45',16,1）
        rollback transaction
    end
```

当对表 S 作 UPDATE 操作时（如把年龄改为 9 或 10 时），会自动触发 TR_S_Age_update 触发器，若年龄小于 10 或大于 45 则取消该次修改操作。

例 10.20　创建一个触发器，当向 S 表中更新一条记录时，自动显示 S 表中的记录。

```
CREATE TRIGGER Change_S_Sel ON S FOR INSERT,UPDATE,DELETE AS SELECT * FROM S
```

（2）触发器的引发（使用）。

类似地对 C 表创建插入触发器 TR_C_insert：

```
if exists(select name from sysobjects where name = 'TR_C_insert' and type = 'TR')
    drop trigger TR_C_insert
go
create trigger TR_C_insert on C
for insert as
    declare @iCT int; select @iCT = CT from inserted
    if @iCT<2 or @iCT>10
    begin
        raiserror（'课程学分应大于等于2,小于等于10.',16,1）
        rollback transaction
    end
```

当对 C 表插入一条记录，如 insert into C(Cno,CN,CT) values('C8','运筹学',1.5)，则引发触发器 TR_C_insert，取消该记录的插入。在查询子窗口中，对表 S 执行修改命令操作时，引发了修改触发器,实验中特别注意执行情况及触发消息等。

还能对表创建 DELETE 触发器,如果此表有 DELETE 型的触发器,则删除记录时触发器将被触发执行。被删除的记录存放在 Deleted 表中,可据此作其他处理。如下是在 C 表上创建的 TR_C_delete 触发器。

```
create trigger TR_C_delete on C
  for delete as
    declare @icount int
    select @icount = count( * ) from deleted,sc where deleted.cno = sc.cno
    if @icount >= 1
    begin
        raiserror (´该课程在表 SC 中被引用,暂不能被删除!´,16,1)
        rollback transaction
    end
```

当执行删除命令(参照例 10.5 应先禁用存在的参照完整性约束,参照完整性约束先于触发器产生作用)delete from C where Cno = ´C1´时,由于 SC 表中有对 C1 课程的学生选课记录,为此删除未能成功。

(3) 查看、修改和删除触发器。

利用 Management Studio 查看、修改和删除触发器的操作,参阅图 10-6 新建触发器快捷菜单。这里通过命令来举例说明与操作。

① 修改触发器

ALTER TRIGGER 命令能修改触发器,其语法略。如修改触发器 TR_S_Age_update 的语句为:

```
ALTER trigger [TR_S_Age_update] on [dbo].[S] for update as
declare @iAge int; select @iAge = age from inserted
if @iAge < 8 or @iAge > 45
begin
    raiserror (´学生年龄应该大于等于 8 并小于等于 45´,16,1)
    rollback transaction
end
```

② 使用系统存储过程查看触发器

• 使用系统过程 sp_depends、sp_helptext。

例 10.21　查看已建立的 Change_S_Sel 触发器所涉及的表。

```
sp_depends ´Change_S_Sel´
```

例 10.22　查看已建立的 Change_S_Sel 的命令文本。

```
sp_helptext ´Change_S_Sel´
```

• sp_helptrigger:返回指定表中定义的当前数据库的触发器类型。

其语法格式如下:

```
sp_helptrigger [@tabname = ]´table´[,[@triggertype = ] ´type´]
```

如 EXEC sp_helptrigger S,列出表 S 中触发器的相关信息。

• 使用系统过程 sp_help。

例 10.23　查看已建立的 Change_S_Sel 触发器,命令为:

```
Exec sp_help ´Change_S_Sel´
```

③ 删除触发器

DROP TRIGGER 能从当前数据库中删除一个或多个触发器,其语法为:

```
DROP TRIGGER { trigger }[,…n]
```

例 10.24 删除前面创建的触发器 TR_S_Age_update,其命令为：

`DROP TRIGGER TR_S_Age_update`

（4）在 DingBao 数据库中针对 PAPER 创建插入触发器 TR_PAPER_I、删除触发器 TR_PAPER_D、修改触发器触发器 TR_PAPER_U。具体要求如下所示。

① 对 PAPER 的插入触发器：插入的报纸记录,单价为负值或空时,设定为 10 元。

② 对 PAPER 的删除触发器：要删除的记录,若正被订阅表 CP 参照时,级联删除订阅表中相关的订阅记录。

③ 对 PAPER 的修改触发器：当把报纸的单价修改为负值或空时,提示"输入单价不正确!"的信息,并取消修改操作。

（5）对 PAPER 表作插入、修改、删除的多种操作,关注并记录 3 种触发器的触发情况。

（6）创建 DDL 触发器,通过它能阻止对 DingBao 数据库表结构的修改或表的删除。

（7）创建与使用 DDL 触发器：①在 JXGL 数据库中创建 DDL 触发器,拒绝对库中表的任何创建、修改或删除操作；②在 JXGL 数据库中创建 DDL 触发器,记录对数据库的任何 DDL 操作命令到某表中。

（8）能查看、修改、删除以上已创建的触发器。

（9）参阅实验 15 中 15.2 节"企业库存管理及 Web 网上订购（C♯/ASP. NET 技术）"系统中使用到的触发器（如表 weborders 上的 AFTER 触发器 tr_weborders_d、tr_weborders_i；表 weborderdetails 上的 AFTER 触发器 tr_weborderdetails_d、tr_weborderdetails_i；表 tc-cprck 上的 INSTEAD OF 触发器 tr_tccprck_i_instead_of 、tr_tccprck_u_instead_of；表 tc-cprck 上的 AFTER 触发器 tr_tccprck_d、tr_tccprck_i、tr_tccprck_u）,说明它们实现的功能。

实验11　数据库安全性

实验目的

熟悉不同数据库的保护措施——安全性控制，重点实践 SQL Server 的安全性机制，掌握 SQL Server 中有关用户、角色及操作权限等的管理方法。

背景知识

数据库的安全性是指保护数据库以防止不合法的使用造成的数据丢失、破坏。由于一般数据库中都存有大量数据，而且是多个用户共享数据库，所以安全性问题更为突出。安全性涉及计算机系统的多个方面，这里主要讨论数据库系统的内部安全性及其存取控制，如用户管理、权限管理等。一般数据库的安全性控制措施是分级设置的，用户需要利用用户名和口令登录，经系统核实后，由 DBMS 分配其存取控制权限。对同一对象，不同的用户会有不同的许可。

在 Microsoft SQL Server 中工作时，用户要经过两个安全性阶段：身份验证和授权（权限验证）。如果身份验证成功，用户即可连接到 SQL Server 实例。然后用户还需要访问服务器上数据库的授权。权限验证阶段控制用户在 SQL Server 数据库中所允许进行的活动。

SQL Server 中的安全环境通过用户的层次结构系统进行存储、管理和强制执行，为简化对很多用户的管理，SQL Server 使用组和角色。

将用户分成组或角色可以更方便地同时对许多用户授予或拒绝权限。对组定义的安全设置适用于该组中的所有成员。当某个组是更高级别组中的成员时，除为该组自身或用户账户定义的安全设置外，该组中的所有成员还将继承更高级别组的安全设置。

SQL Server Database Engine 可以帮助保护数据免受未经授权而访问的泄露和篡改。SQL Server Database Engine 安全功能包括高粒度身份验证、授权和验证机制，增强加密，安全上下文切换和模拟以及集成的密钥管理等。

本实验示例包括 SQL Server 安全性概述、SQL Server 的验证模式、登录管理、用户管理、角色管理、权限管理及系统加密机制等部分。请边学习边实践。

 实验示例

11.1　SQL Server 安全性概述

SQL Server 安全系统的构架建立在用户和用户组的基础上。Windows 中的用户和本地组及全局组可以映射到 SQL Server 中的安全登录账户，也可以创建独立 Windows 账户的安全登录账户。SQL Server 提供了 2 种安全管理模式，即 Windows 身份验证模式和混合身份验证模式，数据库设计者和数据库管理员可以根据实际情况进行选择。

（1）两个安全性阶段

在 SQL Server 中工作时，用户要经过两个安全性阶段：身份验证和权限验证（授权）。每个用户必须通过登录账户建立自己的连接能力（身份验证），以获得对 SQL Server 实例的访问权限。然后，该登录必须映射到用于控制在数据库中所执行的活动（权限验证）的 SQL Server 用户账户。如果数据库中没有用户账户，则即使用户能够连接到 SQL Server 实例，也无法访问该数据库。

（2）用户权限

当用户连接到 SQL Server 实例后，他们可以执行的活动由授予以下账户的权限确定：①用户的安全账户；②用户的安全账户所属 Windows 组或角色层次结构；③用户若要进行任何涉及更改数据库定义或访问数据的活动，则必须有相应的权限。

管理权限包括授予或废除执行以下活动的用户权限：①处理数据和执行过程（对象权限）；②创建数据库或数据库中的项目（语句权限）；③利用授予预定义角色的权限（暗示性权限）。

（3）视图安全机制

SQL Server 通过限制可由用户使用的数据，可以将视图作为安全机制的一部分。用户可以访问某些数据，进行查询和修改，但是表或数据库的其余部分是不可见的，也不能进行访问。对 SQL Server 来说，无论在基础表（一个或多个）上的权限集合有多大，都必须授予、拒绝或废除访问视图中数据子集的权限。

（4）加密方法

SQL Server 支持加密或可以加密的内容为：①SQL Server 中存储的登录和应用程序角色密码；②作为网络数据包而在客户端和服务器端之间发送的数据；③SQL Server 中存储过程、用户定义函数、视图、触发器、默认值、规则等对象的定义内容。

例如，SQL Server 可使用安全套接字层（SSL）加密在应用程序计算机和数据库计算机上的 SQL Server 实例之间传输的所有数据。

（5）审核活动

SQL Server 提供审核功能，用以跟踪和记录每个 SQL Server 实例上已发生的活动（如成功和失败的记录）。SQL Server 还提供管理审核记录的接口，即 SQL 事件探查器。只有 Sysadmin 固定安全角色的成员才能启用或修改审核，而且审核的每次修改都是可审核的事件。

11.2 SQL Server 的验证模式

SQL Server 有两种安全验证模式：Windows 身份验证模式和混合身份验证模式（也称 SQL Server 身份验证模式）。

11.2.1 Windows 身份验证模式

Windows 身份验证模式是指用户通过 Windows 用户账户连接到 SQL Server，即用户身份由 Windows 系统来验证。SQL Server 使用 Windows 操作系统中的信息验证账户名和密码。这是默认的身份验证模式，比混合验证模式安全得多。Windows 身份验证使用 Kerberos 安全协议，通过强密码的复杂性验证提供密码策略强制，提供账户锁定支持，并且支持密码过期。

用户和组是由 Windows 维护的，因此当用户进行连接时，SQL Server 将读取有关该用户在组中的成员资格信息。一般情况下，客户机都支持信任连接，建议使用 Windows 身份验证方式。使用 Windows 身份验证有如下特点：①Windows 验证模式下由 Windows 管理登录账户，数据库管理员主要是使用该账户；②Windows 有功能很强的工具与技术去管理用户的登录账户；③可以在 SQL Server 中增加用户组，可以使用用户组。

SQL Server 支持的登录账户，能在系统表 Syslogins（在 master 数据库中）或目录视图 sys. syslogins 中找到，请查询。

11.2.2 混合身份验证模式

混合身份验证模式（也称 SQL Server 身份验证模式）允许用户使用 Windows 身份和 SQL Server 身份进行连接。通过 Windows 登录账户连接的用户可以使用 Windows 验证的受信任连接。当用户使用指定的登录名称和密码进行非信任连接时，SQL Server 检测输入的登录名和密码是否与系统 Syslogins 表中记录的情况相同，据此进行身份验证。如果不存在该用户的登录账户，则身份验证失败。用户只有提供正确的登录名和密码，才能通过 SQL Server 的验证。

提供 SQL Server 身份验证是为了考虑非 Windows 客户兼容及向后兼容，早期 SQL Server 的应用程序可能要求使用 SQL Server 登录和密码。当 SQL Server 实例在 Windows 98/Windows 2000 professional 上运行时，由于 Windows 98/Windows 2000 professional 不支持 Windows 身份验证模式，必须使用混合模式。非 Windows 客户端也必须使用 SQL Server 身份验证。

混合身份验证模式有如下特点：①混合模式允许非 Windows 客户、Internet 客户和混合的客户组连接到 SQL Server 中；②增加了完全性方面的选择。

如果必须选择“混合身份验证模式”并要求使用 SQL 登录以适应旧式应用程序，则必须为所有 SQL 账户设置强密码。这对于属于 Sysadmin 角色的账户（特别是 sa 账户）尤其重要。

11.2.3 设置验证模式

安装 SQL Server 默认的是 Windows 身份验证模式。可以使用 Management Studio 工具

来设置验证模式,但设置验证模式的工作只能由系统管理员来完成,以下是设置过程:①在 Management Studio 对象资源管理器中,右键单击服务器,再单击"属性";②在"安全性"页上的"服务器身份验证"下,选择新的服务器身份验证模式,再单击"确定";③重新启动 SQL Server 后新模式才能生效。

11.3 登录管理

登录是基于服务器级使用的用户名称。在 Windows 验证模式下,可以在 Windows 全局组或域用户中创建登录;在 SQL Server 验证模式下,除了可在 Windows 全局组或域用户中创建登录外,还可以在 Windows 的非全局组、非域用户甚至非 Windows 用户中创建登录。

11.3.1 系统管理员登录账户

SQL Server 有两个默认的系统管理员登录账户:sa 和 BUILTIN\Administrators。这两个登录账户具有 SQL Server 系统和所有数据库的全部权限。

在安装 SQL Server 之后,自动创建的登录标识符只有系统管理员 sa 账户和 BUILTIN\Administrators 账户,BUILTIN\Administrators 是 Windows 系统的系统管理员组。sa 是一个特殊的登录名,它代表 SQL Server 身份验证机制下 SQL Server 的系统管理员,sa 始终关联 dbo 数据库用户,并且没有为 sa 账号指定口令。这意味着如果使用 SQL Server 身份验证模式,任何得知这个 SQL Server 存在的人都可以登录到 SQL Server 上,并且可以做任意操作。为安全起见,在安装 SQL Server 后,应尽快地给系统管理员账户指定口令。

为 SQL Server 系统管理员指定口令的步骤如下:①在"对象资源管理器"窗口中某数据库引擎下;②分别展开"安全性""登录名"节点,查看所有当前存在的登录标识符,系统管理员账户 sa 应包含在其中;③右击 sa,然后选择"属性",系统弹出"登录属性"窗口;④在"密码"一栏中输入新的口令,并在"确认密码"一栏再次输入相同"密码";⑤在"默认数据库"一栏输入 sa 默认使用的数据库;⑥单击"确定",系统关闭对话框,这样完成了为系统管理员设置新口令操作。

11.3.2 使用 Management Studio 管理 SQL Server 登录账户

在 Management Studio 中能方便地创建、查看、修改、删除登录账户。

(1) 映射 Windows 登录账户为 SQL Server 登录账户

在 Management Studio 中可以将一个 Windows 账户或一个组映射成一个 SQL Server 登录名。每个 SQL Server 登录名都可以在指定的数据库中创建数据库用户名。这个特性可以让 Windows 组中的用户直接访问服务器上的数据库。至于这些指定的数据库用户的权限,是可以另行指定的。使用 Management Studio 将已经存在的 Windows 账户或组映射到 SQL Server 中的操作步骤如下:①启动 Management Studio,分别展开"服务器""安全性""登录名";②右击"登录名",选择"新建登录名"项,进入"登录名-新建"对话框;③选择 Windows 验证模式,登录名通过单击"搜索"来自动产生,单击"搜索"后"选择用户或组"对话框,如图 11-1 所示,在对象名称框内直接输入名称或单击"高级"后查找用户或组的名称来完成输入;④单击"服务器角色"选项卡,可以查看或更改登录名在固定服务器角色中的成员身份;⑤单击"用户映射"选项卡,以查看或修改 SQL 登录名到数据库用户的映射,并可选择其在该数据库中允许担任的数据库角色;⑥单击"确定",一个 Windows 组或用户即可增加到 SQL Server 登录账户中去了。

图 11-1　选择用户或组对话框

(2) 在 Management Studio 中创建 SQL Server 登录账户

在 Management Studio 中创建 SQL Server 登录账户的具体步骤类似于"在 Management Studio 中映射 Windows 登录账户为 SQL Server 登录账户",只是,要选择 SQL Server 验证模式,这时需要输入登录账户名称、密码及确认密码。其他选项卡的设置操作类似。最后单击"确定",即增加了一个新的登录账户。

(3) 在 Management Studio 中查看、修改或删除登录账户

一个新的登录账户增加后,可以在 Management Studio 中查看其详细信息,并能作修改或删除操作。方法如下:①启动 Management Studio,分别展开"服务器""安全性""登录名";②单击"登录名"下的某一个登录账户,在系统弹出菜单上单击"属性",可进入"登录属性"对话框查看该登录账户的信息,同时需要时能直接修改相应账户设置信息;③在上一步系统弹出菜单上单击"删除"菜单,能出现"删除对象"对话框,在对话框上单击"确定",能删除该登录账户。

提示与技巧:sp_helplogins 系统存储过程也能提供有关每个数据库中的登录及相关用户的信息。其语法:

sp_helplogins [[@LoginNamePattern =]´login´]

如:

sp_helplogins ´BUILTIN\Administrator´

或

sp_helplogins ´机器名\Administrator´

或

sp_helplogins ´sa´

11.3.3　用 T-SQL 管理 SQL Server 登录账户

(1) 映射 Windows 登录账户为 SQL Server 登录账户

映射 Windows 登录账户为 SQL Server 登录账户的相关系统存储过程主要有:sp_grantlogin、sp_denylogin、sp_revokelogin。它们可以分别允许、阻止、删除 Windows 用户或组到 SQL Server 的连接许可。

然而这些系统存储过程,有新的替换命令了。请用 CREATE LOGIN、ALTER LOGIN、DROP LOGIN 命令分别替换 sp_grantlogin、sp_denylogin、sp_revokelogin。

① sp_grantlogin：创建 SQL Server 登录名。其语法：

sp_grantlogin [@loginname =]´login´

例如，为 Windows 用户 Corporate\BobJ（一定要存在该用户，可找存在的用户替换之，Windows 中"机器名\Administrator"管理员用户一般总是存在的，机器名要相应替换）创建 SQL Server 登录名的命令为：

sp_grantlogin [Corporate\BobJ]; --又如 sp_grantlogin [机器名\Administrators];

改用 CREATE LOGIN 首选实现方法命令为：

CREATE LOGIN [Corporate\BobJ] FROM WINDOWS;

② sp_denylogin：禁止 Windows 用户或组连接到 SQL Server 实例。其语法：

sp_denylogin [@loginname =]´login´

例 11.1　本例禁用 Windows 用户 Corporate\BobJ 的 SQL Server 登录名，命令为：

sp_denylogin [Corporate\BobJ]; --又如 sp_ denylogin [机器名\Administrator];

改用 ALTER LOGIN 首选实现方法命令为：

ALTER LOGIN [Corporate\GeorgeW] DISABLE;

③ sp_revokelogin：从 SQL Server 中删除使用 CREATE LOGIN、sp_grantlogin 或 sp_denylogin 为 Windows 用户或组创建的登录项。其语法：

sp_revokelogin [@loginname =] ´login´

例 11.2　本例删除 Windows 用户 Corporate\BobJ 的登录项。

EXEC sp_revokelogin ´Corporate\BobJ´ 或 EXEC sp_revokelogin [Corporate\BobJ]

改用 DROP LOGIN 首选实现方法命令为：

drop login [Corporate\BobJ]

说明：创建或删除登录账户后，刷新"某服务器→安全性→登录名"来查看变化。

（2）管理 SQL Server 登录账户

管理 SQL Server 登录账户的相关系统存储过程主要有：sp_addlogin、sp_droplogin、sp_revokelogin，它们可以分别创建、删除 SQL Server 的登录账户。

请用 CREATE LOGIN、DROP LOGIN 命令分别替换 sp_addlogin、sp_droplogin。

① sp_addlogin：创建新的 SQL Server 登录，该登录允许用户使用 SQL Server 身份验证连接到 SQL Server 实例。其语法为：

sp_addlogin[@loginname=]´login´[,[@passwd =]´password´][,[@defdb=]´database´]
　　[,[@deflanguage=]´language´][,[@sid=]sid][,[@encryptopt=]´encryption_option´]

例 11.3　本例为用户 Michael 创建 SQL Server 登录，密码为 B548bmM%f6，默认数据库为 AdventureWorks，默认语言为 us_english，SID 为 0x0123456789ABCDEF0123456789ABCDEF。

EXEC sp_addlogin ´Michael´, ´B548bmM % f6´, ´AdventureWorks´, ´us_english´, 0x0123456789ABCDEF0123456789ABCDEF

改用 CREATE LOGIN 首选实现方法命令为：

CREATE LOGIN Michael WITH PASSWORD = ´B548bmM % f6´, SID = 0x0123456789ABCDEF0123456789ABCDEF, DE-FAULT_DATABASE = AdventureWorks, DEFAULT_LANGUAGE = us_english

② sp_droplogin：删除 SQL Server 登录，禁止以该登录名访问 SQL Server 实例。其语法：

sp_droplogin [@loginname =]´login´

例 11.4　本例从 SQL Server 实例中删除 Michael 登录，命令为：

sp_droplogin ´Michael´

改用 DROP LOGIN 首选实现方法命令为：

drop login [Michael]

11.3.4 管理登录的最新 T-SQL 命令

管理登录的最新 T-SQL 命令为:CREATE LOGIN、ALTER LOGIN、DROP LOGIN。它们的语法及简单使用举例如下所示。

(1) CREATE LOGIN

创建新的 SQL Server 登录名。语法:

```
CREATE LOGIN login_name { WITH <option_list1> | FROM <sources> }
```

以下主要通过示例来说明。

例 11.5 创建映射到凭据的登录名,本例将创建 RLaszlo 登录名。此登录名将映射到 LaszloR 凭据(要求预先创建凭据 LaszloR)。

```
CREATE LOGIN RLaszlo WITH PASSWORD = '97)8( * Mmz0KWnkdo26985',CREDENTIAL = LaszloR
```

例 11.6 从证书创建登录名,本例将从 master 中的证书创建 Shipping 登录名。

```
USE MASTER;
CREATE CERTIFICATE ShippingCert05 ENCRYPTION BY PASSWORD = 'pGFD4bb925DGvbd2439587y'
    WITH SUBJECT = 'Sammamish Shipping Records',EXPIRY_DATE = '12/31/2016';
GO
CREATE LOGIN Shipping FROM CERTIFICATE ShippingCert05;
```

例 11.7 从 Windows 域账户创建登录名,本例将从 Windows 域账户[Corporate\JohnK]创建登录名(要求存在该域账户)。

```
CREATE LOGIN [Corporate\JohnK] FROM WINDOWS;
```

(2) ALTER LOGIN

更改 SQL Server 登录账户的属性,其语法为:

```
ALTER LOGIN login_name {<status_option>|WITH <set_option> [,…] | <cryptographic_credential_option>}
```

例 11.8 禁用或启用 Michael 登录。

```
ALTER LOGIN Michael DISABLE; ALTER LOGIN Michael ENABLE;
```

例 11.9 更改登录密码,本例将 Michael 登录密码更改为 3948wJ698FFF7。

```
ALTER LOGIN Michael WITH PASSWORD = '3948wJ698FFF7';
```

例 11.10 更改登录名称,本例将 Michael 登录名称更改为 MacraeS。

```
ALTER LOGIN Michael WITH NAME = MacraeS;
```

例 11.11 将登录名映射到凭据,本例将登录名 MacraeS 映射到凭据 LaszloR。

```
ALTER LOGIN MacraeS WITH CREDENTIAL = LaszloR;
```

(3) DROP LOGIN

删除 SQL Server 登录账户,其语法为:

```
DROP LOGIN login_name
```

参数:login_name 指定要删除的登录名。

例 11.12 将删除登录名 MacraeS,命令为:

```
DROP LOGIN MacraeS
```

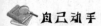 **自己动手**

实践示例指示的登录账户的管理。

11.4　用户管理

用户是基于数据库的名称，是和登录账户相关联的。可以使用 Management Studio 和系统存储过程 sp_grantdbaccess 向数据库添加用户。只有数据库所有者及数据库管理员才有执行系统存储过程 sp_grantdbaccess 的权力。

11.4.1　登录名与数据库用户名的关系

登录名、数据库用户名是 SQL Server 中两个容易混淆的概念。登录名是访问 SQL Server 的通行证。每个登录名的定义存放在 master 数据库的表 Syslogins（登录名是服务器级的）中。登录名本身并不能让用户访问服务器中的数据库资源。要访问具体数据库中的资源，还必须有该数据库的用户名。新的登录创建以后，才能创建数据库用户，数据库用户在特定的数据库内创建，必须和某个登录名相关联。数据库用户的定义信息存放在与其相关的数据库的 Sysusers 表（用户名是数据库级的）中，这个表包含了该数据库的所有用户对象以及和它们相对应的登录名的标识。用户名没有密码和它相关联，大多数情况下，用户名和登录名使用相同的名称，数据库用户名主要用于数据库权限的控制。

数据库用户创建后，通过授予用户权限来指定用户访问特定对象的权限。用户用一个登录名登录 SQL Server，以数据库用户的身份访问服务器上的数据库。当一个登录账户试图访问某个数据库时，SQL Server 将在库中的 Sysusers 表中查找对应的用户名，如果登录名不能映射到数据库的某个用户，系统尝试将该登录名映射成 Guest 用户，如果当前数据库不许可 Guest 用户，这个用户访问数据库将失败。

在 SQL Server 中，登录账户和数据库用户是 SQL Server 进行权限管理的两种不同的对象。一个登录账户可以与服务器上的所有数据库进行关联，而数据库用户是一个登录账户在某数据库中的映射，也即一个登录账户可以映射到不同的数据库，产生多个数据库用户（但一个登录账户在一个数据库至多只能映射一个数据库用户），一个数据库用户只能映射到一个登录账户。允许数据库为每个用户对象分配不同的权限，这一特性为组内分配权限提供了最大的自由度与可控性。

11.4.2　使用 Management Studio 管理数据库用户

管理数据库用户包括对数据库用户的创建、查看、修改、删除等管理操作。首先如何创建数据库用户呢？一般有两种方法：一种是在创建登录账户的同时指定该登录账户允许访问的数据库，同时生成该登录账户在数据库中的用户，如前面使用 Management Studio 创建登录账户时就能完成数据库用户的创建；另一种方法是先创建登录账户，再将登录账户映射到某数据库，在其中创建同名用户名。

（1）在 Management Studio 中创建数据库用户

在 Management Studio 中创建数据库用户的步骤如下：①启动 Management Studio，分别展开"服务器""数据库""KCGL""安全性""用户"，在"用户"文件夹下能看到该数据库的已有用户；②右击"用户"文件夹，选择"新建数据库用户"，弹出"数据库用户-新建"对话框；③输入要创建的数据库用户的名字，然后在"登录名"对应的文本框中输入相对应的登录名，或点击

"浏览",在系统中选择相应的登录名;④单击"确定",将新创建的数据库用户添加到数据库中。

（2）在 Management Studio 中查看、修改或删除数据库用户

操作方法是:①启动 Management Studio,分别展开"服务器""数据库""KCGL""安全性""用户",在"用户"文件夹下能看到该数据库的已有用户;②右击某要操作的用户,在系统弹出的快捷菜单中含有"属性""删除"等菜单项;③若按"属性"菜单项,可以查看或修改用户的权限信息,如"常规"中的"拥有架构""角色成员","安全对象"中的具体权限设置及"扩展属性"等;④若按"删除"菜单项,可从数据库中删除该用户。

11.4.3　用 T-SQL 管理数据库用户

利用 T-SQL 命令对数据库用户同样有创建、查看、修改、删除等操作方法。主要使用到的 T-SQL 命令有 CREATE USER、ALTER USER、DROP USER 等。

（1）用 CREATE USER 语句创建数据库用户

使用 CREATE USER 语句能向当前数据库添加数据库用户。在 master 数据库中创建用户的语法格式是:

```
CREATE USER user_name [{FOR|FROM} LOGIN login_name][ WITH DEFAULT_SCHEMA = schema_name][;]
```

创建数据库验证用户的语法格式是:

```
CREATE USER {windows_principal[ WITH <options_list> [,…]]|user_name WITH PASSWORD = 'password'[,<options_list>[,…]]}[;]
```

其中,user_name 指定在此数据库中用于识别该用户的名称,LOGIN login_name 指定要创建数据库用户的 SQL Server 登录名。login_name 必须是服务器中有效的登录名。当此 SQL Server 登录名进入数据库时,它将获取正在创建的数据库用户的名称和 ID。

提示与技巧:不能使用 CREATE USER 创建 Guest 用户,因为每个数据库中均已存在 Guest 用户。可通过授予 Guest 用户 CONNECT 权限来启用该用户,如下所示:

```
GRANT CONNECT TO GUEST
```

例 11.13　创建数据库用户,本例首先创建名为 AbolrousHazem 且具有密码的服务器登录名,然后在 AdventureWorks 中创建对应的数据库用户 AbolrousHazem。

```
CREATE LOGIN AbolrousHazem WITH PASSWORD = '340$Uuxwp7Mcxo7Khy';
USE AdventureWorks;
CREATE USER AbolrousHazem
```

例 11.14　创建具有默认架构的数据库用户,本例首先创建名为 WanidaBenshoof 且具有密码的服务器登录名,然后创建具有默认架构 Marketing 的对应数据库用户 Wanida。

```
CREATE LOGIN WanidaBenshoof WITH PASSWORD = '8fdKJ(l3$nlNv3049jsKK';
USE AdventureWorks;
CREATE USER Wanida FOR LOGIN WanidaBenshoof WITH DEFAULT_SCHEMA = Marketing
```

例 11.15　从证书创建数据库用户,本例从证书 CarnationProduction50 创建数据库用户 JinghaoLiu。

```
USE AdventureWorks;
CREATE CERTIFICATE ShippingCert05 ENCRYPTION BY PASSWORD = 'pGFD4bb925DGvbd2439587y'
    WITH SUBJECT = 'Sammamish Shipping Records',EXPIRY_DATE = '12/31/2016';
GO
```

CREATE USER JinghaoLiu FOR CERTIFICATE ShippingCert05

提示与技巧：系统存储过程 sp_grantdbaccess 也能用于创建数据库用户，其语法为：

sp_grantdbaccess [@loginame =]´login´[,[@name_in_db =]´name_in_db´[OUTPUT]]

系统存储过程 sp_adduser 也能向当前数据库中添加新的用户，其语法为：

sp_adduser [@loginame =]´login´[,[@name_in_db =]´user´][,[@grpname =]´role´]

但请避免在新的开发工作中使用该功能，因为后续版本中将不再支持这些命令了。

（2）用 ALTER USER 语句创建数据库用户

使用 ALTER USER 语句能重命名数据库用户或更改它的默认架构。其语法格式是：

ALTER USER user_name WITH <set_item> [,…n]

<set_item> :: = NAME = newUserName|DEFAULT_SCHEMA = {schemaName|NULL}|LOGIN = loginName| PASS-
WORD = ´password´[OLD_PASSWORD = ´oldpassword´]|DEFAULT_LANGUAGE = {NONE|<lcid>|<language name>|
<language alias>}

例 11.16 更改数据库用户的名称，本例将数据库用户 AbolrousHazem 的名称更改为 Abolrous。

ALTER USER AbolrousHazem WITH NAME = Abolrous

例 11.17 更改用户的默认架构，本例将用户 Abolrous 的默认架构更改为 Purchasing。

ALTER USER Abolrous WITH DEFAULT_SCHEMA = Purchasing;

（3）数据库中删除数据库用户

数据库中删除数据库用户的语法为：

sp_revokedbaccess [@name_in_db =]´name´

例 11.18 本例从当前数据库中删除映射到 JinghaoLiu 的数据库用户。

EXEC sp_revokedbaccess ´JinghaoLiu´;

但请避免在新的开发工作中使用 sp_revokedbaccess 命令，因为后续版本中将不再支持它，请改用 DROP USER。如 DROP USER JinghaoLiu 或 DROP USER [JinghaoLiu]。

11.4.4 改变数据库所有权

在 SQL Server 中，可以更改当前数据库的所有者。任何可以访问到 SQL Server 的连接的用户（SQL Server 登录账户或 Windows 用户）都可成为数据库的所有者。但无法更改系统数据库的所有权。

sp_changedbowner 能用于更改当前数据库的所有者。其语法：

sp_changedbowner [@loginame =]´login´[,[@map =]remap_alias_flag]

备注：执行 sp_changedbowner 之后，新所有者称为数据库中的 dbo 用户。dbo 拥有执行数据库中所有活动的暗示性权限。若要显示有效 login 值的列表，请执行 sp_helplogins 存储过程。

执行只有 login 参数的 sp_changedbowner 会将数据库所有权改为 login，并将先前分配给 dbo 的用户别名映射到这一新的数据库所有者。

例 11.19 本例将登录名 U1 作为当前数据库的所有者，并映射到已分配给旧的数据库所有者的 U1 现有别名。

CREATE LOGIN U1 WITH PASSWORD = ´u1123234456´; -- 创建登录名 U1

EXEC sp_changedbowner ´U1´;   -- 当前数据库的所有者改为 U1

```
GO
sp_helpuser;                            -- 查看数据库用户及所有者情况
EXEC sp_changedbowner 'sa';             -- 当前数据库的所有者改还为 sa(设原为 sa)
```

自己动手

实践示例指示的用户管理功能。

11.5 角色管理

SQL Server 数据库管理系统利用角色设置,管理用户的权限。角色的使用与 Windows 组的使用很相似。通过角色,可以将用户集中到一个单元中,然后对这个单元应用权限。对角色授予、拒绝或吊销权限时,将对其中的所有成员生效。

角色的功能非常强大,其原因是:①除固定的服务器角色外,其他角色都是在数据库内实现的,这意味着数据库管理员无须依赖 Windows 管理员来组织用户;②角色可以嵌套,嵌套的深度没有限制,但不允许循环嵌套;③数据库用户可以同时是多个角色的成员。

这样只对角色进行权限设置便可以实现对所有用户权限的设置,大大减少了管理员的工作量。在 SQL Server 中,可以认为有 5 种角色类型。

11.5.1 public 角色

public 角色在每个数据库(包括系统数据库 master、msdb、tempdb 和 model)中都存在,它也是数据库角色成员。public 角色供提供数据库中用户的默认权限,不能删除。其功能相当于 Windows 环境中的 Everyone 组。每个数据库用户都自动是此角色的成员,因此,无法在此角色中添加或删除用户。当尚未对某个用户授予或拒绝对安全对象的特定权限时,则该用户将继承授予该安全对象在 public 角色中对应的权限。

SQL Server 包括几个预定义的角色,这些角色具有预定义的、不能授予其他用户账户的内在权限。其中有两种最主要的预定义角色是:固定服务器角色和固定数据库角色。

11.5.2 固定服务器角色

固定服务器角色的作用域在服务器范围内。它们存在于数据库之外,固定服务器角色的每个成员都能够向该角色中添加其他登录。

打开 Management Studio,用鼠标单击"对象资源管理器"窗口中某数据库引擎的"安全性"目录下的"服务器角色",显示当前数据库服务器的所有服务器角色,共有 8 个,具体名称及角色描述如下所示。

(1) Bulkadmin 角色成员:可以运行 BULK INSERT 语句。

(2) Dbcreator 角色成员:可以创建、更改、删除和还原任何数据库。

(3) Diskadmin 角色成员:用于管理磁盘文件。

(4) Processadmin 角色成员:可以终止 SQL Server 实例中运行的进程。

(5) Securityadmin 角色成员:将管理登录名及其属性,它们可以 GRANT、DENY 和

REVOKE服务器级权限；也可以 GRANT、DENY 和 REVOKE 数据库级权限；另外，它们可以重置 SQL Server 登录名的密码。

（6）Serveradmin 角色成员：可以更改服务器范围配置选项和关闭服务器。

（7）Setupadmin 角色成员：可以添加和删除链接服务器，并且也可以执行某些系统存储过程。

（8）Sysadmin 角色成员：可以在服务器中执行任何活动；默认情况下，Windows BUILT-IN\Administrators 组（本地管理员组）的所有成员都是 Sysadmin 固定服务器角色的成员。

1. 固定服务器角色的权限

固定服务器角色可以映射到 SQL Server 包括的更为具体的权限。表 11-1 说明了固定服务器角色与权限的映射。

表 11-1　固定服务器角色的服务器级权限

固定服务器角色	服务器级权限
Bulkadmin	已授予：ADMINISTER BULK OPERATIONS
Dbcreator	已授予：CREATE DATABASE
Diskadmin	已授予：ALTER RESOURCES
Processadmin	已授予：ALTER ANY CONNECTION、ALTER SERVER STATE
Securityadmin	已授予：ALTER ANY LOGIN
Serveradmin	已授予：ALTER ANY ENDPOINT、ALTER RESOURCES、ALTER SERVER STATE、ALTER SETTINGS、SHUTDOWN、VIEW SERVER STATE
Setupadmin	已授予：ALTER ANY LINKED SERVER
Sysadmin	已使用 GRANT 选项授予：CONTROL SERVER

2. 固定服务器角色成员的添加与删除

固定服务器角色成员的添加与删除操作可以通过 Management Studio 或 T-SQL 两种方法来操作。

（1）在 Management Studio 中添加或删除固定服务器角色成员

方法一：打开 Management Studio，用鼠标单击"对象资源管理器"窗口→某数据库引擎→"安全性"→"服务器角色"，显示当前数据库服务器的所有服务器角色，在要添加或删除成员的某固定服务器角色上单击鼠标右键，单击快捷菜单中的"属性"菜单项；在"服务器角色属性"对话框中，能方便地单击"添加"或"删除"实现对成员的添加或删除。

方法二：打开 Management Studio，用鼠标单击"对象资源管理器"窗口→某数据库引擎→"安全性"→"登录名"；在某登录名上右击，单击"属性"菜单，出现"登录属性"对话框或单击"新建登录名"出现"登录-新建"对话框；单击"服务器角色"选项卡；能直接多项选择登录名需要属于的固定服务器角色，这样也完成了对固定服务器角色成员的添加与删除。

（2）利用 T-SQL 添加或删除固定服务器角色成员

固定服务器角色成员添加或删除，主要使用到的系统存储过程有：sp_addsrvrolemember、sp_dropsrvrolemember、sp_helpsrvrole、sp_helpsrvrolemember。下面说明它们的基本使用。

① sp_addsrvrolemember 用于添加登录，使其成为固定服务器角色的成员，其语法：

sp_addsrvrolemember [@loginame =]'login',[@rolename =]'role'

备注：在将登录添加到固定服务器角色时，该登录将得到与此角色相关的权限。但不能更改 sa 登录和 public 的角色成员身份。

参数：[@loginame =]′login′，添加到固定服务器角色中的登录名；login 可以是 SQL Server 登录或 Windows 登录；[@rolename =]′role′，要添加登录的固定服务器角色的名称，role 可以是 sysadmin、securityadmin、serveradmin、setupadmin、processadmin、diskadmin、dbcreator、bulkadmin 中的任意值。

例 11.20 本示例将 Windows 登录名 Corporate\HelenS 添加到 Sysadmin 固定服务器角色中（Corporate\HelenS 是 Windows 登录名，可找存在的用户替换之）：

```
EXEC sp_addsrvrolemember ′Corporate\HelenS′,′sysadmin′;
```

② sp_dropsrvrolemember 用于从固定服务器角色中删除 SQL Server 登录或 Windows 用户或组，其语法：

```
sp_dropsrvrolemember [@loginame = ]′login′,[@rolename = ]′role′
```

提示与技巧：只能使用 sp_dropsrvrolemember 从固定服务器角色中删除登录，不能从任何固定服务器角色中删除 sa 登录。

例 11.21 本示例从 Sysadmin 固定服务器角色中删除登录 Corporate\HelenS。

```
EXEC sp_dropsrvrolemember ′Corporate\HelenS′,′sysadmin′
```

③ sp_helpsrvrole 用于返回 SQL Server 固定服务器角色的列表，其语法：

```
sp_helpsrvrole [[@srvrolename = ]′role′]
```

以下查询返回可用固定服务器角色列表：

```
EXEC sp_helpsrvrole
```

④ sp_helpsrvrolemember 用于返回有关 SQL Server 固定服务器角色成员的信息。

```
sp_helpsrvrolemember [[@srvrolename = ]′role′]
```

例 11.22 本示例将列出 Sysadmin 固定服务器角色的成员。

```
EXEC sp_helpsrvrolemember ′sysadmin′
```

11.5.3 数据库角色

固定数据库角色在数据库级别定义以及每个数据库中都存在。db_owner 和 db_security 管理员角色的成员可以管理固定数据库角色的成员身份。但是，只有 db_owner 角色可以将其他用户添加到 db_owner 固定数据库角色中。

打开 Management Studio，用鼠标单击"对象资源管理器"窗口中某数据库下"安全性"下的"角色"的"数据库角色"，显示的数据库角色共有 10 个（包括 public 角色），具体名称及角色描述如下：①db_accessadmin 可以为 Windows 登录账户、Windows 组和 SQL Server 登录账户添加或删除访问权限；②db_backupoperator 可以备份该数据库；③db_datareader 可以读取所有用户表中的所有数据；④db_datawriter 可以在所有用户表中添加、删除或更改数据；⑤db_ddladmin可以在数据库中运行任何数据定义语言（DDL）命令；⑥db_denydatareader 不能读取数据库内用户表中的任何数据；⑦db_denydatawriter 不能添加、修改或删除数据库内用户表中的任何数据；⑧db_owner 可以执行数据库的所有配置和维护活动；⑨db_securityadmin 可以修改角色成员身份和管理权限。固定数据库角色到权限有映射关系，请参阅联机帮助查阅。

11.5.4 用户定义的角色

当一组用户执行 SQL Server 中一组指定的活动时，通过用户定义的角色可以轻松地管理数据库中的权限。在没有合适的 Windows 组，或数据库管理员无权管理 Windows 用户账户的情况下，用户定义的角色为数据库管理员提供了与 Windows 组同等的灵活性。

用户定义的角色只适用于数据库级别，并且只对创建时所在的数据库起作用。

1. 数据库角色的创建、修改与删除

数据库角色的创建、修改与删除操作可以通过 Management Studio 或 T-SQL 两种方法来操作。

（1）在 Management Studio 中创建、修改或删除数据库角色

① 打开 Management Studio，用鼠标单击"对象资源管理器"窗口→某数据库引擎→"数据库"→"某具体数据库"→"安全性"→"角色"→"数据库角色"，显示当前数据库的所有数据库角色，在"数据库角色"目录或某数据库角色上单击鼠标右键，按快捷菜单中的"新建数据库角色"菜单项。在"数据库角色-新建"对话框中，指定角色名称与所有者，单击"确定"即简单创建了新的数据库角色。

② 在某数据库角色上单击鼠标右键，单击快捷菜单中的"属性"菜单项。在"数据库角色属性"对话框中，查阅或修改角色信息，如指定新的所有者、安全对象、拥有的架构、角色成员等信息的修改等。

③ 在某自定义数据库角色上单击鼠标右键，单击快捷菜单中的"删除"菜单项，启动"删除对象"来删除数据库角色。但要注意角色必须为空时才能删除。

（2）利用 T-SQL 创建、修改或删除数据库角色

数据库角色的创建、修改或删除，主要使用到的 T-SQL 命令有 CREATE ROLE、sp_addrole、ALTER ROLE、DROP ROLE、sp_droprole、sp_helprole 等。下面简单说明它们的使用方法。

① CREATE ROLE 在当前数据库中创建新数据库角色，其语法为：

```
CREATE ROLE role_name[ AUTHORIZATION owner_name]
```

参数：role_name 待创建角色的名称；AUTHORIZATION owner_name 将拥有新角色的数据库用户或角色，如果未指定用户，则执行 CREATE ROLE 的用户将拥有该角色。

备注：角色是数据库级别的安全对象；创建角色后，使用 GRANT、DENY 和 REVOKE 配置角色的数据库级别权限；若要为数据库角色添加成员，请使用 sp_addrolemember 存储过程；在 sys.database_role_members 和 sys.database_principals 目录视图中可以查看数据库角色。

例 11.23 本示例将创建数据库用户 BenMiller 拥有的数据库角色 buyers。

```
USE AdventureWorks;
CREATE ROLE buyers AUTHORIZATION BenMiller
```

② sp_addrole 在当前数据库中创建新的数据库角色，其语法为

```
sp_addrole [@rolename = ]´role´[,[ @ownername = ]´owner´]
```

例 11.24 本示例向当前数据库中添加名为 Managers 的新角色。

```
EXEC sp_addrole ´Managers´        -- 尽量改用 CREATE ROLE
```

③ ALTER ROLE 更改数据库角色的名称，其语法为：

```
ALTER ROLE role_name WITH NAME = new_name
```

参数:role_name 为要更改的角色的名称;WITH NAME = new_name 指定角色的新名称,数据库中不得已存在此名称。

例 11.25　本示例将角色 buyers 的名称更改为 purchasing。

```
ALTER ROLE buyers WITH NAME = purchasing
```

④ DROP ROLE 从数据库删除角色,其语法为:

```
DROP ROLE role_name
```

备注:无法从数据库删除拥有安全对象的角色,若要删除拥有安全对象的数据库角色,必须首先转移这些安全对象的所有权,或从数据库删除它们;无法从数据库删除拥有成员的角色,若要删除拥有成员的角色,必须首先删除角色的成员;不能使用 DROP ROLE 删除固定数据库角色。

例 11.26　本示例从 AdventureWorks 删除数据库角色 purchasing。

```
DROP ROLE purchasing
```

⑤ sp_droprole 从当前数据库中删除数据库角色,其语法为:

```
sp_droprole [@rolename = ]′role′
```

例 11.27　本示例删除应用程序角色 Sales。

```
EXEC sp_droprole ′Sales′        -- 尽量改用 DROP ROLE
```

⑥ sp_helprole 返回当前数据库中有关角色的信息,其语法为:

```
sp_helprole [[@rolename = ]′role′]
```

例 11.28　本查询将返回当前数据库中的所有角色。

```
EXEC sp_helprole
```

2. 数据库角色成员的添加与删除

数据库角色成员的添加与删除操作可以通过 Management Studio 或 T-SQL 两种方法来操作。

(1) 在 Management Studio 中添加与删除数据库角色成员

方法一:在上面提到过的某数据库角色的"数据库角色属性"对话框中,在"常规"选项卡上,右下角色成员操作区,单击"添加"或"删除"实现操作。

方法二:通过"对象资源管理器"窗口→某数据库引擎→"数据库"→"某具体数据库"→"安全性"→"用户"→"某具体用户";单击鼠标右键,单击"属性"菜单,出现"数据库用户"对话框,在右下角色成员操作区,通过多选键直接实现该用户从某个或某些数据库角色中添加或删除的操作功能。

(2) 利用 T-SQL 添加与删除数据库角色成员

数据库角色成员的添加与删除,主要使用到的 T-SQL 命令有 sp_addrolemember、sp_droprolemember、sp_helprolemember 等。下面简单说明它们的使用方法。

① sp_addrolemember 为当前数据库中的数据库角色添加数据库用户、数据库角色、Windows 登录或 Windows 组等,其语法为:

```
sp_addrolemember [ @rolename = ]′role′,[@membername = ]′security_account′
```

参数:[@rolename =] ′role′是当前数据库中的数据库角色的名称;[@membername=] ′security_account′是添加到该角色的安全账户。security_account 可以是数据库用户、数据库角色、Windows 登录或 Windows 组。

例 11.29　本示例将 Windows 登录 Sammamish\SandeepK 作为 Sandeep 用户添加到 AdventureWorks 数据库,然后将 Sandeep 添加到 Production 角色。

```
USE AdventureWorks
EXEC sp_grantdbaccess ´Sammamish\SandeepK´,´Sandeep´
GO
EXEC sp_addrolemember ´Production´,´Sandeep´
```

② sp_droprolemember 从当前数据库的 SQL Server 角色中删除安全账户,其语法为:

```
sp_droprolemember [@rolename = ]´role´,[@membername = ]´security_account´
```

将从角色中删除的安全账户的名称。security_account 可以是数据库用户、其他数据库角色、Windows 登录名或 Windows 组。security_account 必须存在于当前数据库中。

备注:sp_droprolemember 通过从 Sysmembers 表中删除行来删除数据库角色的成员。删除某一角色的成员后,该成员将失去作为该角色的成员身份所拥有的任何权限。

例 11.30 本示例将删除角色 Sales 中的用户 Jonb。

```
EXEC sp_droprolemember ´Sales´,´Jonb´
```

③ sp_helprolemember 返回有关当前数据库中某个角色的成员的信息,其语法为:

```
sp_helprolemember [[@rolename = ]´role´]
```

例 11.31 本示例显示 Sales 角色的成员。

```
EXEC sp_helprolemember ´Sales´
```

11.5.5 应用程序角色

应用程序角色是一个数据库主体,它使应用程序能够用其自身的、类似用户的特权来运行。使用应用程序角色,可以只允许通过特定应用程序连接的用户访问特定数据。与数据库角色不同的是,应用程序角色在默认情况下不包含任何成员,而且是非活动的,使用时需要激活。应用程序角色可以使用两种身份验证模式。应用程序角色可使用 sp_setapprole 激活,但此过程需要应用程序角色名和密码。因为应用程序角色是数据库级主体,所以它们只能通过其他数据库中为 Guest 授予的权限来访问这些数据库。因此,其他数据库中的应用程序角色将无法访问任何已禁用 Guest 的数据库。

那么如何连接应用程序角色呢? 应用程序角色切换安全上下文的过程包括下列步骤:①创建应用程序角色;②对该应用程序角色分配权限;③用户执行客户端应用程序;④客户端应用程序作为用户连接到 SQL Server;⑤然后应用程序用一个只有它才知道的密码执行 sp_setapprole 存储过程;⑥如果应用程序角色名称和密码都有效,将激活应用程序角色,此时,连接将失去用户权限,而获得应用程序角色权限,通过应用程序角色获得的权限在连接期间始终有效。

在 SQL Server 的早期版本中,用户若要在激活应用程序角色后重新获取其原始安全上下文,唯一的方法就是断开 SQL Server 连接,然后再重新连接。在 SQL Server 中,sp_setapprole 提供了一个新选项,它可以在激活应用程序之前创建一个包含上下文信息的 Cookie。sp_unsetapprole可以使用此 Cookie 将会话恢复到其原始上下文。

1. 应用程序角色创建与删除

应用程序角色的创建与删除操作可以通过 Management Studio 或 T-SQL 两种方法来操作。

(1) 在 Management Studio 中创建与删除应用程序角色

依次单击"对象资源管理器"窗口→某数据库引擎→"数据库"→"某具体数据库"→"安全性"→"角色"→"应用程序角色"。单击鼠标右键,单击"新建应用程序角色"菜单,出现"应用程序角色-新建"对话框,在"常规"选项卡右边指定角色名称、默认架构、密码、确认密码、角色拥有的架构等信息后,单击"确定"即可。当然在创建应用程序角色的同时,可以指定"安全对象""扩展属性"选项卡中的属性。

在已有某应用程序角色上单击鼠标右键,再单击"删除"菜单,能实现角色的删除操作。

(2) 利用 T-SQL 创建、修改与删除应用程序角色

创建、修改与删除应用程序角色,主要使用到的 T-SQL 命令有 CREATE APPLICATION ROLE ALTER APPLICATION ROLE、DROP APPLICATION ROLE、sp_setapprole 与 sp_unsetapprole 等。下面简单说明它们的使用方法。

① CREATE APPLICATION ROLE 向当前数据库中添加应用程序角色,其语法为:

```
CREATE APPLICATION ROLE application_role_name WITH PASSWORD = ´password´ [ ,DEFAULT_SCHEMA = sche-
ma_name ]
```

可以在 sys. database_principals 目录视图中查看应用程序角色。

例 11.32　本示例创建名为 weekly_receipts 的应用程序角色,该角色使用密码 987Gbv876sPYY5m23 和 Sales 作为其默认架构。

```
CREATE APPLICATION ROLE weekly_receipts WITH PASSWORD = ´987Gbv876sPYY5m23´,
DEFAULT_SCHEMA = Sales
```

② ALTER APPLICATION ROLE 更改应用程序角色的名称、密码或默认架构,其语法为:

```
ALTER APPLICATION ROLE application_role_name WITH <set_item>[ ,…n]
<set_item> :: = NAME = new_application_role_name | PASSWORD = ´password´
 | DEFAULT_SCHEMA = schema_name
```

提示与技巧:密码过期策略不应用于应用程序角色密码。为此,选择强密码时要格外谨慎。调用应用程序角色的应用程序必须存储其密码。

例 11.33　本示例将同时更改应用程序角色 receipts_ledger 的名称、密码和默认架构。

```
ALTER APPLICATION ROLE receipts_ledger  WITH NAME = weekly_ledger,
 PASSWORD = ´897yUUbv77bsrEE00nk2i´, DEFAULT_SCHEMA = Production
```

③ DROP APPLICATION ROLE 从当前数据库删除应用程序角色,其语法为:

```
DROP APPLICATION ROLE rolename
```

例 11.34　本示例从数据库中删除应用程序角色"weekly_ledger"。

```
DROP APPLICATION ROLE weekly_ledger
```

④ sp_setapprole 与 sp_unsetapprole。

sp_setapprole 激活与当前数据库中的应用程序角色关联的权限,其语法为:

```
sp_setapprole [ @rolename = ]´role´,[ @password = ] { encrypt N´password´ } |´password´ [ ,[@en-
crypt = ]{ ´none´|´odbc´}] [ ,[@fCreateCookie = ]true|false ][ ,[@cookie = ]@cookie OUTPUT]
```

sp_unsetapprole 恢复应用程序角色激活前的上下文,其语法为:

```
sp_unsetapprole @cookie
```

备注:使用 sp_setapprole 激活应用程序角色之后,该角色将一直保持活动状态,直到用户与服务器断开连接或执行 sp_unsetapprole 为止;sp_setapprole 只能由直接的 T-SQL 语句执行;[@password=] { encrypt N´password´}激活应用程序角色所需的密码;password 可以使用 ODBC 加密函数进行模糊处理;使用加密函数时,必须在第一个引号前面放置 N,将密码转

换为 Unicode 字符串。

使用 Cookie 激活应用程序角色并恢复到原始上下文中。

例 11.35 本例使用密码 fdsd896♯gfdbfdkjgh700mM 激活 Sales11 应用程序角色并创建一个 Cookie。该示例返回当前用户的名称，然后通过执行 sp_unsetapprole 恢复到原始上下文中。

```
DECLARE @cookie varbinary(8000);
EXEC sp_setapprole ´Sales11´,´fdsd896♯gfdbfdkjgh700mM´,@fCreateCookie = true,
@cookie = @cookie OUTPUT;          -- 应用程序角色现在已被激活
SELECT USER_NAME();                -- 这将返回应用程序角色 Sales11
EXEC sp_unsetapprole @cookie;      -- 应用程序角色不再激活,恢复到原始上下文
GO
SELECT USER_NAME();                -- 将返回原始用户名
```

 **自己动手**

区分各类角色,管理权限时创建并使用。

11.5.6　安全存储过程

SQL Server 支持下列用于管理安全性的系统存储过程(带下划线的不推荐使用):

sp_addapprole、sp_dropserver、sp_addlinkedsrvlogin、sp_dropsrvrolemember、sp_addlogin、sp_dropuser、sp_addremotelogin、sp_grantdbaccess、sp_addrole、sp_grantlogin、sp_addrolemember、sp_helpdbfixedrole、sp_addserver、sp_helplinkedsrvlogin、sp_addsrvrolemember、sp_helplogins、sp_adduser、sp_helpntgroup、sp_approlepassword、sp_helpremotelogin、sp_auditwrite、sp_helprole、sp_changedbowner、sp_helprolemember、sp_changeobjectowner、sp_helpprotect、sp_change_users_login、sp_helpsrvrole、sp_dbfixedrolepermission、sp_helpsrvrolemember、sp_defaultdb、sp_helpuser、sp_defaultlanguage、sp_migrate_user_to_contained、sp_denylogin、sp_MShasdbaccess、sp_dropalias、sp_password、sp_dropapprole、sp_remoteoption、sp_droplinkedsrvlogin、sp_revokedbaccess、sp_droplogin、sp_revokelogin、sp_dropremotelogin、sp_setapprole、sp_droprole、sp_srvrolepermission、sp_droprolemember、sp_validatelogins。

11.6　权限管理

权限管理在 SQL Server 中非常重要,它决定着整个数据库的安全与有效使用。权限管理主要负责指定用户的权限,如可以使用哪些对象以及对这些对象可以进行哪些操作,有没有执行如创建数据库对象语句的权限等。SQL Server 能保证,如果用户没有被明确赋予对数据库中某个对象的访问权限,就不能访问该对象。在权限管理中首先要理解主体与安全对象的概念。

（1）主体

主体是可以请求 SQL Server 资源的个体、组和过程。与 SQL Server 授权模型的其他组件一样,主体也可以按层次结构排列。主体的影响范围取决于主体定义的范围(Windows、服务器或数据库)以及主体是否不可分或是一个集合。例如,Windows 登录名就是一个不可分

主体,而 Windows 组则是一个集合主体。每个主体都有一个唯一的安全标识符(SID)。主体分为:①Windows 级别的主体包括 Windows 域登录名、Windows 本地登录名;②SQL Server级别的主体包括 SQL Server 登录名;③数据库级别的主体包括数据库用户、数据库角色(包括public 角色)、应用程序角色。

每个数据库都包含 INFORMATION_SCHEMA 和 sys 两个实体,它们都作为用户出现在用户目录视图中,这两个实体是 SQL Server 所必需的。它们不是主体,不能修改或删除它们。

(2) 安全对象

安全对象是 SQL Server Database Engine 授权系统控制对其进行访问的资源。通过创建可以为自己设置安全性的名为"范围"的嵌套层次结构,可以将某些安全对象包含在其他安全对象中。安全对象范围有服务器、数据库和架构 3 个层次。

① 安全对象范围服务器包含端点、登录账户、数据库等安全对象。

② 安全对象范围数据库包含用户、角色、应用程序角色、程序集、消息类型、路由、服务、远程服务绑定、全文目录、证书、非对称密钥、对称密钥、约定、架构等安全对象。

③ 安全对象范围架构包含类型、XML 架构集合、对象等安全对象。

对象下面是对象类的成员:聚合、约束、函数、过程、队列、统计信息、同义词、表、视图等。

11.6.1 权限类型

每个 SQL Server 安全对象都有可以授予主体的关联权限。

(1) 命名权限的说明

CONTROL:为被授权者授予类似所有权的功能。被授权者实际上对安全对象具有所定义的所有权限。也可以为已被授予 CONTROL 权限的主体授予对安全对象的权限。因为SQL Server 安全模型是分层的,所以 CONTROL 权限在特定范围内隐含着对该范围内的所有安全对象的 CONTROL 权限。例如,对数据库的 CONTROL 权限隐含着对数据库的所有权限、对数据库中所有组件的所有权限、对数据库中所有架构的所有权限以及对数据库的所有架构中的所有对象的权限。

ALTER:授予更改特定安全对象的属性(所有权除外)的权限。当授予某个范围的ALTER 权限时,也授予更改、创建或删除该范围内包含的任何安全对象的权限。例如,对架构的 ALTER 权限包括在该架构中创建、更改和删除对象的权限。

ALTER ANY <服务器安全对象>:其中的服务器安全对象可以是任何服务器安全对象。授予创建、更改或删除服务器安全对象的各个实例的权限。如 ALTER ANY LOGIN 将授予创建、更改或删除实例中的任何登录名的权限。

ALTER ANY <数据库安全对象>,其中的数据库安全对象可以是数据库级别的任何安全对象。授予创建、更改或删除数据库安全对象的各个实例的权限。如 ALTER ANYSCHEMA 将授予创建、更改或删除数据库中的任何架构的权限。

TAKE OWNERSHIP:允许被授权者获取所授予的安全对象的所有权。

IMPERSONATE <登录名>:允许被授权者模拟该登录名。

IMPERSONATE <用户>:允许被授权者模拟该用户。

CREATE <服务器安全对象>:授予被授权者创建服务器安全对象的权限。

CREATE <数据库安全对象>:授予被授权者创建数据库安全对象的权限。

CREATE ＜包含在架构中的安全对象＞：授予创建包含在架构中的安全对象的权限，但是，若要在特定架构中创建安全对象，必须对该架构具有 ALTER 权限。

VIEW DEFINITION：允许被授权者访问元数据。

表 11-2 列出了主要的权限类别以及可应用这些权限的安全对象的种类。

表 11-2　权限类别以及可应用这些权限的安全对象的种类

权　限	适用范围
SELECT	同义词、表和列、表值函数［T-SQL 和公共语言运行时（CLR）］和列、视图和列
UPDATE	同义词、表和列、视图和列
REFERENCES	标量函数和聚合函数（T-SQL 和 CLR）、SQL Server Service Broker 队列、表和列、表值函数（T-SQL 和 CLR）和列、视图和列
INSERT	同义词、表和列、视图和列
DELETE	同义词、表和列、视图和列
EXECUTE	过程（T-SQL 和 CLR）、标量函数和聚合函数（T-SQL 和 CLR）、同义词
RECEIVE	Service Broker 队列
VIEW DEFINITION	过程（T-SQL 和 CLR）、Service Broker 队列、标量函数和聚合函数（T-SQL 和 CLR）、同义词、表、表值函数（T-SQL 和 CLR）、视图
ALTER	过程（T-SQL 和 CLR）、标量函数和聚合函数（T-SQL 和 CLR）、Service Broker 队列、表、表值函数（T-SQL 和 CLR）、视图
TAKE OWNERSHIP	过程（T-SQL 和 CLR）、标量函数和聚合函数（T-SQL 和 CLR）、同义词、表、表值函数（T-SQL 和 CLR）、视图
CONTROL	过程（T-SQL 和 CLR）、标量函数和聚合函数（T-SQL 和 CLR）、Service Broker 队列、同义词、表、表值函数（T-SQL 和 CLR）、视图

SQL Server 提供了权限的完整列表（篇幅限制略）。下列示例说明如何通过编程方式检索权限信息。

例 11.36　本例返回可授予权限的完整列表。

```
SELECT * FROM sys.fn_builtin_permissions(default)
```

例 11.37　本例将返回对组件的权限。

```
SELECT * FROM sys.fn_builtin_permissions('assembly')
```

（2）权限层次结构

SQL Server Database Engine 管理着可以通过权限进行保护的实体（或称资源）的分层集合。这些实体称为"安全对象"。在安全对象中，最突出的是服务器和数据库，但可以在更细的级别上设置离散权限。SQL Server 通过验证主体是否已获得适当的权限来控制主体对安全对象执行的操作。图 11-2 显示了数据库引擎权限层次结构之间的关系。

可以使用常见的 T-SQL 查询 GRANT、DENY 和 REVOKE 来操作权限。有关权限的信息，可以从 sys.server_permissions 和 sys.database_permissions 目录视图中看到，也可以使用内置函数来查询权限信息。

11.6.2　管理权限

SQL Server 中的权限管理操作，可以通过在 Management Studio 中对用户的权限进行交互式设置(包括授权、撤销、禁止或拒绝等),也可以使用 T-SQL 提供的 GRANT、REVOKE 和 DENY 等语句来完成设置功能。

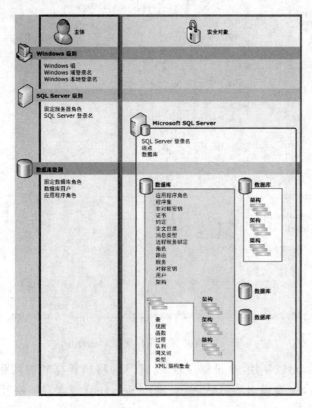

图 11-2　数据库引擎权限层次结构

1. 在 Management Studio 中管理权限

在 Management Studio 中管理权限是非常方便的,可以从权限相关的主体与安全对象这两者的任何一方出发考虑实现操作。

例如,我们从主体一方考虑,主体如数据库用户或角色,选定某用户或某数据库角色,右击"属性"快捷菜单项,出现相应属性对话框,在对话框中按"安全对象"选项卡,右边操作区能添加或删除安全对象,在选定某安全对象后能对该安全对象对应的显式权限进行交互式授予或取消授予,拒绝或取消拒绝,设置具有授予权限或取消授予权限等做选择操作。图 11-3 是对数据库用户-U2 属性对话框操作的情况,篇幅所限其他操作图略。

如果我们从安全对象一方考虑,安全对象如数据库或表,选定某数据库或某表,右击"属性"快捷菜单项,出现相应属性对话框,在对话框中单击"权限"选项卡,右边操作区能添加或删除用户或角色,在选定某用户或角色后能对该对象对应的显式权限进行交互式授予或取消授予,拒绝或取消拒绝,设置具有授予权限或取消授予权限等做选择操作。请尝试操作。

2. 在 Management Studio 中管理凭据

凭据是包含连接到 SQL Server 以外的资源时所需的身份验证信息的记录。大多数凭据由一个 Windows 登录名和密码组成。通过凭据,使用 SQL Server 身份验证连接到 SQL Server 实例的用户可以连接到 Windows 或 SQL Server 实例以外的其他资源。这些凭据还可以与标记为 EXTERNAL_ACCESS 的程序集关联。

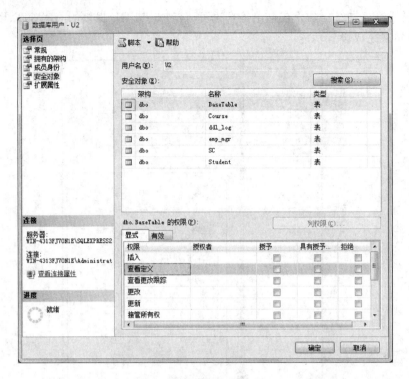

图 11-3　数据库用户属性对话框

在创建凭据之后，可以使用"登录属性"（"常规"页）将该凭据映射到登录名。单个凭据可映射到多个 SQL Server 登录名。但是，一个 SQL Server 登录名只能映射到一个凭据。

（1）创建凭据

① 在对象资源管理器中，展开"安全性"，右键单击"凭据"，然后单击"新建凭据"。

② 在"新建凭据"对话框中的"凭据名称"框中，键入凭据的名称。

③ 在"标识"框中，键入用于对外连接的账户名称（在离开 SQL Server 的上下文时）。通常为 Windows 用户账户。但标识可以是其他类型的账户。

④ 在"密码"和"确认密码"框中，键入"标识"框中指定的账户的密码。如果"标识"为 Windows 用户账户，则密码为 Windows 密码。如果不需要密码，"密码"可为空。

⑤ 单击"确定"。

（2）将登录名映射到凭据

① 在对象资源管理器中，展开"安全性"，右键单击 SQL Server 登录名，然后单击"属性"。

② 在"登录属性"对话框的"常规"页的"凭据"框中，键入凭据的名称，然后单击"确定"。

3. 用 T-SQL 命令管理权限

管理权限同样能通过 T-SQL 命令来完成，主要命令有 GRANT、REVOKE、DENY、CRE-ATE CREDENTIAL、ALTER CREDENTIAL、DROP CREDENTIAL 等，下面作一简单介绍与使用举例。

（1）GRANT 将安全对象的权限授予主体。

GRANT 命令的简单语法：

```
GRANT { ALL [ PRIVILEGES ] } |permission [ (column [,…n ])] [,…n] [ ON [class ::]securable] TO
principal [,…n ][WITH GRANT OPTION] [AS principal]
```

　　ALL：该选项并不授予全部可能的权限。授予 ALL 参数相当于授予以下权限：①如果安全对象为数据库，则"ALL"表示 BACKUP DATABASE、BACKUP LOG、CREATE DATABASE、CREATE DEFAULT、CREATE FUNCTION、CREATE PROCEDURE、CREATE RULE、CREATE TABLE 和 CREATE VIEW；②如果安全对象为标量函数，则"ALL"表示 EXECUTE 和 REFERENCES；③如果安全对象为表值函数，则"ALL"表示 DELETE、INSERT、REFERENCES、SELECT 和 UPDATE；④如果安全对象为存储过程，则"ALL"表示 DELETE、EXECUTE、INSERT、SELECT 和 UPDATE；⑤如果安全对象为表，则"ALL"表示 DELETE、INSERT、REFERENCES、SELECT 和 UPDATE；⑥如果安全对象为视图，则 "ALL"表示 DELETE、INSERT、REFERENCES、SELECT 和 UPDATE。

　　permission：权限的名称。

　　column：指定表中将授予其权限的列的名称，需要使用括号"()"。

　　class：指定将授予其权限的安全对象的类，需要范围限定符"::"。

　　securable：指定将授予其权限的安全对象。

　　TO principal：主体的名称，可为其授予安全对象权限的主体随安全对象而异。

　　GRANT OPTION：指示被授权者在获得指定权限的同时还可以将指定权限授予其他主体。

　　AS principal：指定一个主体，执行该查询的主体从该主体获得授予该权限的权利。

　　REVOKE 语句可用于删除已授予的权限，DENY 语句可用于防止主体通过 GRANT 获得特定权限。授予权限将删除对所指定安全对象的相应权限的 DENY 或 REVOKE 权限。如果在包含该安全对象的更高级别拒绝了相同的权限，则 DENY 优先。但是，在更高级别撤销已授予权限的操作并不优先。

　　数据库级权限在指定的数据库范围内授予。如果用户需要另一个数据库中的对象的权限，请在该数据库中创建用户账户，或者授权用户账户访问该数据库以及当前数据库。

　　数据库特定安全对象有应用程序角色、程序集、非对称密钥、证书、约定、数据库、端点、全文目录、函数、登录、消息类型、对象、队列、远程服务绑定、角色、路由、架构、服务器、服务、存储过程、对称密钥、同义词、系统对象、表、类型、用户、视图、XML 架构集合。有关这些安全对象特定的语法，请参阅联机帮助。

　　sp_helprotect 系统存储过程可报告对数据库级安全对象的权限。

　　(2) GRANT 对象权限。

　　授予对表、视图、表值函数、存储过程、扩展存储过程、标量函数、聚合函数、服务队列或同义词的权限。语法：

```
GRANT <permission> [,…n] ON [ OBJECT :: ][schema_name].object_name [(column [,…n])] TO <database_principal> [,…n] [WITH GRANT OPTION] [AS <database_principal>]
    <permission> :: = ALL [ PRIVILEGES ] | permission [ (column [,…n])]
    <database_principal> :: = Database_user | Database_role | Application_role | Database_user_mapped_to_Windows_User|Database_user_mapped_to_Windows_Group|Database_user_mapped_to_certificate|Database_user_mapped_to_asymmetric_key|Database_user_with_no_login
```

　　permission：指定可以授予的对架构包含的对象的权限。

　　ALL：授予 ALL 不会授予所有可能的权限。授予 ALL 等同于授予适用于指定对象的所有 ANSI-92 权限。对于不同权限，ALL 的含义有所不同。①标量函数权限：EXECUTE、REFERENCES。②表值函数权限：DELETE、INSERT、REFERENCES、SELECT、UP-

DATE。③存储过程权限：EXECUTE、SYNONYM、DELETE、INSERT、SELECT、UP-DATE。④表权限：DELETE、INSERT、REFERENCES、SELECT、UPDATE。⑤视图权限：DELETE、INSERT、REFERENCES、SELECT、UPDATE。

Database_user 指定数据库用户；Database_role 指定数据库角色；Application_role 指定应用程序角色；Database_user_mapped_to_Windows_User 指定映射到 Windows 用户的数据库用户；Database_user_mapped_to_Windows_Group 指定映射到 Windows 组的数据库用户；Database_user_mapped_to_certificate 指定映射到证书的数据库用户；Database_user_mapped_to_asymmetric_key 指定映射到非对称密钥的数据库用户；Database_user_with_no_login 指定无相应服务器级主体的数据库用户。

对象是一个架构级的安全对象，包含于权限层次结构中作为其父级的架构中。

下面主要通过举例来说明（其中数据库用户可替换成实际存在的用户来实践）GRANT 命令的使用。

例 11.38 授予对表的 SELECT 权限，本例授予用户 RosaQdM 对 AdventureWorks 数据库中表 Person. Address 的 SELECT 权限。

```
USE AdventureWorks
GRANT SELECT ON OBJECT::Person.Address TO RosaQdM
```

例 11.39 授予对存储过程的 EXECUTE 权限，本例授予名为 Recruiting11 的应用程序角色对存储过程 HumanResources. uspUpdateEmployeeHireInfo 的 EXECUTE 权限。

```
GRANT EXECUTE ON OBJECT::HumanResources.uspUpdateEmployeeHireInfo TO Recruiting11
```

例 11.40 使用 GRANT OPTION 授予对视图的 REFERENCES 权限，本例使用 GRANT OPTION，授予用户 Wanida 对视图 HumanResources. vEmployee 中列 EmployeeID 的 REFERENCES 权限。

```
GRANT REFERENCES (EmployeeID) ON OBJECT::HumanResources.vEmployee TO Wanida WITH GRANT OPTION
```

（3）REVOKE 取消以前授予或拒绝了的权限。REVOKE 简单语法：

```
REVOKE [GRANT OPTION FOR] { [ALL [PRIVILEGES]] |permission [(column [,…n])] [,…n] } [ON [class
::] securable] {TO |FROM } principal [,…n] [CASCADE] [AS principal]
```

撤销对表、视图、表值函数、存储过程、扩展存储过程、标量函数、聚合函数、服务队列或同义词的权限。语法：

```
REVOKE [GRANT OPTION FOR] <permission> [,…n] ON [OBJECT::][schema_name].object_name [(column
[,…n])] {FROM|TO} <database_principal>[,…n] [CASCADE] [AS <database_principal>]
```

下面通过举例来说明 REVOKE 命令的使用。

例 11.41 撤销对表的 SELECT 权限，本例从用户 RosaQdM 中撤销对 AdventureWorks 数据库中表 Person. Address 的 SELECT 权限。

```
REVOKE SELECT ON OBJECT::Person.Address FROM RosaQdM
```

例 11.42 撤销对存储过程的 EXECUTE 权限，本例从名为 Recruiting11 的应用程序角色中撤销对存储过程 HumanResources. uspUpdateEmployeeHireInfo 的 EXECUTE 权限。

```
REVOKE EXECUTE ON OBJECT::HumanResources.uspUpdateEmployeeHireInfo FROM Recruiting11
```

例 11.43 使用 CASCADE 撤销对视图的 REFERENCES 权限，本例使用 CASCADE，从用户 Wanida 中撤销对视图 HumanResources. vEmployee 中列 EmployeeID 的 REFERENCES 权限。

```
REVOKE REFERENCES (EmployeeID) ON OBJECT::HumanResources.vEmployee FROM Wanida CASCADE
```

(4) DENY 拒绝授予主体权限,防止主体通过其组或角色成员身份继承权限。DENY 的简单语法:

```
DENY { ALL [ PRIVILEGES ] } | permission [(column [,…n])] [,…n] [ ON [ class :: ] securable ] TO
principal [,…n] [ CASCADE] [AS principal]
```

DENY 对象权限拒绝对安全对象的 OBJECT 类成员授予的权限。OBJECT 类的成员包括表、视图、表值函数、存储过程、扩展存储过程、标量函数、聚合函数、服务队列以及同义词。语法:

```
DENY <permission> [,…n] ON [ OBJECT :: ][ schema_name . object_name [ (column [,…n]) ] TO <
database_principal> [,…n] [ CASCADE ] [ AS <database_principal> ]
       <permission> :: = ALL [ PRIVILEGES ] | permission [ (column [,…n]) ]
```

例 11.44 拒绝对表的 SELECT 权限,本例拒绝用户 RosaQdM 对 AdventureWorks 数据库中表 Person. Address 的 SELECT 权限。

```
DENY SELECT ON OBJECT::Person.Address TO RosaQdM
```

例 11.45 拒绝对存储过程的 EXECUTE 权限,本例拒绝名为 Recruiting11 的应用程序角色对存储过程 HumanResources. uspUpdateEmployeeHireInfo 的 EXECUTE 权限。

```
DENY EXECUTE ON OBJECT::HumanResources.uspUpdateEmployeeHireInfo TO Recruiting11
```

例 11.46 使用 CASCADE 拒绝对视图的 REFERENCES 权限,本例使用 CASCADE,拒绝用户 Wanida 对视图 HumanResources. vEmployee 中列 EmployeeID 的 REFERENCES 权限。

```
DENY REFERENCES (EmployeeID) ON OBJECT::HumanResources.vEmployee TO Wanida CASCADE
```

例 11.47 拒绝创建证书的权限,本例拒绝用户 MelanieK 对 AdventureWorks 数据库的 CREATE CERTIFICATE 权限。

```
DENY CREATE CERTIFICATE TO MelanieK
```

例 11.48 对应用程序角色拒绝 REFERENCES 权限,本例拒绝应用程序角色 Audit-Monitor 对 AdventureWorks 数据库的 REFERENCES 权限。

```
DENY REFERENCES TO AuditMonitor
```

例 11.49 使用 CASCADE 拒绝 VIEW DEFINITION,本例拒绝用户 CarmineEs 以及 CarmineEs 已授予 VIEW DEFINITION 权限的所有主体对 AdventureWorks 数据库的 VIEW DEFINITION 权限。

```
DENY VIEW DEFINITION TO CarmineEs CASCADE
```

(5) CREATE CREDENTIAL 创建凭据,其语法为:

```
CREATE CREDENTIAL credential_name WITH IDENTITY = ´identity_name´ [,SECRET = ´secret´]
```

参数:credential_name 指定要创建的凭据的名称;credential_name 不能以数字符号(♯)开头;系统凭据以 ♯ ♯ 开头。

IDENTITY =´identity_name´指定在服务器以外进行连接时使用的账户的名称。

SECRET = ´secret´指定发送身份验证所需的机密内容,该子句为可选项。

可以在 sys. credentials 目录视图中查看有关凭据的信息。

例 11.50 本例创建名为 AlterEgo 的凭据。凭据包含 Windows 用户 RettigB 和密码 sdrlk8 $ 40-dksli87nNN8。

```
CREATE CREDENTIAL AlterEgo WITH IDENTITY = ´RettigB´,SECRET = ´sdrlk8 $ 40-dksli87nNN8´
```

(6) ALTER CREDENTIAL 更改凭据的属性,其语法为:

```
ALTER CREDENTIAL credential_name WITH IDENTITY = ´identity_name´[,SECRET = ´secret´]
```

使用服务主密钥对密码进行加密。如果重新生成服务主密钥,则需要使用新服务主密钥对该密码重新加密。

例 11.51 更改凭据的密码,本例将更改存储在名为 Saddles 的凭据中的密码。该凭据包含 Windows 登录名 RettigB 及其密码。使用 SECRET 子句将新密码添加到凭据。

ALTER CREDENTIAL Saddles WITH IDENTITY = ´RettigB´,SECRET = ´sdrlk8 $ 40-dksli87nNN8´

例 11.52 删除凭据的密码,本例将删除名为 Frames 的凭据中的密码。该凭据包含 Windows 登录名 Aboulrus8 和密码。因为未指定 SECRET 选项,所以执行该语句后,凭据的密码为空。

ALTER CREDENTIAL Frames WITH IDENTITY = ´Aboulrus8´

(7) DROP CREDENTIAL 从服务器中删除凭据,其语法为:

DROP CREDENTIAL credential_name   --credential_name 为要从服务器中删除的凭据的名称

备注:若要删除与凭据关联的机密内容而不删除凭据本身,请使用 ALTER CREDENTIAL。

例 11.53 本示例删除名为 Saddles 的凭据。

DROP CREDENTIAL Saddles

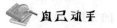 **自己动手**

通过示例学习使用 GRANT、REVOKE 和 DENY 权限管理命令。

11.7 加密机制

11.7.1 SQL Server 数据库最新加密特性

SQL Server 给 DBA 提供了几种加密数据与网络传输数据的方法,同时它还支持备份或将其存储在服务器或网络上。这些加密方法包括透明数据加密、字段级加密、SQL Server 对象定义加密、备份加密、SQL Server 连接加密、通过 Windows EFS 实现的数据文件级加密和BitLocket 驱动器加密等。

1. 透明数据加密

透明数据加密(TDE)首次在 SQL Server 2008 中引入。TDE 是 SQL Server 中防御绕过数据安全和从磁盘读取敏感数据的潜在攻击者的主要加密方法。它支持数据库层空闲数据的实时 I/O 加密和解密。TDE 可以给数据库的每一个页加密,然后在需要访问时自动解密每一个页。TDE 不需要额外的存储空间,也不需要修改底层的数据库模式、应用程序代码或过程。而且,用户或应用程序完全感觉不到它的存在(透明),因为它运行在 SQL Server 服务层。

TDE 加密使用一个数据库加密密钥(Database Encryption Key, DEK),这是一个非对称密钥,它使用存储在主数据库的服务器证书进行加密。DEK 存储在数据库的启动记录中,因此,可以在数据库恢复过程中使用。服务器证书则使用数据库主密钥(Database Master Key, DMK),而 DMK 本身又使用服务器主密钥(Server Master Key, SMK)加密。DMK 和 SMK 都属于非对称密钥。当我们在 SQL Server 上加密数据时,SMK 会自动创建,然后绑定到SQL Server Service 账号上。此外,SMK 还由 Windows Data Protection API 加密。

另外,TDE 还可以加密数据库备份和快照,从而使它成为兼容管理规范和企业数据保密法律的最佳选择。

2. 字段级加密

字段级加密(也称为单元格级加密)可以加密和解密数据库中的保密数据。我们可以使用以下方法加密或解密数据。

① 通行码(Passphrase):通行码是最低要求的安全方法。它要求在加密和解密数据的过程中使用相同的通行码。如果存储过程和函数没有加密,那么通行码就可以通过元数据访问。

② 非对称密钥:它使用不同的密钥去加密和解密数据,从而提供强力的保护。然而,它的性能较差,而且不适合用于加密大数据值。它可以由数据库主密钥(DMK)签名,也可以用密码创建。

③ 对称密钥:它有较高的性能,强大的加密效果适用于大多数加密需求。它使用相同的密钥去加密和解密数据。

④ 证书:它有较强的保护效果和较高的性能。它可以与一个用户关联。证书必须用数据库主密钥签名。

为了支持"加密-解密"操作,字段级加密要求修改应用程序代码和数据库模式,因为所有加密的数据都必须使用 varbinary 数据类型存储。字段级加密方法提供了更加细粒度的 SQL Server 加密技术,因此我们可以用它加密一个表中的一个单元格。此外,数据只有在使用时才会解密,这意味着当页加载到内存时,数据仍然不是明文。

3. 加密 SQL Server 连接

SQL Server 加密提供以下两种网络数据加密选择:Internet Protocol Security (IPSec)和 Secure Sockets Layer (SSL)。

IPSec 由操作系统实现,它支持使用 Kerberos、证书或预共享密钥执行身份验证。IPSec 提供了先进的协议过滤机制,可以根据协议和端口来阻挡流量。可以用本地安全策略或通过组策略(Group Policy)来配置 IPSec。IPSec 兼容 Windows 2000 以上的版本。要使用这个方法,客户端和服务器的操作系统都必须支持 IPSec。

SSL 由 SQL Server 实现。它主要用于支持 Web 客户端,但是它也可以用于支持原生 SQL Server 客户端。当客户端请求一个加密连接时,SSL 就会验证服务器。如果运行 SQL Server 实例的计算机有一个来自于 Public Certificate Authority (PCA)的证书,那么这个计算机的标识和 SQL Server 实例将保证证书链通向可信的根授权。这种服务器端验证要求客户端应用程序所在的计算机配置为信任服务器所使用证书的根授权。这里可以使用自签名证书的加密方式,但是自签名证书的保护力度有限。

相对于 IPSec 而言,SSL 具有两个主要优势:客户端配置很少和服务器配置很简单。

4. 其他 SQL Server 加密方法

① 加密 SQL Server 对象定义:我们可以在创建存储过程、视图、函数和触发器时使用 WITH ENCRYPTION 子句,从而加密这些对象的定义文本。在加密之后,我们就无法解密这些对象的文本。

② 加密备份:加密备份时必须使用主数据和证书的数据库主密钥(DMK)或非对称密钥。在加密备份时,我们必须指定一个加密算法,以及一个保证加密密钥安全的加密器。

③ 通过 Windows EFS 进行文件级加密：从 Windows Server 2000 开始，微软就引入了一个文件系统加密（Encrypting File System，EFS）特性，它可以加密操作系统的文件。我们可以使用 EFS 特性加密整个 SQL Server 数据目录。和 SQL Server 的原生加密方法类似，EFS 也依赖于 Windows DPAPI。与透明数据加密不同，它不会自动加密数据库备份。在 SQL Server 2008 之前，EFS 是加密 NTFS 磁盘中数据库文件的唯一方法。这是因为，在启用 EFS 之后，SQL Server I/O 操作就变成同步的。在 EFS 加密数据库文件的当前 I/O 操作完成之前，工作者线程会一直处于等待状态。

④ BitLocket 驱动器加密：BitLocket 驱动器加密是 Windows Vista 和 Windows 7 旗舰版与企业版、Windows 8 专业版和企业版桌面操作系统、Windows Server 2008、Windows Server 2008 R2 和 Windows Server 2012 的一个全盘加密特性。它还能使用一个 AES 加密算法加密空闲数据。BitLocket 不存在 EFS 那样的性能问题。

11.7.2　用户架构分离

SQL Server 切断数据库用户和架构之间的隐式连接，采用数据库用户和架构分离的新方法。

安全性信息出现在为性能和实用工具而优化的目录视图中。如果可能，请使用以下目录视图来访问目录元数据。①数据库级别的视图：sys. database_permissions、sys. database_role_members、sys. database_principals、sys. master_key_passwords。②服务器级别的视图：sys. server_permissions、sys. sql_logins、sys. server_principals、sys. system_components_surface_area_configuration、sys. server_role_members。③加密视图：sys. asymmetric_keys、sys. crypt_properties、sys. certificates、sys. key_encryptions、sys. credentials、sys. symmetric_keys。

11.7.3　安全与加密函数

以下函数返回对管理安全性有用的信息：CURRENT_USER、sys. fn_builtin_permissions、Has_Perms_By_Name、IS_MEMBER、IS_SRVROLEMEMBER、PERMISSIONS、SCHEMA_ID、SCHEMA_NAME、SESSION_USER、SETUSER、SUSER_ID、SUSER_SID、SUSER_SNAME、sys. fn_builtin_permissions、SYSTEM_USER、SUSER_NAME、USER_ID、USER_NAME。

以下函数支持加密、解密、数字签名以及数字签名验证。

① 对称加密和解密：EncryptByKey、DecryptByKey、EncryptByPassPhrase、DecryptByPassPhrase、Key_ID、Key_GUID。

② 非对称加密和解密：EncryptByAsmKey、DecryptByAsmKey、EncryptByCert、DecryptByCert、Cert_ID、AsymKey_ID、CertProperty。

③ 签名和签名验证：SignByAsmKey、VerifySignedByAsmKey、SignByCert、VerifySignedByCert。

④ 含自动密钥处理的对称解密：DecryptByKeyAutoCert。

⑤ 加密哈希运算：HASHBYTES。

⑥ 复制证书：CERTENCODED（Transact-SQL）、CERTPRIVATEKEY（Transact-SQL）。

11.7.4　密码策略

在 Windows Server 2003 或更高版本环境下运行 SQL Server 时，可以使用 Windows 密码策略机制。SQL Server 可以将 Windows Server 2003 中使用的复杂性策略和过期策略应用于 SQL Server 内部使用的密码。这项功能需要通过 NetValidatePasswordPolicy() API 实现，该 API 只在 Windows Server 2003 和更高版本中提供。

（1）密码复杂性

密码复杂性策略通过增加可能密码的数量来阻止强力攻击。实施密码复杂性策略时，新密码必须符合以下原则。

① 密码不得包含全部或"部分"用户账户名，部分账户名是指 3 个或 3 个以上两端用"空白"（空格、制表符、回车符等）或任何以下字符分隔的连续字母数字字符，如－_♯。

② 密码长度至少为 6 个字符。

③ 密码包含以下 4 类字符中的 3 类：英文大写字母（A～Z）、英文小写字母（a～z）、10 个基本数字（0～9）、非字母数字（如!，$，♯或%）。

（2）密码过期

密码过期策略用于管理密码的使用期限。如果选中了密码过期策略，则系统将提醒用户更改旧密码和账户，并禁用过期的密码。

（3）策略实施

密码策略是针对各个登录名实施的。使用 ALTER LOGIN 可以配置策略应用程序。配置密码策略实施时，适用以下规则。

① 当 CHECK_POLICY 更改为 ON 时：除非将 CHECK_EXPIRATION 显示设置为 OFF，否则也会将其设置为 ON。密码历史使用当前的密码哈希值初始化。

② 当 CHECK_POLICY 更改为 OFF 时：a. CHECK_EXPIRATION 也设置为 OFF；b. 清除密码历史；c. lockout_time 的值被重置。

③ 如果指定 MUST_CHANGE，则 CHECK_EXPIRATION 和 CHECK_POLICY 必须设置为 ON。否则，该语句将失败。

④ 如果 CHECK_POLICY 设置为 OFF，则 CHECK_EXPIRATION 不能设置为 ON。包含此选项组合的 ALTER LOGIN 语句将失败。

提示与技巧：只有在 Windows Server 2003 及更高版本上才会强制执行 CHECK_EXPIRATION 和 CHECK_POLICY。

实验内容与要求（选做）

1. SQL Server 的安全模式

设置 SQL Server 的安全模式可以在安装 SQL Server 时完成，也可以在安装后以系统管理员的身份注册，然后在 Management Studio 中进行设置。

（1）添加 SQL Server 账号

如果用户没有 Windows 2000/Windows 7 等系统的账号，则只能建立 SQL Server 账号，可以在 Management Studio 中设置，也可以直接使用 T-SQL 语句完成设置。

① 在 Management Studio 中添加 SQL Server 账号

a. 展开服务器，选择"安全性"→"登录名"文件夹。

b. 右击"登录名"文件夹，出现如图 11-4 所示的快捷菜单。

c. 在弹出的快捷菜单中选择"新建登录名"选项，出现如图 11-5 所示的登录属性对话框。

d. 在"登录名"文本框中输入一个不带反斜杠的用户名，选中"SQL Server 身份验证"，并在"密码"与"确认密码"文本框中输入相同口令，如图 11-5 所示。

e. 单击"确定"，完成创建。

图 11-4 "登录名"目录的快捷菜单   图 11-5 新建登录名属性对话框

提示与技巧：选中"Windows 身份验证"单选按钮时，能创建 Windows 登录账号，此时登录名通过搜索来指定某 Windows 登录名，由它映射到 SQL Server。

提示与技巧：在创建 SQL Server 登录名时，除如上指定"常规"选项外，可以通过图 11-5 所示对话框左上其他选项卡来设置登录名是否属于某服务器角色、登录名要映射到哪些数据库、登录名安全对象、登录名状态等。

② 利用 T-SQL 添加 SQL Server 账号

为用户 qh 创建一个 SQL Server 登录名，密码为 qh，默认数据库为 jxgl，默认语言为英文。命令为：

```
EXEC sp_addlogin ´qh´,´qh´, ´jxgl´,´english´
```

（2）修改登录账号的属性

① 在 Management Studio 中修改 SQL Server 登录账号的属性。

双击要修改属性的登录账号，在其属性对话框中进行修改。

② 利用 T-SQL 修改 SQL Server 登录账号的属性。

使用 T-SQL 语句修改登录账号的属性会涉及以下几个系统存储过程。

sp_password:修改账号口令。sp_defaultdb:修改账号默认数据库。sp_defaultlanguage:修改账号默认语言。其中,系统存储过程 sp_password 的格式是:

sp_password [[@old =]'old_password',]{[@new =]'new_password'}[,[@loginame =]'login']

例 11.54　以 sa 身份登录服务器,启动 SQL Server 集成管理器查询子窗口来修改 SQL Server 账号 qh 的口令,命令为:

sp_password 'qh','qhqxzsly','qh' -- 请用 ALTER LOGIN 来改写

(3) 删除登录账号

① 在 Management Studio 中删除登录账号

右击要删除的账号,从弹出的快捷菜单中选择"删除"命令,在确认对话框中单击"是",这个登录账号就永久被删除了。

② 利用 T-SQL 删除 SQL Server 登录账号

使用系统存储过程 sp_droplogin 来删除 SQL Server 登录账号,如:

sp_droplogin qh　　　　--请用 DROP LOGIN 命令改写本命令

2. 管理数据库用户

新建数据库后,一般只有两个用户,一个是 sa(系统管理员),另一个是 Guest(系统安装时创建的一个可以对样板数据库做最基本查询的用户)。sa 作为系统管理员或数据库管理员,具有最高的权力。在 SQL Server 中添加登录用户后,可以在数据库中添加数据库用户。

(1) 添加数据库的用户

① 在 Management Studio 中添加 SQL Server 用户

a. 在对象资源管理器中展开服务器中的数据库文件夹,再展开要添加用户的某数据库,如 jxgl 数据库,再展开安全性,右击用户目录,从弹出的快捷菜单中选择"新建数据库用户"命令;b. 打开"数据库用户"新建对话框;c. 单击"登录名"文本框右边的"三点"来选择一个登录账号;d. 在"用户名"文本框中输入用户名,默认情况下它被设置为登录账号名;e. 若需要可以指定数据库用户拥有的架构、数据库角色成员身份等;f. 还可以选择"安全对象""扩展属性"来指定这些数据库用户属性,单击"确定"完成数据库用户的创建。

② 利用 T-SQL 添加 SQL Server 用户

sp_grantdbaccess 为 SQL Server 登录或 Windows NT 用户或组在当前数据库中添加一个安全账户,并使其能够被授予在数据库中执行活动的权限。

例 11.55　添加一个 Windows 7 账户 qh 到数据库用户中,命令为:

Use jxgl; Exec sp_grantdbaccess 'WIN-4313FJ7ON1E\qh','qh' --请用 CREATE USER 来改写

(2) 删除数据库用户

删除一个数据库用户相当于删除一个登录账号在这个数据库中的映射。

① 在 Management Studio 中删除 SQL Server 用户:右击要删除的用户,从弹出的快捷菜单中选择"删除"命令,在提示对话框中单击"确认",该用户就被删除了。

② 利用 T-SQL 删除 SQL Server 用户:可以利用系统存储过程 sp_revokedbaccess 来删除一个数据库用户,如:

sp_revokedbaccess qh　　　　-- 请用 DROP USER 来改写

3. 管理数据库角色

在数据库中,除了有固定数据库角色外,还可以自定义数据库角色,同时根据需要,可以为

数据库角色添加成员和删除自定义角色。

（1）创建自定义数据库角色

① 在 Management Studio 中创建数据库角色

a. 在对象资源管理器中展开服务器中的数据库文件夹，再展开要添加用户的某数据库，如 jxgl 数据库，再展开安全性，右击角色目录，从弹出的快捷菜单中选择"新建数据库角色"命令，图略。

b. 打开"数据库角色"新建对话框。

c. 单击"所有者"文本框右边的"三点"来选择一个数据库用户。

d. 在"角色名称"文本框中输入角色名 db_operator。

e. 若需要可以指定数据库角色拥有的架构，此数据库角色的成员信息等。

f. 还可以选择"安全对象""扩展属性"等来指定这些数据库角色拥有的属性，单击"确定"完成数据库角色的创建。

② 使用 T-SQL 创建数据库角色

使用系统存储过程 sp_addrole 可以创建数据库新角色，使用系统存储过程 sp_addrolemember 和 sp_droprolemember 可以分别向角色中增加或从角色中删除成员。例如，在 jxgl 数据库中创建 newrole 新角色，并且将用户 qh 添加到该角色中，代码如下：

```
Use jxgl; Exec sp_addrole ´newrole´  --请自己使用 CREATE ROLE 命令改写
Exec sp_addrolemember ´newrole´,´qh´
```

（2）删除用户自定义角色

不能删除一个有成员的角色，在删除这样的角色之前，应先删除其成员。只能删除自定义的角色，系统的固定角色不能被删除。

① 在 Management Studio 中删除用户自定义角色，右击要删除的用户自定义角色，从弹出的快捷菜单中选择"删除"命令，在提示对话框中确认，该用户自定义角色就被删除了。

② 利用 T-SQL 删除用户自定义角色，可以使用系统存储过程 sp_droprole 删除用户自定义角色，如：

```
sp_droprole ´newrole´    -- 使用 DROP ROLE 命令改写
```

4. 权限管理

在 SQL Server 上权限管理分为语句权限管理和对象权限管理两类。语句权限管理是对用户执行语句或命令的权限的管理，对象权限管理是系统管理员、数据库拥有者、数据库对象拥有者对数据库及其对象的操作权限的控制。

（1）在 Management Studio 中管理权限

① 在 Management Studio 中管理语句权限：a. 在对象资源管理器中展开服务器中的数据库文件夹，右击要修改权限的数据库，如 jxgl 数据库，从弹出的快捷菜单中选择"属性"命令，打开 jxgl 数据库属性对话框；b. 单击"权限"标签，打开数据库属性对话框之"权限"选项卡；c. 在"权限"选项卡中列出了数据库中所有的用户和角色，以及所有的语句权限，可以单击用户或角色与权限交叉点上的方框来选择权限；d. 设置完毕后单击"确定"使设置生效。

② 在 Management Studio 中管理对象权限：a. 在对象资源管理器中展开服务器中的数据库文件夹，再展开要进行角色对象权限管理的数据库，如 jxgl 数据库，选中"角色"目录，在右窗格的角色列表中双击 db_operator 角色，打开角色属性对话框；b. 单击"安全对象"选项卡，添加安全对象并设置各自权限；c. 设置完毕后单击"确定"，使设置生效。

（2）利用 T-SQL 管理权限

SQL Server 的授权包括语句授权和对象授权两类,语句授权决定被授权的用户可以执行哪些语句命令,对象授权决定被授权的用户在指定的数据库对象上的操作权限。

① 语句授权

SQL Server 对每类用户都有特定的默认语句执行权限,如果要想执行默认语句权限之外的语句,则必须获得授权。

例 11.56 系统管理员授予注册名为 qh 的用户 CREATE DATABASE 的权限。

```
Use master
GRANT CREATE DATABASE TO qh
```

例 11.57 数据库拥有者 qh 将创建表和创建视图的权限授予用户名为 qxz 的用户。

```
GRANT CREATE TABLE,CREATE VIEW TO qxz
```

② 对象授权

例 11.58 将对 S 表的查询权限授予用户名为 qh、qxz 和 sly 的用户。

```
GRANT SELECT ON S TO qh,qxz,sly
```

例 11.59 将对 S 表的插入和删除的权限授予用户名为 shen 的用户。

```
GRANT INSERT,DELETE ON S TO shen
```

例 11.60 将对 S 表的 Age 和 DEPT 列的修改权限授予用户名为 shen 的用户。

```
GRANT UPDATE ON S(Age,DEPT) TO shen
```

例 11.61 将执行存储过程 SP_ins_S 的权限授予用户名为 shen 的用户。

```
GRANT EXECUTE ON SP_ins_S TO shen
```

③ 收回权限

授权是为了使被授权者能够执行某些命令或操作某些数据库对象,授权者在任何时候都可以收回对其他用户的授权,收回授权是数据库安全性控制的重要内容。收回授权的命令是REVOKE,同样分为收回语句授权和收回对象授权。

例 11.62 从用户名为 sly 的用户收回创建表和创建视图的权限。

```
REVOKE CREATE TABLE,CREATE VIEW FROM sly
```

例 11.63 从用户名为 qxz 和 sly 的用户收回对 S 表的查询权限。

```
REVOKE SELECT ON S FROM qxz,sly
```

5. 权限的创建与应用

针对实验 15 中"15.2 企业库存管理及 Web 网上订购系统（C♯/ASP. NET 技术）"的数据库 kcgl,创建不同级别的数据库用户,用创建的用户替换"sa"系统用户,来尝试与系统的连接、对系统数据的存取操作等,并记录与分析可能会遇到的问题,实践通过授予更高的权限来解决问题。

实验12　数据库完整性

实验目的

熟悉数据库的保护措施——完整性控制，选择若干典型的数据库管理系统产品，了解它们所提供的数据库完整性控制的多种方式与方法，上机实践并加以比较。重点实践 SQL Server 的数据库完整性控制机制。

背景知识

数据完整性是指存储在数据库中的所有数据均为正确的状态，它是为防止数据库中存在不符合语义规定的数据和防止因错误信息的输入与输出造成无效操作或错误信息而提出的。

数据完整性约束是数据库数据模型的三要素之一。也可以说是数据库系统都应遵循与实现的指标之一。为此，不管小型、中型或大型数据库系统，数据完整性方面的要求与保障能力有其共性。一般来说，实体完整性与参照完整性都是要完全支持的，用户自定义完整性及其他完整性方面的支持方式与程度有差异，一般而言，中大型数据库系统数据完整性保障得较好。这里将以 SQL Server 为例说明实际数据库系统中数据完整性控制情况。

SQL Server 中数据完整性有 4 种类型：实体完整性、域完整性、引用完整性、用户定义完整性。另外，触发器、存储过程等也能以一定方式控制数据完整性。

实验示例

1. 实体完整性

实体完整性将行定义为特定表的唯一实体。实体完整性强制表的标识符列集或主键的完整性。

（1）PRIMARY KEY 约束

在一个表中，不能有两行包含相同的主键值。不能在主键内的任何列中输入 NULL 值。在数据库中 NULL 是特殊值，代表不同于空白和零值的未知值。每个表都应有一个主键。

如在 Student 表中 Sno 定义为该表的主键。则 Sno 不能为空并且每行唯一。

自己动手

请对 Student 表添加或修改记录,检验是否能突破该约束。

（2）UNIQUE 约束

UNIQUE 约束在列集内强制执行值的唯一性,对于 UNIQUE 约束中的列,表中不允许有两行包含相同的非空值。主键也强制执行唯一性,但主键不允许空值。UNIQUE 约束优先于唯一索引。如:

```
CREATE UNIQUE CLUSTERED INDEX Student_name ON Student(Sname) /* 假设姓名没有同名,已设置主键时只能建非聚集索引,除非暂时删除主键 */
```

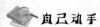 **自己动手**

请对 Student 表添加或修改记录,检验学生姓名能否出现重复。

（3）IDENTITY 属性

IDENTITY 属性能自动产生唯一标识值,指定为 IDENTITY 的列一般作为主键。如下定单表 Orders 的订单号 OrderID 列,能从 1 开始自动以步长 1 增大,它在表中非空且为表主键。

```
CREATE TABLE Orders(OrderID bigint IDENTITY(1,1) NOT NULL PRIMARY KEY,
CustID char(8) NOT NULL,OrderDate datetime null)
```

自己动手

请创建 Orders 表,并自定义输入几条记录,观察 OrderID 的自动变化情况。

2. 域完整性

域完整性是指给定列的输入有效性。强制域有效性的方法有:限制类型（通过数据类型）、格式（通过 CHECK 约束和规则）或可能值的范围（通过 PRIMARY KEY 约束、UNIQUE 约束、FOREIGN KEY 约束、CHECK 约束、DEFAULT 定义、NOT NULL 定义等）。

（1）创建用户定义的数据类型

用户定义数据类型基于 SQL Server 中的系统数据类型。当多个表的列中要存储同样类型的数据,且想确保这些列具有完全相同的数据类型、长度和为空性时,可使用用户定义数据类型。

例如,可以创建名为 postcode 的用户定义数据类型,用于长度为 6 的 char 类型,创建命令为:

```
CREATE TYPE postcode FROM char(6) NULL;
```

这样相同数据类型的列均可使用 postcode 类型来定义。起到标准化与通用性的作用,从而有利于域的完整性。

自己动手

请在自定义的表中,使用 postcode 类型。

（2）NOT NULL

NOT NULL 指定不接受 NULL 值的列。这样系统能自动来保证该列必须输入非空值，如此利于域的完整性，举例略。

（3）CHECK 约束

CHECK 约束通过限制输入到列中的值来强制域的完整性。可以通过任何返回结果 TRUE 或 FALSE 的逻辑（布尔）表达式来创建 CHECK 约束。

例如，CHECK (Ssex='男' OR Ssex='女')，这样就限定性别字段只能输入"男"或"女"两个字。

 自己动手

在输入学生记录时，在性别字段上尝试输入不同的字。

对单独一列可使用多个 CHECK 约束，按约束创建的顺序对其取值约束。通过在表一级上创建 CHECK 约束，可以将该约束应用到多列上（称为表级约束）。

例如，多列 CHECK 约束可以用来约束性别与年龄的关系，命令如下：

```
CREATE TABLE Student2(
    Sno CHAR(5) NOT NULL PRIMARY KEY(Sno),
    Sname VARCHAR(20),
    Sage SMALLINT CHECK(Sage>15 AND Sage<55),
    Ssex CHAR(2) DEFAULT '男',
    ...
    CONSTRAINT CHK_SEX_AGE CHECK(Ssex='女' and Sage<=50 OR Ssex='男')
```

这样，在输入学生性别与年龄值时，就要受到如下制约（只是个假设）：年龄都要大于 15；但女生年龄要小于等于 50，而男生年龄可以小于 55。不妨做实验加以验证。

（4）规则

规则是一个向后兼容的功能，用于执行一些与 CHECK 约束相同的功能。CHECK 约束是用来限制列值的首选标准方法。CHECK 约束比规则更简明，一个列只能应用一个规则，但是却可以应用多个 CHECK 约束。CHECK 约束作为 CREATE TABLE 语句的一部分进行指定，而规则以单独的对象创建，然后绑定到列上。

下例创建一个规则，限制 Custid 在 0 与 10 000 间变化。

```
CREATE RULE Id_Chk AS @id BETWEEN 0 and 10000/* 规则以后将改用 CHECK 实现 */
GO
CREATE TABLE Customers(Custid int not null PRIMARY KEY,
    Custname char(50),Custaddress char(50),Custcredit money)
GO
sp_bindrule Id_Chk,'Customers.Custid'
```

这样 Customers 表的 Custid 将只能在 0 到 10000 间变化了。

（5）PRIMARY KEY 约束、UNIQUE 约束与 FOREIGN KEY 约束

PRIMARY KEY 约束限制主键的诸列非空与主键值唯一；UNIQUE 约束限制索引列的组合值唯一；FOREIGN KEY 约束限制外码列的取值，其值要么为空，要么是被参照关系中的某个主键或唯一键的值，请参阅本实验的其他部分。

（6）默认值

如果在插入行时没有指定列的值,那么默认值指定了列中所采用的值。默认值可以是任何取值为常量的对象。有两种使用默认值的方法。

① 在 CREATE TABLE 中使用 DEFAULT 关键字创建默认定义,将常量表达式指派为列的默认值。这是首选的标准方法,也是定义默认值的更简明的方法。

② 使用 CREATE DEFAULT 语句创建默认对象,然后使用 sp_bindefault 系统存储过程将它绑定到列上。

下例用了两种使用默认值的方法。在没有为列指定值的情况下,默认值将起作用。

```
CREATE TABLE test_defaults
( [key] int NOT NULL Primary key,
  process_id smallint DEFAULT @@SPID,
  date_ins datetime DEFAULT getdate(),
  mathcol smallint DEFAULT 10 * 2,
  char1 char(3),
  char2 char(3) DEFAULT ´xyz´)
CREATE DEFAULT abc_const AS ´abc´
GO
sp_bindefault abc_const, ´test_defaults.char1´
GO
INSERT INTO test_defaults([key]) VALUES(1)
SELECT * FROM test_defaults
```

请你实践,其输出如图 12-1 所示。

	key	process_id	date_ins	mathcol	char1	char2
1	1	52	2015-02-24 13:31:32.740	20	abc	xyz

图 12-1　使用默认值后的查询结果

3. 引用完整性

引用完整性(即参照完整性)主要由 FOREIGN KEY 约束体现,它标识表之间的关系,一个表的外键指向另一个表的候选键或唯一键。

在输入或删除记录时,引用完整性保持表之间已定义的关系。引用完整性确保键值在所有表中一致。这样的一致性要求不能引用不存在的值,如果键值更改了,那么在整个数据库中,对该键值的所有引用要进行一致的更改。强制引用完整性时,SQL Server 禁止用户进行下列操作:

① 当主表中没有关联的记录时,将记录添加到相关表中;

② 更改主表中的值并导致相关表中的记录孤立;

③ 从主表中删除记录,但仍存在与该记录匹配的相关记录。

CREATE TABLE 和 ALTER TABLE 语句的 REFERENCES 子句支持 ON DELETE 和 ON UPDATE 子句:

```
[ ON DELETE { CASCADE | NO ACTION } ][ ON UPDATE { CASCADE | NO ACTION } ]
```

单独的 DELETE 或 UPDATE 语句可启动一系列级联引用操作。例如,如下三表定义体现了 Suppliers、Products、Order Details 三表间的 3 个级联关系。

```
CREATE TABLE Suppliers(
```

```
    SupplierID int IDENTITY(1,1) NOT NULL PRIMARY KEY CLUSTERED,
    SupplierName varchar(20),
    ...
)
CREATE TABLE Products(
    ProductID int NOT NULL PRIMARY KEY CLUSTERED,
    SupplierID int NULL,
    ProductName varchar(10),
    ...
    CONSTRAINT FK_Products_Suppliers FOREIGN KEY(SupplierID) REFERENCES Suppliers(SupplierID) ON
DELETE CASCADE   ON UPDATE CASCADE
    )
CREATE TABLE OrderDetails(
    OrderID int NOT NULL,
    ProductID int NOT NULL,
    ProductNum int,
    ...
    CONSTRAINT PK_Order_Details PRIMARY KEY CLUSTERED(OrderID,ProductID),
    CONSTRAINT FK_Order_Details_Products FOREIGN KEY(ProductID) REFERENCES Products(ProductID) ON
DELETE CASCADE   ON UPDATE CASCADE
    )
```

如果 DELETE 语句删除 Suppliers 中的行，则该操作也将删除 Products 中具有与 Suppliers 中所删除的主键匹配的任何外键中的所有行（子表中的行），然后删除 Order Details 中具有与 Products 中所删除的主键匹配的任何外键中的所有行。

请就根据以上给出的字段创建三表，然后按照 Suppliers、Products、OrderDetails 的顺序输入若干条记录。完成后对 Suppliers 表的 SupplierID 进行修改或删除某 Suppliers 表记录。观察三表间级联操作情况。

在 DELETE 或 UPDATE 所产生的所有级联引用操作的诸表中，每个表只能出现一次。多个级联操作中只要有一个表因完整性原因操作失败，整个操纵将失败而回滚。

4. 用户定义完整性

用户定义完整性主要由 CHECK 约束所定义的列级或表级约束体现，请参阅 CHECK 约束。用户定义完整性还能由规则、触发器、客户端或服务器端应用程序灵活定义。

5. 触发器

SQL Server 触发器是一类特殊的存储过程，被定义为在对表或视图发出 UPDATE、INSERT 或 DELETE 语句时自动执行。触发器是功能强大的工具，使每个站点可以在有数据修改时自动强制执行其业务规则。触发器可以扩展 SQL Server 约束、默认值和规则的完整性检查逻辑，但只要约束和默认值提供了全部所需的功能，就应使用约束和默认值。表可以有多个触发器。CREATE TRIGGER 语句可以与 FOR UPDATE、FOR INSERT 或 FOR DELETE 子句一起使用，指定触发器专门用于特定类型的数据修改操作。

约束和触发器在特殊情况下各有优势。触发器的主要好处在于它们可以包含使用 T-SQL代码的复杂处理逻辑。因此，触发器可以支持约束的所有功能。但它在所给出的功能上并不总是最好的方法。关于触发器的创建与使用，请参阅本书的相关实验。

6. 存储过程

在使用 SQL Server 创建应用程序时，T-SQL 编程语言是应用程序和 SQL Server 数据库之间的主要编程接口。使用 T-SQL 程序时，可用两种方法存储和执行程序。可以在本地存储程序,并创建向 SQL Server 发送命令并处理结果的应用程序,也可以将程序在 SQL Server 中存储为存储过程,创建执行存储过程并处理结果的应用程序。在客户端或服务器存储过程中,设计程序实现数据完整性控制也是一种可选数据完整性方案(但不是推荐的较好方式)。例如,设有如下对关系 SC(sno,cno,grade)插入存储过程 insert_to_sc,该存储过程先对参数作正确性判定(要求成绩 grade>=0 并且 grade<=100 并且学号 sno 与课程号 cno 均为数字编号),参数正确才实现插入操作。

```
CREATE PROCEDURE insert_to_sc @sno char(5),@cno char(1),@grade int as
if @grade>100 or @grade<0 or isnumeric(@sno)=0 or isnumeric(@cno)=0 return -1
else begin insert into sc values(@sno,@cno,@grade)
        return(0)
    end
```

请通过 insert_to_sc 来实现不同记录值的插入,看是否能实现这些插入操作,如:

```
exec insert_to_sc '95010','2',89
exec insert_to_sc 'A9501','B',89
exec insert_to_sc '95011','1',-1
...
```

7. 客户端程序

数据完整性约束,当然也可以在客户端加以数据约束。如在 VB 窗体上的文本框中输入学生年龄字段值时,可由文本框 Validate 事件(VB 代码如下)先加以有效性判定。只有满足条件时,才能完成该文本框的输入操作。

```
Private Sub Sage_Validate(Cancel As Boolean) 'Sage 为文本框名
    Cancel = True '未通过有效性检查
    If Val(Sage.Text)>= 7 And Val(Sage.Text)<= 45 Then
        Cancel = False '已通过有效性检查
    Else
        MsgBox"请输入正确的年龄值(7至45)!"
    End If
End Sub
```

如在 Web 网页上的文本框中输入学生年龄值时,也可在组合 SQL 命令实现 SQL 操作前,由 JavaScript 脚本语言先作有限性判断。年龄字段被判断为无效时,要求重新输入。

需要说明的是客户端实现数据有效性判定的方法,不具有通用性与系统性,一般应在数据库中加以各种约束限制,这样不管用何种方式或途径操作数据时,都能受到数据完整性制约的保护。从而能更方便、有效地保证操作数据的正确性。

8. 并发控制保障多用户存取数据的完整性

当多个用户并发地存取数据库时就会产生多个事务同时存取同一数据的情况。若对并发操作不加控制就可能会存取和存储不正确的数据,破坏数据库的一致性,影响数据的完整性。所以数据库管理系统必须提供并发控制机制。有关并发控制保障数据完整性的内容请参阅本书相应实验。

实验内容与要求(选做)

(1) 选择若干常用的数据库管理系统产品,通过查阅帮助文件或相关书籍,了解产品所提供的控制数据库完整性措施；

（2）针对某一具体应用，分析其数据库的完整性需求及具体实现途径，并结合具体的数据库管理系统，全面实现并保障数据库数据的完整性。

（3）实践 SQL Server 2014/2012/2008/2005 或 Oracle 数据库的完整性控制机制。

（4）实践本实验示例中陈述的各题，在掌握命令操作的同时，也能掌握界面操作的方法，即在 SQL Server 集成管理器中实践各种完整性的创建与完整性的约束。

（5）创建一个教工表 teacher，将其教工号 tno 设为主键，在查询分析器中输入以下语句，同时为性别字段创建 DEFAULT 约束，默认值为"男"。

```
CREATE TABLE teacher(tno INT CONSTRAINT PK primary key,
    tname VARCHAR(20),tadd CHAR(30),telephone char(8),
    tsex CHAR(2) DEFAULT ´男´)
```

（6）根据前面已经创建好的 teacher 表，完成下面的任务。

① 用 T-SQL 创建默认的对象 phone：

```
CREATE DEFAULT phone AS ´00000000´
```

② 将这个默认对象 phone 绑定到教工表的电话字段 telephone 上。

③ 取消默认对象 phone 的绑定并删除默认对象。

请使用如下命令：

```
sp_bindefault [@defname = ]´default´,[@objname = ]´object_name´ [,[@futureonly = ]´futureonly_
flag´]
```

```
sp_unbindefault [@objname = ]´object_name´ [, [@futureonly = ] ´futureonly_flag´]
DROP DEFAULT { default } [ ,…n ]
```

④ 利用 T-SQL 创建规则 rule_name，使得教工姓名 tname 的长度必须大于等于 4。

⑤ 把规则 rule_name 绑定到教工表的教工姓名 tname 上。

⑥ 取消规则 rule_name 的绑定并删除规则，并在 SQL Server 集成管理器完成上述规则。

请使用如下命令：

```
sp_bindrule [ @rulename = ]´rule´,[ @objname = ]´object_name´ [,[ @futureonly = ]´future-
only_flag´ ]
```

```
sp_unbindrule [@objname = ]´object_name´ [, [@futureonly = ]´futureonly_flag´]
DROP RULE { rule } [ ,…n ]
```

（7）设有订报管理子系统数据库 DingBao 中的表 PAPER，如表 12-1 所示。

表 12-1　报纸编码表（PAPER）

报纸编号（pno）	报纸名称（pna）	单价（ppr）
000001	人民日报	12.5
000002	解放军报	14.5
000003	光明日报	10.5
000004	青年报	11.5
000005	扬子晚报	18.5

请在掌握数据库完整性知识的基础上，根据表内容，设定尽可能多的完整性规则于该表，用于保障该表的正确性与完整性。

实验13　数据库并发控制

实验目的

了解并掌握数据库的保护措施——并发控制机制。重点以 SQL Server 2014 为平台加以操作实践，要求认识典型并发问题的发生现象并掌握其解决方法。

背景知识

数据库系统提供了多用户并发访问数据的能力，这是其一大优点，但同时并发操作对数据库一致性、完整性形成巨大的挑战，如果不对并发事务进行必要的控制，那么即使程序没有任何错误也会损坏数据库的完整性。在当前互联网信息化时代，大多数应用系统都面临着并发控制的问题，该技术使用的好坏，将极大地影响着应用系统开发的成败。数据库系统为了保障数据一致性、完整性，均提供了强弱不等的并发控制功能，不同的应用开发工具往往也提供了能实现数据库并发控制的命令。这里将主要介绍基于 SQL Server 2014 的并发控制技术。

事务是并发控制的基本单位，SQL Server 2014 中事务一般分成两种类型。一种是系统提供的事务，另一种是用户定义的事务。系统提供的事务是指在执行语句时，一条数据操作语句就是一个事务，用户定义的事务是用户明确定义的事务。在实际应用中大多数的事务处理需由用户定义的事务来处理。用 BEGIN TRANsaction 语句来定义的事务的开始，事务的明确结束可由 COMMIT TRANsaction 语句来成功提交或用 ROLLBACK TRANsaction 语句将事务操作全部取消而指定。

SQL Server 2014 使用加锁技术确保事务完整性和数据库一致性。加锁机制可以防止用户读取正在由其他用户更改的数据，并可以防止多个用户同时更改相同数据。如果不使用加锁技术，则数据库中的数据可能在逻辑上不正确，并且对数据的查询可能会产生意想不到的结果，即会出现丢失、修改、脏读、不可重复读、幻影等并发问题。虽然 SQL Server 2014 有自动加锁机制，但可以通过了解锁定并在应用程序中自定义锁定来设计更有效的并发控制应用程序。SQL Server 2014 提供如下几种锁类型：共享（S）、更新（U）、排他（X）、意向共享（IS）、意向排他（IX）、意向排他共享（SIX）、架构（Sch）、大容量更新（BU）等。只有兼容的锁类型才可以放置在已锁定的资源上。SQL Server 使用的主要锁类型描述如下。

① 共享：用于不更改或不更新数据的操作（只读操作，如 SELECT 语句）。资源上存在共享锁时，任何其他事务都不能修改数据。

② 更新：用于可更新的资源中；一次只有一个事务可以获得资源的更新锁；如果事务修改资源，则更新锁转换为排他锁，否则锁转换为共享锁；防止当多个会话在读取、锁定以及随后可能进行的资源更新时发生死锁。

③ 排他：用于数据修改操作，如 INSERT、UPDATE 或 DELETE；加排他锁后其他事务不能读取或修改排他锁锁定的数据；确保不会同时对同一资源进行多重更新。

④ 意向：用于建立锁的层次结构，表示 SQL Server 2014 需要在层次结构中的某些底层资源上获取共享锁或排他锁；意向锁可以提高性能，因为 SQL Server 2014 仅在表级检查意向锁来确定事务是否可以安全地获取该表上的锁，而无须检查表中的每行或每页上的锁以确定事务是否可以锁定整个表；意向锁又细分为意向共享（IS）、意向排他（IX）以及意向排他共享（SIX）等。

表 13-1 显示了最常见的锁模式的兼容性。

表 13-1　最常见的锁模式的兼容表

请求模式	现有授予模式					
	IS	S	U	IX	SIX	X
意向共享	是	是	是	是	是	否
共享	是	是	是	否	否	否
更新	是	是	否	否	否	否
意向排他	是	否	否	是	否	否
意向排他共享	是	否	否	否	否	否
排他	否	否	否	否	否	否

在 TRANsact-sql 语句使用中有如下缺省加锁规则：SELECT 查询缺省时请求获得共享锁（页级或表级）；INSERT 语句总是请求独占的页级锁；UPDATE 和 DELETE 查询通常获得某种类型的独占锁以进行数据修改；如果当前将被修改的页上存在读锁，则 DELETE 或 UPDATE 语句首先会得到修改（更新）锁，当读过程结束以后，修改锁自动改变为独占（排他）锁。

可以使用 SELECT、INSERT、UPDATE 和 DELETE 语句指定表级锁定提示的范围，以引导 SQL Server 2014 使用所需的锁类型。当需要对对象所获得锁类型进行更精细控制时，可以使用手工锁定提示，如 holdlock、nolock、paglock、readpast、rowlock、tablock、tablockx、updlock、xlock 等，这时这些锁定会取代会话的当前事务隔离级别指定的锁。

SQL Server 2014 具有多粒度锁定能力，允许一个事务锁定不同类型的资源。为了使锁定的成本减至最少，SQL Server 2014 自动将资源锁定在适合任务的级别。锁定在较小的粒度（如行）可以增加并发，但需要较大的开销，因为如果锁定了许多行，则需要控制更多的锁。锁定在较大的粒度（如表）就并发而言是相当昂贵的，因为锁定整个表限制了其他事务对表中任意部分进行访问，但要求的开销较低，因为需要维护的锁较少。SQL Server 2014 可以锁定以下资源，如表 13-2 所示。

表 13-2　资源加锁粒度表

资　源	说　明
RID(行标识符)	用于锁定堆中的单个行的行标识符
KEY(键)	索引中用于保护可序列化事务中的键范围的行锁
PAGE(页)	数据库中的 8 KB 页,如数据页或索引页
EXTENT(扩展盘区)	一组连续的 8 页,如数据页或索引页
HOBT(堆或 B 树)	保护索引或没有聚集索引的表中数据页堆的锁
TABLE(表)	包括所有数据和索引的整个表
FILE(文件)	数据库文件
APPLICATION	应用程序专用的资源
METADATA(元数据)	元数据锁
ALLOCATION_UNIT	分配单元
DATABASE(数据库)	整个数据库

事务指定一个隔离级别,该隔离级别定义一个事务必须与其他事务所进行的资源或数据的更改相隔离的程度。隔离级别从允许的并发副作用(如脏读或幻读)的角度进行描述。事务隔离级别控制以下几个方面。

(1) 读取数据时是否占用锁以及所请求的锁类型。

(2) 占用读取锁的时间。

(3) 引用其他事务修改的行的读取操作是否:①在该行上的排他锁被释放之前阻塞其他事务;②检索在启动语句或事务时存在的行的已提交版本;③读取未提交的数据修改。

选择事务隔离级别不影响为保护数据修改而获取的锁。事务总是在其修改的任何数据上获取排他锁并在事务完成之前持有该锁,不管为该事务设置了什么样的隔离级别。对于读取操作,事务隔离级别主要定义保护级别,以防受到其他事务所作更改的影响。

较低的隔离级别可以增强许多用户同时访问数据的能力,但也增加了用户可能遇到的并发副作用(如脏读或丢失更新)的数量。相反,较高的隔离级别减少了用户可能遇到的并发副作用的类型,但需要更多的系统资源,并增加了一个事务阻塞其他事务的可能性。应平衡应用程序的数据完整性要求与每个隔离级别的开销,在此基础上选择相应的隔离级别。最高隔离级别(可序列化)保证事务在每次重复读取操作时都能准确检索到相同的数据,但需要通过执行某种级别的锁定来完成此操作,而锁定可能会影响多用户系统中的其他用户。最低隔离级别(未提交读)可以检索其他事务已经修改,但未提交的数据。在未提交读中,所有并发副作用都可能发生,但因为没有读取锁定或版本控制,所以开销最少,性能最优。

SQL-99 标准定义了下列隔离级别,Microsoft SQL Server Database Engine 支持所有这些隔离级别。

(1) 未提交读(READ UNCOMMITTED)(隔离事务的最低级别,只能保证不读取物理上损坏的数据)。

(2) 已提交读(READ COMMITTED)(数据库引擎的默认级别)。

（3）可重复读（REPEATABLE READ）。

（4）可序列化（SERIALIZABLE）（隔离事务的最高级别，事务之间完全隔离）。

（5）SQL Server 2014 还支持使用行版本控制的两个事务隔离级别。一个是已提交读隔离的新实现，另一个是新事务隔离级别，即快照（SNAPSHOT）。①将 READ_COMMITED_SNAPSHOT 数据库选项设置为 ON 时，已提交读隔离使用行版本控制提供语句级别的读取一致性。读取操作只需要 SCH-S（架构稳定性锁）表级别的锁，不需要页锁或行锁。将 READ_COMMITED_SNAPSHOT 数据库选项设置为 OFF（默认设置）时，已提交读隔离的行为与在 SQL Server 的早期版本中相同。两个实现都满足已提交读隔离的 ANSI 定义。②快照隔离级别使用行版本控制来提供事务级别的读取一致性。读取操作不获取页锁或行锁，只获取 SCH-S 表锁。读取其他事务修改的行时，读取操作将检索启动事务时存在的行的版本。将 ALLOW_SNAPSHOT_ISOLATION 数据库选项设置为 ON 时，将启用快照隔离。默认情况下，用户数据库的此选项设置为 OFF。

表 13-3 显示了不同隔离级别允许的并发副作用。

表 13-3　SQL Server 2014 支持的 4 种隔离级别

隔离级别	脏　读	不可重复读取	幻　读
未提交读	是	是	是
已提交读	否	是	是
可重复读	否	否	是
快照	否	否	否
可序列化	否	否	否

在充分熟悉掌握以上这些 SQL Server 2014 的并发控制机制后（其他相关内容请参阅帮助），为进一步在应用程序中合理使用并发控制技术打好了基础。

利用 SET TRANSACTION ISOLATION LEVEL（Transact-SQL）命令可控制到 SQL Server 的连接发出的 Transact-SQL 语句的锁定行为和行版本控制行为。其语法格式为：

```
SET TRANSACTION ISOLATION LEVEL { READ UNCOMMITTED| READ COMMITTED| REPEATABLE READ| SNAPSHOT| SE-
RIALIZABLE}[ ; ]
```

一次只能设置一个隔离级别选项，而且设置的选项将一直对那个连接始终有效，直到显式更改该选项为止。事务中执行的所有读取操作都会在指定的隔离级别的规则下运行，除非语句的 FROM 子句中的表提示为表指定了其他锁定行为或版本控制行为。

 **实验示例**

并发控制技术的应用在于多用户同时操作数据时保障其完整性与一致性，并发控制技术应用追求目标在于：能优化事务设计，能尽量避免死锁的发生，力求包含事务处理的并发应用程序运行正确、顺畅、快速。下面就典型并发控制问题的发生与解决等加以实践。

1. 丢失修改

丢失修改(LOST UPDATES)是指 A,B 事务在同时读到修改基准数据后,A 事务修改数据,紧接着 B 事务也修改数据并覆盖 A 事务的修改,使 A 事务的修改丢失,从而产生两次修改行为而只有一次修改数据保留的错误情况。丢失修改是并发控制首要解决的并发问题,因为其直接影响数据的正确性。

如果两个事务使用一个 UPDATE 语句更新行,并且不基于以前检索的值进行更新,则在默认的提交读隔离级别或未提交读隔离级别都不会发生丢失修改。

但当两个事务检索相同的行,然后基于原检索的值对行进行更新时,会发生丢失修改。可在事务中尽早加独占锁(tablockx 等)或修改锁(updlock)等来防止丢失修改,也可让事务运行于可重复读或更高的隔离级别以防止丢失修改(可能会发生死锁)。

以下两存储过程同时运行时,则会发生丢失修改(检验时发现数量字段的值较原初始化值改变了,说明中间有修改丢失)。解决的办法是:避免先 SELECT 再 UPDATE 操作的事务设计,若必要如此安排事务,则可以在事务一开始就对数据加独占锁,如把事务中的 SELECT 语句改为"SELECT @sl=数量 FROM sales WITH (tablockx) WHERE 客户代号='A0001'"或在 SELECT 语句前加"UPDATE sales SET 客户代号=客户代号 WHERE 客户代号='A0001'"语句,使得事物一开始就能独占加锁表,或指定更高的事务隔离级别,如 REPEAT-ABLE READ、SNAPSHOT(说明:需类似命令 ALTER DATABASE jxgl SET ALLOW_SNAP-SHOT_ISOLATION ON,设置数据库为允许快照)或 SERIALIZABLE(可能会发生死锁)。

```
CREATE PROCEDURE modi_m AS
    DECLARE @i int
    DECLARE @sl int
    SET TRANSACTION ISOLATION LEVEL READ COMMITTED
    SELECT @i = 1
    WHILE ((@i <= 3000) BEGIN          -- 3 000 可调节
        BEGIN TRAN
        SELECT @sl = 数量 FROM sales WHERE 客户代号 = 'A0001'
        WAITFOR DELAY '00:00:00.002'      -- 可调节延迟时间
        UPDATE sales SET 数量 = @sl - 1 WHERE 客户代号 = 'A0001'
        COMMIT TRAN
        SELECT @i = @i + 1
    END
```

另一存储过程 modi_a 由以上存储过程 modi_m 修改"UPDATE sales SET 数量=@sl-1 WHERE 客户代号='A0001'"语句为"UPDATE sales SET 数量=@sl+1 WHERE 客户代号='A0001'"而得,其他语句可基本不变。

sales 为表名,其含有客户代号、数量等字段。先可利用"CREATE TABLE sales(客户代号 char(5) PRIMARY KEY,数量 int null)"命令创建该表,再利用"INSERT INTO sales VALUES('A0001',0)"命令插入初始记录。

实践时先创建两存储过程,如图 13-1 所示。

然后可同时打开两个查询子窗体,在两子窗体中分别运行两存储过程来模拟事务的并行执行。如图 13-2 所示,先在前面子窗体上单击"运行"(或按 F5),再快速移动鼠标到后一子窗体并单击"运行"(或按 F5),这样它们能并行执行,以下其他事务的并行运行方法相同,此处将不再赘述。可多次运行,观察事务并发执行情况及并行运行结果(运行第三个查询窗体,查看"数量"字段的值)。

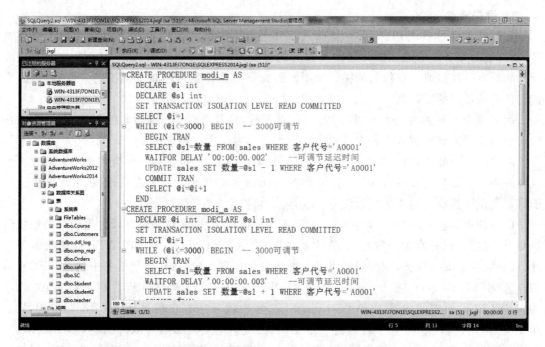

图 13-1　创建存储过程 modi_a 与 modi_m

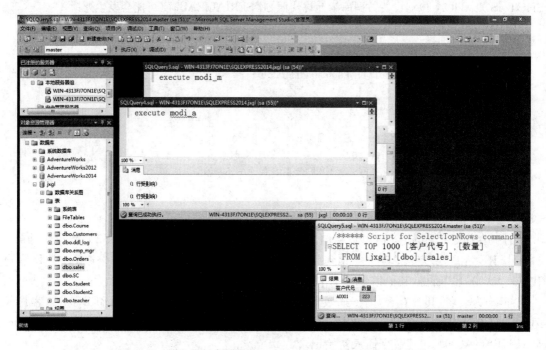

图 13-2　并发运行存储过程 modi_a 与 modi_m 的子窗体情况

可以看到,同时运行 modi_a 与 modi_m,即实现对"数量"字段加 1 减 1 各 3 000 次操作后,"数据"字段为 223(多次运行会得到不同的非零数)而不是 0(本应该为 0),说明发生了丢失修改现象。如果把存储过程 modi_a 改成如下(另一存储过程也作类似的修改):

```
ALTER PROCEDURE modi_a AS
    DECLARE @i int
    DECLARE @sl int
```

```
SET TRANSACTION ISOLATION LEVEL READ COMMITTED
SELECT @i = 1
WHILE (@i <= 3000) BEGIN                                    -- 3 000 可调节
   BEGIN TRAN
   SELECT @sl = 数量 FROM sales WITH (tablockx) WHERE 客户代号 = ´A0001´    --加独占锁
   WAITFOR DELAY ´00:00:00.002´                            --可调节延迟时间
   UPDATE sales SET 数量 = @sl + 1 WHERE 客户代号 = ´A0001´
   COMMIT TRAN
   SELECT @i = @i + 1
END
```

再并发运行它们，"数量"字段的值始终是 0，避免了修改丢失的发生。请读者上机验证与体会。

2. 脏读

隔离级别为未提交读（READ UNCOMMITTED）时会产生脏读（dirty read），这表示事务中不发出共享锁，也不接受排他锁。能读到事务处理中递交前的中间值（即所谓脏数据）。以下两存储过程同时运行时，则会发生脏读。解决的办法是：指定更高的事务隔离级别，如 READ COMMITTED、REPEATABLE READ、SNAPSHOT、SERIALIZABLE 或人工指定加锁，即如进行读操作则加共享锁，如进行更新操作则加独占锁。

```
CREATE PROCEDURE dirt_wroll AS
   DECLARE @i int
   DECLARE @sl int

   SET TRANSACTION ISOLATION LEVEL READ UNCOMMITTED
   --SET TRANSACTION ISOLATION LEVEL READ COMMITTED
   --SET TRANSACTION ISOLATION LEVEL REPEATABLE READ
   --SET TRANSACTION ISOLATION LEVEL SNAPSHOT
   --SET TRANSACTION ISOLATION LEVEL SERIALIZABLE
SELECT @i = 1
   WHILE(@i <= 32000) BEGIN             -- 32 000 可调节
      SELECT @i = @i + 1
      BEGIN TRAN
      SELECT @sl = 数量 FROM sales WHERE 客户代号 = ´A0001´
      UPDATE sales SET 数量 = @sl + 1 WHERE 客户代号 = ´A0001´
      WAITFOR DELAY ´00:00:00.001´      --可调节延迟时间
      ROLLBACK TRAN
   END
CREATE PROCEDURE dirt_r AS
   DECLARE @i int
   DECLARE @sl int
   SET TRANSACTION ISOLATION LEVEL READ UNCOMMITTED
   SELECT @i = 1
   WHILE (@i <= 120000) BEGIN  -- 120 000 可调节
      SELECT @i = @i + 1
      BEGIN TRAN
      SELECT @sl = 数量 FROM sales WHERE 客户代号 = ´A0001´
      IF (@sl <> 1000) raiserror(´发生了脏读！´,16,1)/* 假设原数量值为 1 000 */
```

```
    COMMIT TRAN
  END
```

并行运行以上两个存储过程,会出现如图 13-3 所示的发生了脏读的提示。修改两存储过程中的设置隔离级别语句"SET TRANSACTION ISOLATION LEVEL READ UNCOM-MITTED"为"SET TRANSACTION ISOLATION LEVEL READ COMMITTED"(或其他更高隔离级别)后继续运行两存储过程,使问题得到解决。

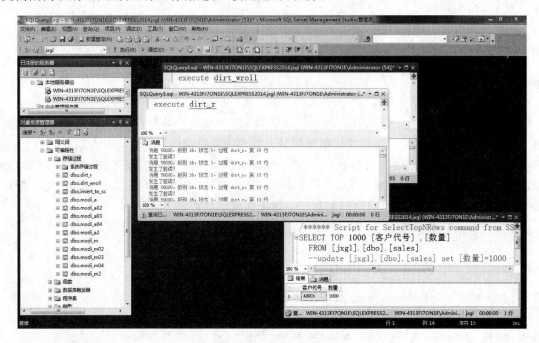

图 13-3　发生了脏读现象

3. 不可重读

重复读(REPEATABLE READ)能保证在事务中重复读某数据值保持不变:锁定查询中使用到的所有数据以防止其他用户更新数据,但是,其他用户可以将新的幻像行插入数据集,且幻像行包括在当前事务的后续读取中。以下两存储过程同时运行时,则会发生不可重复读现象(如图 13-4 所示),即连续两次读值不同。解决的办法是:指定更高的事务隔离级别,如REPEATABLE READ、SNAPSHOT、SERIALIZABLE,或人工指定加锁锁定查询中使用的所有数据,如 SELECT 语句中使用 holdlock 选项。

```
CREATE PROCEDURE rep_r AS
  DECLARE @i int
  DECLARE @sl int
  DECLARE @s2 int
  SET TRANSACTION ISOLATION LEVEL READ COMMITTED / * 或设置 READ UNCOMMITTED * /
  SELECT @i = 1
  WHILE ((@i < = 30000) BEGIN                         -- 30 000 可调节
    SELECT @i = @i + 1
    BEGIN TRAN
    SELECT @sl = 数量 FROM sales WHERE 客户代号 = ´A0001´
    WAITFOR DELAY ´00:00:00.001´                      --可调节延迟时间
    SELECT @s2 = 数量 FROM sales WHERE 客户代号 = ´A0001´
    IF ((@sl < > @s2) raiserror(´发生不可重复读!´,16,1)
```

```
    COMMIT TRAN
  end
  CREATE PROCEDURE rep_w AS
  DECLARE @i int
  DECLARE @sl int
  DECLARE @s2 int
  SET TRANSACTION ISOLATION LEVEL READ COMMITTED / * 或设置 READ UNCOMMITTED * /
  SELECT @i = 1
  WHILE(@i <= 10000) BEGIN                            -- 10 000 可调节
    BEGIN TRAN
    SELECT @sl = 数量 FROM sales WHERE 客户代号 = ´A0001´
    WAITFOR DELAY ´00:00:00.002´                      --可调节延迟时间
    UPDATE sales SET 数量 = @sl + 1 WHERE 客户代号 = ´A0001´
    COMMIT TRAN
    SELECT @i = @i + 1
End
```

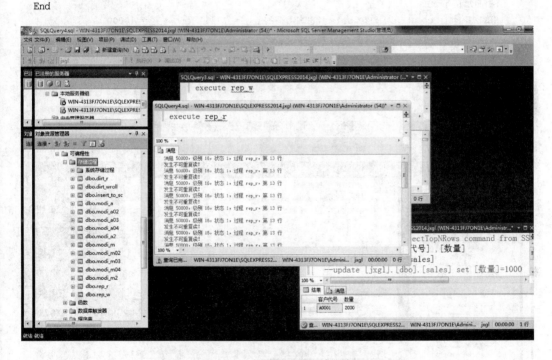

图 13-4　发生了不可重读现象

4. 幻影问题

幻影问题(phantom)是在事务并发运行中,由于未达到更高级别的事务隔离级别,在事务处理(读、写等)符合条件数据后,意外发现还有符合条件但未处理的数据存在,实际上是其他用户将新的幻像行又插入数据集中了。解决幻影问题往往事务需要更高的隔离级别。

隔离级别 SERIALIZABLE 能在数据集上放置一个范围锁,以防止其他用户在事务完成之前更新数据集或将行插入数据集内。以下两存储过程同时运行时,则会发现有幻影现象,即发现事务中更新了所有满足条件的记录后,仍有满足条件但未更新的记录,如图 13-5 所示。解决的办法是:指定事务隔离级别为 SNAPSHOT 或 SERIALIZABLE。

```
CREATE PROCEDURE huany_I AS / * 变量定义(略) * /
  DECLARE @i int
  SET TRANSACTION ISOLATION LEVEL REPEATABLE READ   --此处隔离级别与幻影关系不大
```

```
DELETE FROM sales WHERE (客户代号 = ´A1111´)
SELECT @i = 1
WHILE ((@i <= 3000) BEGIN BEGIN TRAN                    -- 3 000 可调节
  INSERT INTO sales(客户代号,数量) VALUES(´A1111´,10000)  --为插入成功先去主键
  COMMIT TRAN
  WAITFOR DELAY ´00:00:00.001´                          --可调节延迟时间
  SELECT @i = @i + 1
END
CREATE PROCEDURE huany_u AS / * 变量定义(略) * /
  DECLARE @i int
  DECLARE @j int
  SET TRANSACTION ISOLATION LEVEL REPEATABLE READ
  SELECT @i = 1
  WHILE ((@i <= 300) BEGIN BEGIN TRAN                    -- 300 可调节
    UPDATE sales SET 数量 = 数量 + 3 WHERE 客户代号 = ´A1111´
    SELECT @j = 0
    SELECT @j = count( * ) FROM sales WHERE 客户代号 = ´A1111´ and 数量 = 10000
    IF ((@j > 0) raiserror(´发生了幻影现象!´,16,1)
    COMMIT TRAN
    WAITFOR DELAY ´00:00:00.001´                         --可调节延迟时间
    SELECT @i = @i + 1
END
```

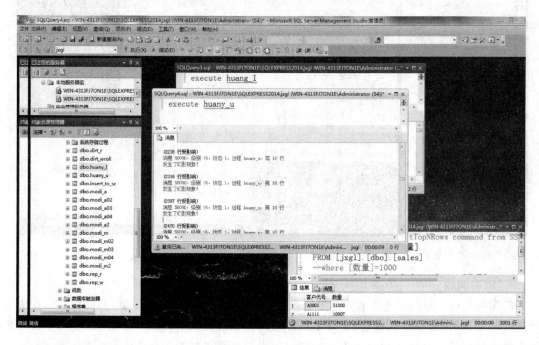

图 13-5　发生了幻影现象

5. 抢答问题

某一件任务只需也只能由一个用户去做,但网络上可能有多个用户同时去操作。哪个用户能真正去做要通过抢答来确定,即谁抢答成功谁做。抢答问题的数据访问进程一般执行的任务为"查询、加锁满足条件的记录并修改"。抢答问题中由于只需要一个进程去完成工作,加锁失败后无须等待,即无须重试加锁。多个如下的存储过程并行运行时,会发生抢答现象,记录的修改只能由先加锁的进程完成。

sale 为表名,其也含有客户代号、数量等字段。先可利用"CREATE TABLE sale(客户代号 int not null PRIMARY KEY,数量 int null)"命令创建该表,再利用类似"INSERT INTO sale VALUES(1,0)"命令插入 5 000 条初始记录(可参照前面实验 8 中编程方式批量插入)。

```
CREATE PROCEDURE qiangxian1 AS
    DECLARE @i int
    SET TRANSACTION ISOLATION LEVEL READ COMMITTED
    SELECT @i = 1
    WHILE((@i <= 5000)      -- 5 000 可调节
    BEGIN
        BEGIN TRAN
        UPDATE sale SET 数量 = 数量 + 10000 WHERE 客户代号 = @i and 数量 = 0/ * 先锁成功者修改 * /
        IF ((@@error <> 0) ROLLBACK TRAN
        ELSE COMMIT TRAN
        SELECT @i = @i + 1
END
```

6. 编号产生问题

编号产生问题是数据库应用中广泛存在的问题,如申请单申请号、存款单账号、股民委托申报号等。这些编号要根据数据库内已有编号来递增产生并要求唯一,由于网络上有多个终端同时接受相同业务,因此如何保证编号唯一性显得尤其重要。编号问题的数据访问进程一般执行的任务为"查询已有编号,产生唯一新号并插入"。编号生成问题中每个进程各自都要完成任务,若加锁失败后需等待重试加锁。并发进程不加控制会产生重复编号现象。如多个如下存储过程同时运行时会发生编号(此处为客户代号)重复现象(利用如下命令能查到重复情况:select * from sale where 客户代号 in (select 客户代号 from sale group by 客户代号 having count(*)>1) order by 客户代号),而且发现重复程度与并发程度成正比。

```
CREATE PROCEDURE bhsc AS
    DECLARE @i int,@sl int
    SET TRANSACTION ISOLATION LEVEL READ COMMITTED
    SELECT @i = 1
    -- insert into sale values(0,0) 对 sale 初始化 1 条记录
    WHILE ((@i <= 1500) BEGIN BEGIN TRAN     -- 1 500 可调节
    SELECT @sl = max(客户代号) + 1 FROM sale
    INSERT INTO sale(客户代号,数量) VALUES(@sl,@i)
    COMMIT TRAN SELECT @i = @i + 1 END
```

解决的办法有:①设计编号产生事务一开始就加独占锁;②设计编号产生事务,其中采用插入后即查询重复编号情况,若发现重复能进行反复尝试再插入;③利用一般数据库具有的 IDENTITY 字段来保障编号的唯一性(篇幅所限,不作进一步说明)。下面的存储过程体现了前两种方法,当多个此存储过程同时运行时不会再发生编号重复现象。

```
CREATE PROCEDURE bhsc2 AS
DECLARE @i int,@sl int ,@kk int
SET TRANSACTION ISOLATION LEVEL READ COMMITTED
-- delete from sale; insert into sale values(0,0)
SELECT @i = 1
WHILE ((@i <= 1500) BEGIN BEGIN TRAN     -- 1500 可调节
    SELECT @sl = max(客户代号) + 1 FROM sale WITH (tablockx) / * 手工加独占锁 * /
    INSERT INTO sale (客户代号,数量) VALUES(@sl,@i)
    SELECT @kk = count( * ) FROM sale WHERE 客户代号 = @sl
    IF @kk >= 2 BEGIN ROLLBACK TRAN continue END / * 能反复尝试再插入 * /
```

ELSE COMMIT TRAN SELECT @ i = @ i + 1 END

以上并发控制问题让我们领会到：缩小锁定范围，可减少资源锁的争用，但同时又增加了死锁发生的概率，了解死锁的形成，知道如何减少死锁是减少锁定争用必备条件。测试是找出潜在死锁的有效方法。使用存储过程，尽可能地使用最少限制的锁定类型，将使事务尽可能快地运行。

并发控制技术的合理应用并没有一成不变的永恒原则，实际上，只有用户在掌握基本的并发控制技术的前提下，在自己的应用环境中，用自己的数据和自己的事务程序来反复测试，以寻求最优的解决方法才可算是普遍性的原则。

7. 手工加锁下并发事务读写冲突

事务间并发运行会发生各种各样读写冲突，不妨以如下两个分别为读后加 1、读后减 1 事务的循环执行存储过程为例，来说明并发运行的程序间可能发生的各种冲突现象。在某种手工加锁（主要是 SELECT 语句设定手工锁）情况下，让此两个存储过程（pmin 与 padd）同时运行并观察运行情况，然后改变隔离级别后再同时运行，分别记录运行情况。可得到一张不同隔离级别、不同手工加锁方式下的并发事务运行情况表（如图 13-6 所示，统计结果仅作参考），通过分析比较能使我们深入了解事务并发运行情况。

```
CREATE PROCEDURE pmin AS / * 变量定义（略）* /
    DECLARE @ i int,@ sl int
    SET TRANSACTION ISOLATION LEVEL READ COMMITTED / * 可设置不同隔离级别 * /
    SELECT @ i = 1
    WHILE (@ i < = 1000) / * 事务数暂设为 1 000,可调节 * /
    BEGIN BEGIN TRAN
        SELECT @ sl = 数量 FROM sales WITH (updlock) WHERE 客户代号 = ´A0001´ / * 可采用不同手工加
锁,请通过帮助学习与使用 * /
        WAITFOR DELAY ´00:00:00.002´ / * 延迟,可调节 * /
        UPDATE sales SET 数量 = @ sl - 1 WHERE 客户代号 = ´A0001´
        IF (@ @ error < > 0) ROLLBACK TRAN
        ELSE COMMIT TRAN
        SELECT @ i = @ i + 1 END
```

手工加锁情况	readuncommitted	read committed	repeatable read	serializable
(rowlock)	丢失修改	丢失修改	死锁	死锁
(paglock)	丢失修改	丢失修改	死锁	死锁
(tablock)	丢失修改	丢失修改	死锁	死锁
(updlock)	正确	正确	正确	死锁
(tablockx)	正确	正确	正确	正确
(holdlock)	死锁	死锁	死锁	死锁
系统自动加锁	丢失	丢失	死锁	死锁
(nolock)	丢失修改	丢失修改	丢失修改	丢失修改
(readuncommitted)	丢失修改	丢失修改	丢失修改	丢失修改
(readcommitted)	丢失修改	丢失修改	丢失修改	丢失修改
(repeatableread)	死锁	死锁	死锁	死锁
(serializable)	死锁	死锁	死锁	死锁
(readPAST)	不可用	跳过锁	死锁	不可用
(rowlock xlock)	正确	正确	正确	死锁
(rowlock updlock)	正确	正确	正确	死锁
(paglock xlock)	正确	正确	正确	死锁
(TABLOCK xlock)	正确	死锁	死锁	死锁
(serializable xlock)	正确	死锁	死锁	死锁
(tablock holdlock)	死锁	死锁	死锁	死锁

图 13-6　并发事务手工加锁运行情况

另一存储过程 padd 由以上存储过程 pmin 修改"UPDATE sales SET 数量＝@sl－1 WHERE 客户代号＝′A0001′"语句为"UPDATE sales SET 数量＝@sl＋1 WHERE 客户代号＝′A0001′"而得，其他语句相同。就以上测试情况说明如下：①一般避免在事务中用 SELECT 返回数据并据此进行修改，但读后改是典型的事务，此处用此类事务做测试以说明问题；②事务中处理数据的加锁或解锁情况需通过反复测试来把握与领会，这是深入理解与合理使用之所需；③无论是系统自动加锁还是手工加锁，均有可能产生并发冲突，为此需在不同应用要求下合理设计事务并灵活应用；④就以上两存储过程运行来讲，SELECT 与 UPDATE 之间间隔时间长短，与死锁或丢失修改的产生有直接的关系；⑤并发运行的事务是否出错，还与并发的程度（如循环次数、并发事务多少）、被处理表数据的组织（如是否索引、索引类型、数据分布等）、数据操作的具体命令等相关；⑥以上表反应的测试结果，是特定环境下实验的结果，只能在一定程度上反映出 SQL Server 的并发处理机制，也即环境的稍许变化可能会得出不同的结果情况，为此以上测试更注重其过程与测试方法；⑦手工加锁方法同样可应用在 UPDATE、DELETE 等更新类命令上，应用的好坏一样需经过测试来把握；⑧总体而言，若应用注重并发性，则可选用粒度小的锁或事务使用较低隔离级别，若应用注重数据正确性、一致性，则可选用粒度大并具有排他性的锁或事务使用较高的隔离级别，若应用注重运行速度，则应尽量少加锁或事务使用较低的隔离级别。

8. 事务处理技术在应用开发工具中运用

在实际多用户数据库应用系统开发设计中，事务处理无处不在。尽管在不同应用开发工具中事务处理语句表达形式有其多样性，然其实质是相同的，不但其事务表达框架类似，更主要的是数据库服务器端真正的事务并发处理执行情况是一样的。事务定义与处理能出现在如 VB&VB. NET、Delphi、ASP&ASP. NET 等流行的应用开发工具中，一般开发工具支持以 ADO/ADO. NET 事务处理能力。为了不失一般性，以下列出 VB. NET 中用 ADO. NET 实现的事务处理过程，以便粗略了解开发工具中的事务处理。

```
Imports System
Imports System. Data
Imports System. Data. SqlClient
Public Class Form1
Inherits System. Windows. Forms. Form
// 变量定义（略）
// 其他过程定义（略）
Private Sub Btn8 _ Click（ByVal sender As System. Object, ByVal e As System. EventArgs） Handles Btn8. Click
    Dim myConnection As New SqlConnection（″Server = localhost；uid = sa；pwd = sa；
    database = pubs″）          //ADO 事务连接对象的定义
    myConnection. Open（）
    Dim myCommand As New SqlCommand（）
    Dim myTrans As SqlTransaction, ss As String, icon, j As Integer, dr As SqlDataReader
    For j = 1 To 100
        myTrans = myConnection. BeginTransaction（IsolationLevel. Readcommitted）
        //ADO 连接事务对象的创建
    myCommand. Connection = myConnection
    myCommand. Transaction = myTrans          //事务开始
    Try
    myCommand. CommandText = ″UPDATE authors SET contract = contract + 1 WHERE 1 = 2″
    myCommand. ExecuteNonQuery（）                //事务执行 SQL 修改
```

```
    myCommand.CommandText = "SELECT * FROM Authors WHERE au_id = ´111 - 11 - 1111´"
    dr = myCommand.ExecuteReader()                  //事务执行 SQL 查询
    dr.Read()
    icon = dr.GetInt32(8)                           //取出 contract 的值
    dr.Close()
    //其他事务处理(略)
    icon = icon + 1
    ss = "UPDATE authors SET contract = " + icon.ToString + " WHERE au_id = ´111 - 11 - 1111´"
    myCommand.CommandText = ss
    myCommand.ExecuteNonQuery()                      //事务执行 SQL 修改
    myTrans.Commit()                                 //事务递交
    Console.WriteLine("Both records are written to database.")
    Catch err As Exception
        myTrans.Rollback()                           //若出错事务回滚
        Console.WriteLine(err.ToString())
        Console.WriteLine("Neither record was written to database.")
    Finally
    End Try
  Next
  myConnection.Close()
  myCommand.Dispose()
  myTrans.Dispose()
End Sub
End Class
```

请模仿以上事务处理程序，把相关事务处理技术应用于熟悉的应用系统开发工具中。

◉ 实验内容与要求（选做）

（1）选择若干常用的数据库管理系统产品，通过查阅帮助文件或相关书籍，了解产品所提供的并发控制机制。

（2）针对某一具体应用，分析其数据并发存取的程度，并针对性地施以并发控制措施。

（3）实用并发控制技术在不同数据库系统中加以实践。特别对 SQL Server 2012 或 SQL Server 2014 加以重点操作实践。

（4）分析各典型数据库管理系统在数据库并发控制方面的异同及控制能力的强弱优劣。在 SQL Server 2014 中，开展并发控制问题及其解决的测试与实验（实践实验示例）。

（5）把以上事务的处理技术应用于熟悉的应用系统开发工具编写的程序中去，以实践应用系统中并发事务的处理，编写程序模拟两个以上事务的并发工作，观察并记录并发事务处理情况。

实验14 数据库备份与恢复

实验目的

熟悉数据库的保护措施之一——数据库备份与恢复。通过本次实验使读者在掌握备份和恢复基本概念的基础上,掌握在 SQL Server 中进行各种备份与恢复的基本方式方法。

背景知识

SQL Server 备份和还原组件为存储在 SQL Server 数据库中的关键数据提供重要的保护手段。通过正确设计可以从包括媒体故障、用户错误、服务器永久丢失等多种故障中恢复。

另外,也可出于其他目的备份和还原数据库,如将数据库从一台服务器复制到另一台服务器。通过备份一台计算机上的数据库,再将该数据库还原到另一台计算机上,可以快速、容易地生成数据库的副本。

SQL Server 有数据库完全备份、数据库差异备份、事务日志文件备份、文件及文件组备份等 4 种形式,备份创建在备份设备上,如磁盘或磁带媒体。SQL Server 使用物理设备名称或逻辑设备名称标识备份设备。物理备份设备是操作系统用来标识备份设备的名称,如 C:\Backups\Accounting\Full. bak。逻辑备份设备是用来标识物理备份设备的别名或公用名称。逻辑设备名称永久地存储在 SQL Server 内的系统表中。使用逻辑备份设备的优点是引用它比引用物理设备名称简单。

备份和还原操作是在"恢复模式"下进行的。恢复模式是一个数据库属性,它用于控制数据库备份和还原操作基本行为。例如,恢复模式控制了将事务记录在日志中的方式,事务日志是否需要备份以及可用的还原操作。新的数据库可继承 model 数据库的恢复模式。

以下是可以选择的 3 种恢复模式:简单模式、完整模式和大容量日志模式。

(1) 简单恢复模式

简单恢复模式简略地记录了大多数事务,所记录的信息只是为了确保在系统崩溃或还原数据备份之后数据库的一致性。

由于旧的事务已提交,已不再需要其日志,因而日志将被截断。截断日志将删除备份和还原事务日志。但是,这种简化是有代价的,在灾难事件中有丢失数据的可能。没有日志备份,数据库只可恢复到最近的数据备份时间。如果使用的是 SQL Server Enterprise Edition,需要考虑此问题。此外,该模式不支持还原单个数据页。

提示与技巧： 简单恢复模式并不适合生产系统，因为对生产系统而言，丢失最新的更改是无法接受的。在这种情况下，Microsoft 建议使用完整恢复模式。

（2）完整恢复模式

完整恢复模式完整地记录了所有的事务，并保留所有的事务日志记录，直到将它们备份。在 SQL Server Enterprise Edition 中，完整恢复模式能使数据库恢复到故障时间点（假定在故障发生之后备份了日志尾部）。

（3）大容量日志恢复模式

大容量日志恢复模式简略地记录了大多数大容量操作（如索引创建和大容量加载），完整地记录了其他事务。大容量日志恢复提高大容量操作的性能，常用作完整恢复模式的补充。大容量日志恢复模式支持所有的恢复形式，但是有一些限制。

表 14-1 概述了 3 种恢复模式的优点和影响。

表 14-1　3 种恢复模式的优点和影响

恢复模式	优　点	数据丢失情况	能否恢复到的时间点
简单	允许执行高性能大容量复制操作，回收日志空间以使空间要求较小	必须重做自最新数据库或差异备份后所作的更改	可以恢复到任何备份的结尾，随后必须重作更改
完整	数据文件丢失或损坏不会导致丢失工作，可以恢复到任意时间点（如应用程序或用户错误之前）	正常情况下没有。如果日志损坏，则必须重做自最新日志备份后所作的更改	可以恢复到任何时间点
大容量日志	允许执行高性能大容量复制操作，大容量操作使用的最小日志空间	如果日志损坏或自最新日志备份后执行了大容量操作，则必须重做自上次备份后所作的更改，否则不丢失任何工作	可以恢复到任何备份的结尾，随后必须重作更改

可以使用 ALTER DATABASE 或 Management Studio 更改恢复模式。

◎ 实验示例

14.1　指定数据库的恢复模式

（1）在 Management Studio 中查看或更改数据库的恢复模式。

方法：①连接到相应的 SQL Server Database Engine 实例之后，在对象资源管理器中，单击服务器名称以展开服务器树；②展开“数据库”，然后根据数据库的不同，选择用户数据库，或展开“系统数据库”，再选择系统数据库；③右键单击该数据库，再单击“属性”，这将打开“数据库属性”对话框；④在“选择页”窗格中，单击“选项”；⑤当前恢复模式显示在“恢复模式”列表框中；⑥也可以从列表中选择不同的模式来更改恢复模式，可以选择“完整”“大容量日志”或“简单”。

（2）利用 ALTER DATABASE 设置数据库的恢复模式。

例 14.1　本例设置 AdventureWorks 示例数据库的恢复模式。

USE master;ALTER DATABASE AdventureWorks SET RECOVERY FULL --完整模式,简单模式为 SIMPLE,大容量日志为 BULK_LOGGED

14.2 备份设备管理

1. 创建备份设备

(1) 在 Management Studio 中创建备份设备的步骤如下:①在对象资源管理器中依次展开:某数据库服务器→服务器对象→备份设备→某备份设备,如图 14-1 所示,在"备份设备"或"某备份设备"上按鼠标右键,从弹出的快捷菜单中选择"新建备份设备"菜单项;②系统会打开"备份设备"新建对话框,如图 14-2 所示;③在设备名称文本框中输入新设备名,如"JXGL",对应在"文件"文本框中会自动出现"JXGL. BAK"的文件名称,如图 14-2 所示;④单击"确定",在"备份设备"文件夹下即能看到新建的"JXGL"设备名。

图 14-1 执行"新建备份设备"

图 14-2 新建"备份设备"对话框

(2) 使用系统存储过程 sp_addumpdevice。

例 14.2 通过命令方式创建"JXGL_1"备份设备,命令为:

USE master; EXEC sp_addumpdevice ´disk´, ´JXGL_1´,´c:\JXGL_1.bak´

2. 查看备份设备的信息

(1) 在 Management Studio 中查看备份设备的方法类似于创建备份设备,只要在备份设备列表中,双击某要查看的备份设备或从某备份设备快捷菜单中选择"属性"命令即可。在打开的备份设备对话框中,按左上"媒体内容"选项卡,在对话框右边可列出该设备上保存的所有备份信息,包括每个备份的类型、日期、位置、大小等信息。

(2) 在查询窗口中使用如下语句也可以查看备份设备的详细信息:

RESTORE Headeronly From 备份设备逻辑名

例 14.3 查看备份设备 JXGL_1 的信息命令为:

RESTORE Headeronly From JXGL_1

3. 删除备份设备

(1) 在 Management Studio 中删除备份设备的方法:参照图 14-1,在定位到待删除备份设备后,在快捷菜单中选择"删除"命令,再在删除对象对话框中单击"确定",即可完成。

 提示与技巧：要彻底删除备份设备,需手工从磁盘上删除备份设备对应的操作系统备份文件。

(2) 利用 T-SQL 命令进行删除:sp_dropdevice 能从 SQL Server 除去数据库设备或备份设备,语法:

```
sp_dropdevice [@logicalname = ]´device´[,[@delfile = ]´delfile´]
```

其中,如果指定了 defile 参数,则在删除备份设备的同时删除它使用的操作系统文件。例如,除去"JXGL_1"备份设备,并同时删除操作系统文件的命令为:

```
sp_dropdevice ´JXGL_1´,´delfile´
```

14.3　数据库备份

14.3.1　使用 Management Studio 创建完整备份

使用 Management Studio 创建完整备份过程如下。

(1) 连接到相应的 SQL Server Database Engine 实例之后,在对象资源管理器中,单击服务器名称以展开服务器树。

(2) 展开"数据库",根据数据库的不同,选择某用户或系统数据库。

(3) 右键单击数据库,指向"任务"再单击"备份"。将出现"备份数据库"对话框。

(4) 在"数据库"列表框中,验证数据库名称。也可以从列表中选择其他数据库。

(5) 可以对任意恢复模式(FULL、BULK_LOGGED 或 SIMPLE)执行数据库备份。

(6) 在"备份类型"列表框中,选择"完整"。

 提示与技巧：创建完整数据库备份之后,才可以创建差异数据库备份。

(7) 对于"备份组件",请单击"数据库"。

(8) 在"目标"之"备份到(U)"列表框中,选择备份目标类型是"磁盘"或"URL",并相应指定相关信息。

(9) 在"备份选项"页,可以接受"名称"文本框中建议的默认备份集名称,也可以为备份集输入其他名称,或在"说明"文本框中,输入备份集的说明。

(10) 指定备份集何时过期以及何时可以覆盖备份集而不用显式跳过过期数据验证。

① 若要使备份集在特定天数后过期,请单击"晚于(E)"单选键(默认选项),并输入备份集从创建到过期所需的天数。此值范围为 0～99 999 天,0 天表示备份集将永不过期。

默认值在"服务器属性"对话框("数据库设置"页)的"默认备份媒体保持期(天)"选项中进行设置。若要访问它,请在对象资源管理器中右键单击服务器名称,选择属性,再选择"数据库设置"页。

② 若要使备份集在特定日期过期,请单击"在(O)"单选键,并输入备份集的过期日期。

(11) 在"介质选项"页,通过单击下列选项之一来选择"覆盖介质"选项。

① 备份到现有介质集。对于此选项，请单击"追加到现有备份集"或"覆盖所有现有备份集"，或选中"检查介质集名称和备份集过期时间"复选框，并在"介质集名称"文本框中输入名称（可选）。如果没有指定名称，将使用空白名称创建介质集。如果指定了介质集名称，将检查介质（磁盘等），以确定实际名称是否与此处输入的名称匹配。

② 备份到新介质集并清除所有现有备份集。对于此选项，请在"新介质集名称"文本框中输入名称，并在"新介质集说明"文本框中描述媒体集（可选）。

（12）在"可靠性"部分中，根据需要选中下列任意选项：①完成后验证备份；②"写入介质前检查校验"和"出错时继续"（可选）。

（13）如果备份到磁带机（如同"常规"页的"目标"部分指定的一样），则"备份后卸载磁带"选项处于活动状态。单击此选项可以激活"卸载前倒带"选项。

说明：2014 版本里面只有磁盘与 URL 两种备份方式，没有备份到磁带机方式了。

（14）最后，单击"确定"。

14.3.2　使用 Management Studio 创建完整差异备份

创建完整差异备份需要具有上一个完整备份。如果选定的数据库从未进行备份，则必须先执行一次完整备份才能创建差异备份。创建完整差异备份的操作过程与创建完整备份的操作过程相同（请参阅备份数据库（在 Management Studio 中）），主要的不同是在"备份类型"列表框中，选择"差异"而非"完整"。

14.3.3　使用 Management Studio 创建事务日志备份

无论数据库采用的是完整恢复模式还是大容量日志恢复模式，都应备份事务日志。

创建事务日志备份的操作过程与创建完整备份的操作过程也基本相同，主要的不同是：在"备份类型"列表框中，选择"事务日志"而非"完整"。另外，在"介质选项"页之"事务日志"区域中还需选定：①对于例行的日志备份，请保留默认选项"截断事务日志"；②若要备份日志尾部（即活动的日志），请选中"备份日志尾部，并使数据库处于还原状态"。备份日志尾部失败后执行尾日志备份，以防丢失所做的工作。在失败之后且在开始还原数据库之前，或者在故障转移到辅助数据库时，备份活动日志（尾日志备份）。选择此选项等效于在 T-SQL BACKUP LOG 语句中指定 NORECOVERY 选项。

14.3.4　使用 Management Studio 创建文件和文件组备份

文件和文件组完整备份仅适用于包含多个文件组的数据库（在简单恢复模式下，仅适用于包含只读文件组的数据库）。完整文件备份是备份一个或多个完整的文件，相当于完整备份。

文件或文件组备份能够更快地从隔离的介质故障中恢复，可以迅速还原损坏的文件，可以同时创建文件和事务日志备份。文件备份增加了计划和介质处理的灵活性，增加了文件或文件组备份的灵活性，对于包含具有不同更新特征的数据的大型数据库也很有用。

然而文件备份的缺点主要是管理较复杂。如果某个损坏的文件未备份，那么介质故障可能会导致无法恢复整个数据库。因此，必须维护完整的文件备份，包括完整恢复模式的文件备份和日志备份。维护和跟踪这些完整备份是一种耗时的任务，所需空间可能会超过完整数据库备份的所需空间。若要以增加管理复杂性为代价来减少恢复时间，请考虑使用文件差异备份。

创建文件和文件组完整备份的操作过程与创建完整备份的操作过程也基本相同,主要的不同是:①在"备份类型"列表框中,选择完整或差异;②对于"备份组件"选项,请单击文件和文件组。在"选择文件组和文件"对话框中,选择要备份的文件和文件组。可以选择一个或多个单独文件,也可以复选文件组的框来自动选择该文件组中的所有文件。

14.3.5　BACKUP 命令

BACKUP DATABASE 的语法:

BACKUP DATABASE {database_name|@database_name_var} TO <backup_device>[,…n][<MIRROR TO clause>][next-mirror-to][WITH {DIFFERENTIAL|<general_WITH_options>[,…n]}][;] -- 备份整个数据库
BACKUP DATABASE {database_name| @database_name_var} <file_or_filegroup> [,…n] TO <backup_device> [,…n] …(省略)[;]　-- 备份文件或文件组
BACKUP DATABASE {database_name|@database_name_var} READ_WRITE_FILEGROUPS[, <read_only_file-group>[,…n]] TO <backup_device>[,…n] …(省略)[;]　-- 备份部分数据库
BACKUP LOG {database_name|@database_name_var} TO <backup_device>[,…n] [<MIRROR TO clause>][next-mirror-to] [WITH {<general_WITH_options>|<log-specific_optionspec>} [,…n]][;]　-- 备份日志
BACKUP LOG {database_name|@database_name_var}{WITH{NO_LOG|TRUNCATE_ONLY}]}--截去日志
<backup_device>:: = {{logical_device_name|@logical_device_name_var} |{DISK|TAPE|URL} = {´physical_device_name´|@physical_device_name_var}

命令参数与使用说明等略,一般创建完整备份的过程如下。

执行 BACKUP DATABASE 语句来创建完整备份,同时需要指定要备份的数据库的名称和写入完整备份的备份设备,还可以指定:①INIT 子句,通过它可以改写备份介质,并在备份介质上将该备份作为第一个文件写入,如果没有现有的介质标头,将自动编写一个;②SKIP和 INIT 子句,用于重写备份介质,即使备份介质中的备份未过期,或介质本身的名称与备份介质中的名称不匹配也重写;③FORMAT 子句,通过它可以在第一次使用介质时对备份介质进行初始化,并覆盖任何现有的介质标头,如果已经指定了 FORMAT 子句,则不需要指定INIT 子句。

以下通过举例来说明 BACKUP 命令的使用。

例 14.4　备份到磁盘设备,本例将把整个 AdventureWorks 数据库备份到磁盘上,并使用 FORMAT 创建一个新的媒体集´D:\AdventureWorks. Bak´。

USE AdventureWorks; BACKUP DATABASE AdventureWorks TO DISK = ´D:\AdventureWorks.Bak´ WITH FORMAT,
NAME = ´Full Backup of AdventureWorks´
　GO
USE master -- 可选地,也可以为这备份文件创建一个逻辑设备名 AdventureWorks_Backup
EXEC sp_addumpdevice ´disk´,´AdventureWorks_Backup´,´D:\AdventureWorks.Bak´

说明:定义转储设备的语法格式如下:

sp_addumpdevice [@devtype =] ´device_type´,
　　[@logicalname =]´logical_name´,[@physicalname =]´physical_name´,{[@cntrltype =]
　　controller_type |[@devstatus =]´device_status´}]

例 14.5　备份到磁带设备,本例将把整个 AdventureWorks 数据库备份到磁带。

BACKUP DATABASE AdventureWorks TO TAPE = ´\\.\Tape0´ WITH FORMAT,MEDIANAME = ´Full Backup´
　GO
USE master　--可选地,也可以为这备份磁带创建一个逻辑设备名 MyAdvWorks_Bak
EXEC sp_addumpdevice ´tape´,´MyAdvWorks_Bak´, ´\\.\tape0´

```
BACKUP DATABASE AdventureWorks TO MyAdvWorks_Bak  --通过逻辑名备份到磁带
```

例 14.6   备份整个 AdventureWorks 数据库,本例将创建用于存放 AdventureWorks 数据库完整备份的逻辑备份设备 AdvWorksData。

```
USE master  -- 为备份 AdventureWorks 创建逻辑设备名
EXEC sp_addumpdevice 'disk', 'AdvWorksData', 'C:\Program Files\Microsoft SQL Server\MSSQL12.
SQLEXPRESS2014\MSSQL\BACKUP\AdvWorksData.bak'
    BACKUP DATABASE AdventureWorks TO AdvWorksData  --完整备份 AdventureWorks 数据库
    EXEC sp_dropdevice 'AdvWorksData', 'delfile'  -- 删除备份设备
```

例 14.7   备份数据库和日志,此示例创建了完整数据库备份和日志备份。Adventure-Works 示例数据库默认使用简单恢复模式。若要创建 AdventureWorks 数据库的日志备份,必须在完整备份之前将该数据库改用完整恢复模式。将数据库备份到称为 AdvWorksData 的逻辑备份设备上,在更新活动执行一段时间后,将日志备份到称为 AdvWorksLog 的逻辑备份设备上。要注意创建逻辑备份设备需要一次完成。

```
--创建 AdventureWorks 数据库的日志备份,必须在完整备份之前将该数据库改用完整恢复模式
USE master; ALTER DATABASE AdventureWorks SET RECOVERY FULL --设置为完整恢复模式
GO
USE master; EXEC sp_addumpdevice 'disk', 'AdvWorksData', 'C:\Program Files\Microsoft SQL Server\
MSSQL12.SQLEXPRESS2014\MSSQL\BACKUP\AdvWorksData.bak'  --创建数据逻辑设备名
    GO
USE master; EXEC sp_addumpdevice 'disk', 'AdvWorksLog', 'C:\Program Files\Microsoft SQL Server\
MSSQL12.SQLEXPRESS2014\MSSQL\BACKUP\AdvWorksLog.bak'       --创建日志逻辑设备名
    BACKUP DATABASE AdventureWorks TO AdvWorksData --完整备份 AdventureWorks
    BACKUP LOG AdventureWorks TO AdvWorksLog        --备份 AdventureWorks 日志
```

提示与技巧:对于生产数据库,需要定期更新日志。应当经常进行日志更新,以提供足够的保护来防止数据丢失。

例 14.8   创建和备份到单簇镜像媒体集,本例将创建包含一个媒体簇和 4 个镜像的镜像媒体集,并将 AdventureWorks 数据库备份到其中(需有磁带设备才行,另 Express 版本也不支持备份镜像,例 14.9、例 14.10 同)。

```
BACKUP DATABASE AdventureWorks TO TAPE = '\\.\tape0' MIRROR TO TAPE = '\\.\tape1' MIRROR TO TAPE = '
\\.\tape2' MIRROR TO TAPE = '\\.\tape3' WITH FORMAT, MEDIANAME = 'AdventureWorksSet0'
```

例 14.9   创建和备份到多簇镜像媒体集,本例将创建镜像媒体集,其中每个镜像包含两个媒体簇。然后将 AdventureWorks 数据库备份到这两个镜像中。

```
BACKUP DATABASE AdventureWorks TO TAPE = '\\.\tape0', TAPE = '\\.\tape1' MIRROR TO TAPE = '\\.\
tape2', TAPE = '\\.\tape3' WITH FORMAT, MEDIANAME = 'AdventureWorksSet1'
```

例 14.10   备份到现有镜像媒体集,本例将备份集追加到前面示例中创建的媒体集上。

```
BACKUP LOG AdventureWorks TO TAPE = '\\.\tape0', TAPE = '\\.\tape1' MIRROR TO TAPE = '\\.\tape2',
TAPE = '\\.\tape3' WITH NOINIT, MEDIANAME = 'AdventureWorksSet1'
```

提示与技巧:为清楚起见,此处显示默认的 NOINIT。

例 14.11   备份文件和文件组,执行 BACKUP DATABASE 语句以创建文件和文件组备份,同时指定:①要备份的数据库的名称;②完整备份将写入的备份设备;③每个要备份的文件的 FILE 子句;④每个要备份的文件组的 FILEGROUP 子句。

以下示例将对 AdventureWorks 数据库执行文件和文件组备份操作。

```
EXEC sp_addumpdevice ´disk´,´MyBak´,´D:\MyBak.bak´ --创建数据逻辑设备名
BACKUP DATABASE AdventureWorks                      -- 备份 AdventureWorks 数据库的文件和文件组
   FILE = ´AdventureWorks_Data´,FILEGROUP = ´PRIMARY´ TO MyBak
EXEC sp_dropdevice ´MyBak´,´delfile´               --仅仅是练习,马上删除备份设备
```

14.4 数据库还原

数据库还原要考虑还原方案,还原方案是从一个或多个备份中还原数据并在还原最后一个备份后恢复数据库的过程。使用还原方案可以还原以下列某个级别的数据:数据库、数据文件和数据页。还原方案一般分为:简单恢复模式下的还原方案与完整恢复模式下的还原方案(适用于完整恢复模式和大容量日志恢复模式)两种。

14.4.1 还原完整备份

1. 还原完整备份的一般方法

还原完整备份是指用备份完成时数据库中包含的所有文件重新创建数据库。通常,将数据库恢复到故障点分为以下几个基本步骤:①备份活动事务日志(称为日志尾部),此操作将创建尾日志备份,如果活动事务日志不可用,则该日志部分的所有事务都将丢失;②还原最新的完整备份但不恢复数据库(WITH NORECOVERY);③如果存在差异备份,则还原最新的差异备份,而不恢复数据库;④从还原备份后创建的第一个事务日志备份开始,使用 NORE-COVERY 依次还原日志;⑤恢复数据库(RESTORE DATABASE <database_name> WITH RECOVERY),此步骤也可以与还原上一次日志备份结合使用;⑥数据库完整还原通常可以恢复到日志备份中的某一时间点或标记的事务。但是,在大容量日志恢复模式下,如果日志备份包含大容量更改,则不能进行时点恢复。

还原整个数据库(完整恢复模式)时,应当使用单一还原顺序。下面的示例说明还原顺序中用于将数据库还原到故障点的数据库完整还原方案的关键选项。还原顺序由一个或多个还原操作组成,这些还原操作通过一个或多个还原阶段来移动数据。将省略与此目的不相关的语法和详细信息。

数据库将还原并前滚,数据库差异用于减少前滚时间。此还原顺序用于避免丢失工作,上次还原的备份为尾日志备份。

```
RESTORE DATABASE <database> FROM <full backup> WITH NORECOVERY
RESTORE DATABASE <database> FROM <full_differential_backup> WITH NORECOVERY
RESTORE LOG <database> FROM <log_backup> WITH NORECOVERY      --可以多个
RESTORE LOG <database> FROM <tail_log backup> WITH RECOVERY
```

例 14.12 本例说明如何创建 AdventureWorks 数据库的完整备份、纯日志备份和尾日志备份以及如何按顺序还原这些备份。还原尾日志备份后,在单独的步骤中恢复数据库。在此示例中,AdventureWorks 数据库临时设置为完整恢复模式。

```
USE master;
ALTER DATABASE AdventureWorks SET RECOVERY FULL;
GO  -- 以下为完整数据库备份创建逻辑备份设备
EXEC sp_addumpdevice ´disk´,´AdvW_F´,
´C:\Program Files\Microsoft SQL Server\MSSQL12.SQLEXPRESS2014\MSSQL\BACKUP\AdvW_F.bak´;
```

```
GO -- 以下创建完整备份
BACKUP DATABASE AdventureWorks TO AdvW_F WITH FORMAT;
GO -- 以下创建纯日志备份到备份文件
BACKUP LOG AdventureWorks TO AdvW_F;
GO -- 以下创建尾日志备份
BACKUP LOG AdventureWorks TO AdvW_F WITH NORECOVERY;
GO -- 从备份集 1 中还原完整备份
USE master;
RESTORE DATABASE AdventureWorks FROM AdvW_F WITH NORECOVERY;
--从备份集 2 中还原纯日志备份
RESTORE LOG AdventureWorks FROM AdvW_F WITH FILE = 2, NORECOVERY;
--从备份集 3 中还原尾日志备份
RESTORE LOG AdventureWorks FROM AdvW_F WITH FILE = 3, NORECOVERY;
GO
RESTORE DATABASE AdventureWorks WITH RECOVERY;   -- 恢复整个数据库
```

在 SQL Server 2014 中,可以还原使用 SQL Server 2005、SQL Server 2008 或 SQL Server 2012 创建的数据库备份。

2. 使用 Management Studio 还原完整备份

在完整恢复模式或大容量日志恢复模式下,必须先备份活动事务日志(称为日志尾部),然后才能在 Management Studio 中还原数据库。尾日志备份是使数据库处于还原状态的一种日志备份。通常会在失败之后进行尾日志备份来备份日志尾部,以防丢失工作。

(1) 连接到相应的 SQL Server Database Engine 实例之后,在对象资源管理器中,单击服务器名称以展开服务器树。

(2) 展开"数据库",然后根据数据库的不同,选择用户数据库,或展开"系统数据库",再选择系统数据库。

(3) 右键单击数据库,指向"任务",再单击"还原"。

(4) 单击"数据库",将打开"还原数据库"对话框。

(5) 在"常规"页上,还原数据库的名称将显示在"目标数据库"列表框中。若要创建新数据库,请在列表框中输入数据库名(能现实从现有的完整备份创建新数据库的功能)。

(6) 在"还原到(R)"文本框中,可以保留默认值("最近状态"),也可以单击"浏览"打开"时间线(T)"对话框,以选择具体的日期和时间。

(7) 若要指定要还原的备份集的源和位置,请单击以下选项之一。

① 源数据库:在列表框中选择数据库名称。

② 源设备:单击"浏览",打开"指定备份"对话框;在"备份介质"列表框中,从列出的设备类型中选择一种;若要为"备份介质"列表框选择一个或多个设备,请单击"添加";将所需设备添加到"备份介质"列表框后,单击"确定"返回到"常规"页。

(8) 在"要还原的备份集"网格中,选择用于还原的备份。此网格将显示对于指定位置可用的备份。默认情况下,系统会推荐一个恢复计划。若要覆盖建议的恢复计划,可以更改网格中的选择。当取消选择某个早期备份时,将自动取消选择那些需要还原该早期备份才能进行的备份。

(9) 在"文件"选项页上,指定数据库文件还原的情况,以网格格式显示原始数据库文件名称。可以更改要还原到的任意文件的路径及名称。若要指定新的还原文件,请选中"将所有文件重新定位到文件夹",并作相应的文件夹与文件的指定。更改"还原为"列中的路径或文件名等效于在 T-SQL RESTORE 语句中使用 MOVE 选项。

（10）若要查看或选择高级选项，请单击"选择页"窗格中的"选项"页。对于"还原"选项，有下列几个选项。

① "覆盖现有数据库"，指定还原操作应覆盖所有现有数据库及其相关文件，即使已存在同名的其他数据库或文件，选择此选项等效于在 T-SQL RESTORE 语句中使用 REPLACE 选项。请慎重使用此选项。

② "保留复制设置"，将已发布的数据库还原到创建该数据库的服务器之外的服务器时，保留复制设置。此选项只能与"回滚未提交的事务，使数据库处于可以使用的状态……"选项（等效于使用 RECOVERY 选项还原备份，将在后面予以介绍）一起使用。选中此选项等效于在 T-SQL RESTORE 语句中使用 KEEP_REPLICATION 选项。

③ "限制访问还原的数据库"，使还原的数据库仅供 db_owner、dbcreator 或 sysadmin 的成员使用。选中此选项等效于在 T-SQL RESTORE 语句中使用 RESTRICTED_USER 选项。

（11）对于"恢复状态"选项，请指定还原操作之后的数据库状态。

① RESTORE WITH RECOVERY：回滚未提交的事务，使数据库处于可以使用的状态；无法还原其他事务日志；恢复数据库；此选项等效于 T-SQL RESTORE 语句中的 RECOVERY 选项；请仅在没有要还原的日志文件时选择此选项。

② RESTORE WITH NORECOVERY：不对数据库执行任何操作，不回滚未提交的事务；可以还原其他事务日志；使数据库处于未恢复状态；此选项等效于在 T-SQL RESTORE 语句中使用 NORECOVERY 选项；选择此选项时，"保留复制设置"选项将不可用。

③ RESTORE WITH STANDBY：使数据库处于只读模式；撤销未提交的事务，但将撤销操作保存在备用文件中，以便可使恢复效果还原；使数据库处于备用状态；此选项等效于在 T-SQL RESTORE 语句中使用 STANDBY 选项；选择此选项需要指定一个备用文件。

（12）也可以在"备用文件"文本框中指定备用文件名。如果使数据库处于只读模式，则必须选中此选项。可以查找备份文件，也可以在文本框中键入其路径名。

（13）对于"结尾日志备份"选项，可选择"还原前进行结尾日志备份"并指定备份文件，并进一步可选择"保持源数据库处于正在还原状态"选项。

（14）对于"服务器连接"选项，可按需选择"关闭到目标数据库的现有连接"选项。

（15）对于"提示"选项，可按需选择"还原每个备份前提示"选项。

14.4.2　使用 Management Studio 还原事务日志备份

一般的还原过程需要在"还原数据库"对话框中同时选择日志备份以及数据和差异备份。备份必须按照其创建顺序进行还原。在还原给定的事务日志之前，必须已经还原下列备份，但不用回滚未提交的事务：事务日志备份之前的完整备份和差异备份（如果存在）；在完整备份和现在要还原的事务日志之间所做的全部事务日志备份（如果存在）。

还原事务日志备份过程如下：

① 连接到相应的 SQL Server Database Engine 实例之后，在对象资源管理器中单击服务器名称以展开服务器树；

② 展开"数据库"，然后根据数据库的不同，选择用户数据库，或展开"系统数据库"，再选择系统数据库；

③ 右键单击数据库,指向"任务",再单击"还原";

④ 单击"事务日志",这将打开"还原事务日志"对话框;

⑤ 在"常规"页上的"数据库"列表框中,选择或键入数据库名称,仅列出处于还原状态的数据库;

⑥ 剩余过程相似于"使用 Management Studio 还原完整备份",因此略。

14.4.3 RESTORE 命令

利用 RESTORE 命令还原使用 BACKUP 命令所做的备份。使用此命令可以实现以下操作:①基于完整备份还原整个数据库(完整还原);②还原数据库的一部分(部分还原);③将特定文件、文件组或页面还原到数据库(文件还原或页面还原);④将事务日志还原到数据库(事务日志还原);⑤将数据库恢复到数据库快照捕获的时间点。

表 14-2 列出了还原方案和 RESTORE 语句之间的关系。

表 14-2 还原方案和 RESTORE 语句之间的关系

还原类别	语 句	操 作
数据库完整还原	RESTORE DATABASE <数据库名称> …WITH NORECOVERY…	复制备份中的所有数据,如果备份包含日志,还会前滚数据库
文件还原	RESTORE DATABASE <数据库名称> <文件或文件组> [n] … WITH NORECOVERY …	仅从备份复制指定的文件或文件组,如果备份包含日志,则前滚数据库
页面还原	RESTORE DATABASE <数据库名称> PAGE=' 文件:页[,…p]'…WITH NORECOVERY …	仅从备份中复制指定的页,如果某个页的备份包含日志,还会前滚数据库
段落还原	RESTORE DATABASE <数据库> [<文件组> [n]] … WITH PARTIAL, NORECOVERY …	复制主文件组以及指定的文件组或组,如果备份包含日志,则前滚数据库。注意如果未指定任何文件组,则还原备份集的所有内容
用于恢复数据库的日志还原	RESTORE LOG <数据库名称> … WITH RE-COVERY …	还原日志备份并使用该日志前滚数据库

RESTORE DATABASE 的命令语法:

RESTORE DATABASE {database_name|@database_name_var} [FROM <backup_device>[,…n]][WITH {[RECOVERY|NORECOVERY|STANDBY = {standby_file_name | @standby_file_name_var }]|,…(省略)}[,…n]] [;] --恢复完整数据库

RESTORE DATABASE { database_name | @database_name_var } <files_or_filegroups> [,…n][FROM < backup_device> [,…n]] WITH PARTIAL, NORECOVERY [,<general_WITH_options> [,…n]| , <point_in_time_WITH_options—RESTORE_DATABASE>][,…n][;] --执行初始恢复段落还原

RESTORE DATABASE { database_name | @database_name_var } <files_or_filegroups> [FROM <backup_device> [,…n]] --恢复部分数据库

RESTORE DATABASE { database_name | @database_name_var } <file_or_filegroup> [,…n][FROM < backup_device>[,…n]] WITH {…(省略)}[,…n][;] --恢复文件、文件组

RESTORE LOG {database_name|@database_name_var} [<file_or_filegroup_or_pages> [,…n]][FROM <backup_device>[,…n]] [WITH {…(省略)}[,…n]][;] --恢复事务日志

RESTORE DATABASE {database_name|@database_name_var} FROM DATABASE_SNAPSHOT = database_snapshot_name --从数据库快照恢复数据库

RESTORE DATABASE {database_name|@database_name_var} PAGE = ´file:page [,…n]´[, <file_or_fi-legroups>][,…n][FROM <backup_device> [,…n]] WITH NORECOVERY [,<general_WITH_options>[,…n]][;] --恢复指定页

命令参数与使用说明等略，以下通过示例来说明不同的数据库备份方法。

　　提示与技巧：所有的示例均假定已执行了完整数据库备份。

例 14.13　还原完整数据库（先要创建逻辑备份设备 MyAdvWorks_1 及备份）。

```
EXEC sp_addumpdevice ´disk´, ´MyAdvWorks_1´,´C:\Program Files\Microsoft SQL Server\MSSQL12.
SQLEXPRESS2014\MSSQL\BACKUP\MyAdvWorks_1.bak´;
BACKUP DATABASE AdventureWorks TO MyAdvWorks_1 WITH FORMAT;
BACKUP LOG AdventureWorks TO MyAdvWorks_1 WITH NORECOVERY;--备份后有时间差
RESTORE DATABASE AdventureWorks FROM MyAdvWorks_1
```

例 14.14　还原完整数据库备份和差异备份，本例还原完整数据库备份后还原差异备份。另外，以下示例还说明如何还原媒体上的另一个备份集。差异备份追加到包含完整数据库备份的备份设备上。

```
BACKUP DATABASE AdventureWorks TO MyAdvWorks_1 WITH DIFFERENTIAL;
BACKUP LOG AdventureWorks TO MyAdvWorks_1 WITH NORECOVERY;--备份后有时间差
RESTORE DATABASE AdventureWorks FROM MyAdvWorks_1 WITH NORECOVERY
RESTORE DATABASE AdventureWorks FROM MyAdvWorks_1 WITH FILE = 2
```

例 14.15　使用 RESTART 语法还原数据库，本例使用 RESTART 选项重新启动因服务器电源故障而中断的 RESTORE 操作。

```
BACKUP DATABASE AdventureWorks TO MyAdvWorks_1 WITH DIFFERENTIAL;
BACKUP LOG AdventureWorks TO MyAdvWorks_1 WITH NORECOVERY;--备份后有时间差
RESTORE DATABASE AdventureWorks FROM MyAdvWorks_1  --电源故障而中断的 RESTORE
RESTORE DATABASE AdventureWorks FROM MyAdvWorks_1 WITH RESTART  -- 重新启动
```

例 14.16　还原数据库并移动文件，本例还原完整数据库和事务日志，并将已还原的数据库移动到 C:\Program Files\Microsoft SQL Server\MSSQL12.SQLEXPRESS2014\MSSQL\Data 目录下。

```
BACKUP DATABASE AdventureWorks TO MyAdvWorks_1 WITH DIFFERENTIAL;
BACKUP LOG AdventureWorks TO MyAdvWorks_1 WITH NORECOVERY;  --备份后有时间差
RESTORE DATABASE AdventureWorks  FROM MyAdvWorks_1 WITH NORECOVERY, MOVE ´AdventureWorks_data´
TO ´c:\Program Files\Microsoft SQL Server\MSSQL12.SQLEXPRESS2014\MSSQL\Data\AdventureWorks_Data2.
mdf´, MOVE ´AdventureWorks_Log´ TO ´c:\Program Files\Microsoft SQL Server\MSSQL12.SQLEXPRESS2014\
MSSQL\Data\AdventureWorks_Log2.ldf´
RESTORE LOG AdventureWorks FROM MyAdvWorks_1 WITH RECOVERY
```

例 14.17　使用 BACKUP 和 RESTORE 创建数据库的副本。

以下示例使用 BACKUP 和 RESTORE 语句创建 jxgl 数据库的副本。MOVE 语句使数据和日志文件还原到指定的位置。RESTORE FILELISTONLY 语句用于确定待还原数据库内的文件数及名称。该数据库的新副本称为 TestDB。

```
BACKUP DATABASE jxgl TO DISK = ´D:\jxgl.bak´
RESTORE FILELISTONLY FROM DISK = ´D:\jxgl.bak´
RESTORE DATABASE TestDB FROM DISK = ´D:\jxgl.bak´ WITH MOVE ´jxgl´ TO ´D:\testdb.mdf´,MOVE ´jxgl_
log´ TO ´D:\testdb.ldf´
```

例 14.18　使用 STOPAT 语法还原到时间点和使用多个设备进行还原，本例将数据库还原到它在"2015-02-25 15:49:29"点时的状态，并显示涉及多个备份设备的还原操作。

```
EXEC sp_addumpdevice ´disk´, ´MyAdvWorks_2´,     --创建备份设备2
 ´C:\Program Files\Microsoft SQL Server\MSSQL12.SQLEXPRESS2014\MSSQL\BACKUP\MyAdvWorks_2.bak´;
 BACKUP DATABASE AdventureWorks to disk = ´MyAdvWorks_1´,disk = ´MyAdvWorks_2´ WITH FORMAT, MEDIAN-
AME = ´AdventureWorksSet1´                    --备份到两个备份设备
 BACKUP LOG AdventureWorks TO MyAdvWorks_1 WITH NORECOVERY;--备份日志的尾部并使数据库处于 RESTO-
RING 状态,还原前要先做好备份
 RESTORE DATABASE MyAdvWorks FROM MyAdvWorks_1,MyAdvWorks_2 WITH NORECOVERY,STOPAT = ´2015-02-25
15:49:29´  -- 要求创建多簇媒体集
 RESTORE DATABASE MyAdvWorks FROM MyAdvWorks_1 WITH NORECOVERY,STOPAT = ´2015-02-25 15:49:29´
                                        -- 从备份设备之一 MyAdvWorks_1 中还原
 RESTORE DATABASE MyAdvWorks FROM MyAdvWorks_2 WITH NORECOVERY,STOPAT = ´2015-02-25 15:49:29´
                                        -- 从备份设备之二 MyAdvWorks_2 中还原
 RESTORE LOG MyAdvWorks FROM MyAdvWorks_1 WITH NORECOVERY,STOPAT = ´2015-02-25 15:49:29´
 RESTORE LOG MyAdvWorks FROM MyAdvWorks_2 WITH RECOVERY,STOPAT = ´2015-02-25 15:49:29´
```

例 14.19　将事务日志还原到标记,本例将事务日志还原到名为 ListPriceUpdate 的标记事务中的标记处。

```
BACKUP DATABASE AdventureWorks to disk = ´MyAdvWorks_1´ WITH FORMAT --初始化后备份
USE AdventureWorks
BEGIN TRANSACTION ListPriceUpdate WITH MARK ´修改产品的 listprice 值´
GO
UPDATE Production.Product SET ListPrice = ListPrice * 1.10 WHERE ProductNumber LIKE ´BK-%´
GO
COMMIT TRANSACTION ListPriceUpdate
GO
BACKUP DATABASE AdventureWorks to disk = ´MyAdvWorks_1´  -- 备份
USE master;
BACKUP LOG AdventureWorks TO MyAdvWorks_1 WITH NORECOVERY;  -- 备份
GO --以下假设,过了一段时间,已做了数据与日志备份,接着错误发生了
USE master;
RESTORE DATABASE AdventureWorks FROM MyAdvWorks_1 WITH FILE = 2,NORECOVERY
RESTORE LOG AdventureWorks FROM MyAdvWorks_1 WITH FILE = 3,STOPATMARK = ´ListPriceUpdate´
```

例 14.20　使用 TAPE 语法还原,本例从 TAPE 备份设备还原完整数据库备份。

```
RESTORE DATABASE MyAdvWorks FROM TAPE = ´\\.\tape0´  --需有磁带备份设备
```

例 14.21　使用 FILE 和 FILEGROUP 语法还原,本例还原包含一个文件、一个文件组和一个事务日志的数据库。

```
EXEC sp_addumpdevice ´disk´,´MyBak´,´D:\MyBak.bak´ --创建数据逻辑设备名
BACKUP DATABASE AdventureWorks FILE = ´AdventureWorks_Data´,FILEGROUP = ´PRIMARY´ TO MyBak
BACKUP LOG AdventureWorks TO MyBak WITH NORECOVERY;  -- 还原前先做备份
RESTORE DATABASE AdventureWorks FILE = ´AdventureWorks_Data´,FILEGROUP = ´PRIMARY´ FROM MyBak WITH
NORECOVERY -- 还原数据库
RESTORE LOG AdventureWorks FROM MyBak  --还原日志
```

例 14.22　恢复到数据库快照,本例将数据库恢复到数据库快照。此示例假定该数据库当前仅存在一个快照(注意:Express 版本不支持快照)。

```
USE master
DECLARE @data_path nvarchar(256);       -- @data_path 中存放 SQL Server 数据库路径
SET @data_path = (SELECT SUBSTRING(physical_name,1,CHARINDEX(N´master.mdf´,LOWER(physical_
name))-1) FROM master.sys.master_files WHERE database_id = 1 AND file_id = 1);
USE AdventureWorks
EXECUTE (´CREATE DATABASE AdventureWorks_dbss ON (NAME = AdventureWorks_dat,FILENAME = ´´´ + @
```

data_path + ´AdventureWorks_dbss_dat.ss´) AS SNAPSHOT OF AdventureWorks´); --创建快照
    GO
    RESTORE DATABASE AdventureWorks FROM DATABASE_SNAPSHOT = ´AdventureWorks_dbss´;

14.5　SQL Server 的数据复制或移动方法

(1) 利用 SQL Server 的导入/导出功能。

SQL Server 提供了强大的导入/导出数据复制功能,通过导入/导出数据库向导可以在不同服务器之间轻松移动或复制数据库及其对象。具体已在实验 3 中有介绍,这里不再赘述。

(2) 利用 Bcp 工具。

这种工具运行在"Windows 命令提示符"字符界面窗口中。虽然在 SQL Server 的新版本中不推荐使用,但许多数据库管理员仍很喜欢用它,尤其是用过 SQL Server 早期版本的人。Bcp 有局限性,首先,它的界面不是图形化的,其次,它只是在 SQL Server 的表(视图)与文本文件之间进行复制,但它的优点是性能好、开销小、占用内存少、速度快。如:

bcp AdventureWorks2012.Sales.Currency out Currency.dat -c -Usa　-P123456 -SWIN-4313FJ7ON1E\
SQLEXPRESS2014 (把表输出到 Currency.dat 文件,使用 SQL Server 身份验证方式)

bcp AdventureWorks2012.Sales.Currency out Currency.dat -c -T　-SWIN-4313FJ7ON1E\SQLEXPRESS2014
(把表输出到 Currency.dat 文件,使用可信连接方式即 Windows 身份验证方式)

bcp ˝SELECT FirstName, LastName FROM AdventureWorks2012.Person.Person ORDER BY LastName, First-
name˝ queryout Contacts.txt -c -T　(查询输出到文件中)

有兴趣的朋友可以查参考手册,进一步学习与掌握。

(3) 利用备份和恢复。

先对源数据库进行完全备份,备份到一个设备(device)上,然后把备份文件复制到目的服务器上(恢复的速度快),进行数据库的恢复操作,在恢复的数据库名中填上源数据库的名字(名字必须相同),选择强制型恢复(可以覆盖以前数据库的选项),再选择从设备中进行恢复,浏览时选中备份的文件就行了。这种方法可以完全恢复数据库,包括外键、主键、索引。

(4) 直接复制数据文件。

直接复制数据库数据与日志文件,在目的数据库系统中利用 sp_attach_db 将数据库附加到服务器(也可在 Management Studio 中交互式附加)。

在目的服务器查询窗口中用语句进行恢复:

EXEC sp_attach_db @dbname = ´test´,@filename1 = ´D:\test_data.mdf´,
  @filename2 = ´D:\test_log.ldf´

这样就把 test 数据库附加到 SQL Server 中,可以照常使用。如果不想用原来的日志文件,可以用如下的命令:

EXEC sp_detach_db @dbname = ´test´ -- 从服务器分离数据库
EXEC sp_attach_single_file_db @dbname = ´test´,@physname = ´D:\test_data.mdf´--单文件附加

这个语句的作用是仅仅加载数据文件,日志文件可以由 SQL Server 数据库自动添加,但是原来的日志文件中记录的数据就丢失了。

提示与技巧:在直接复制数据库数据与日志文件之前,一般首先要从服务器分离数据库或使数据库脱机。sp_detach_db 能使数据库从服务器分离,或选中某数据库后单击鼠标右键,选择快捷菜单中"任务(T)"的"脱机"项,即可使数据库脱机。

(5) 编程序式数据移动、备份与恢复。

可以在应用程序(Java、C♯、PB、VB、C++等语言程序)中执行自己编写的程序,也可以在查询窗口中执行,这种方法比较灵活,其实是在某平台上连接到数据库,利用 SQL 语句实现数据操作,这种方法对数据库的影响小,但是如果用到远程链接服务器,要求网络之间的传输性能好,一般主要使用两种语句:

1> select … into new_tablename where …

2> insert (into) old_tablename select … from … where …

区别是前者把数据插入一个新表(先建立表,再插入数据),后者是把数据插入已经存在的一个表中。

(6) 从某个 OLE DB 提供的程序中选择数据,并将数据从外部数据源复制到 SQL Server 实例,详细略。

(7) 使用分布式查询从另一个数据源中选择数据并指定要插入的数据,详细略。

(8) 使用 bulk insert 语句将数据从数据文件导入到 SQL Server 实例。

例 14.23 从 d:\sc.txt 导入数据到 SC 表:

```
bulk insert jxgl.dbo.sc from 'd:\sc.txt' with (FIELDTERMINAtoR = ',',ROWTERMINAtoR = '|\n')
```

自己动手

对数据库 JXGL 实践数据移动方法。

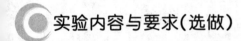

实验内容与要求(选做)

1. 实验总体要求

①选择若干常用的数据库管理系统产品,通过查阅帮助文件或相关书籍,了解产品所提供的数据库备份与恢复措施的实施细节。②针对某一具体应用,考虑其备份与恢复方案、措施等。③针对 Oracle 或 SQL Server 2008/2012/2014 数据库系统,具体学习其备份和恢复操作步骤和操作方式方法。

2. 实验内容

(1) 备份数据库。

① 在 Management Studio 中对 JXGL 数据库进行完整备份。具体见前面实验示例。

② 使用 T-SQL 命令执行备份。

在 T-SQL 命令中,使用不同形式的 backup 命令能实现不同形式的备份。

例 14.24 完成以下备份操作。

① 创建用于存放 JXGL 数据库完整备份的逻辑备份设备,然后备份整个 JXGL 数据库。

命令:

```
use master;exec sp_addumpdevice 'disk','jxgl_1','c:\Program Files\Microsoft SQL Server\MSSQL12.
SQLEXPRESS2014\MSSQL\backup\jxgl_1.dat'
backup database jxgl to jxgl_1
```

② 创建了一个数据库和日志的完整备份。将数据库备份到称为 jxgl_1 的逻辑备份设备

上,然后将日志备份到称为 jxglLog1 的逻辑备份设备上。

use master; exec sp_addumpdevice ´disk´,´jxgl_2´,´c:\Program Files\Microsoft SQL Server\MSSQL12. SQLEXPRESS2014\MSSQL\backup\jxgl_2.dat´

exec sp_addumpdevice ´disk´,´jxglLog1´,´c:\Program Files\Microsoft SQL Server\MSSQL12. SQLEX-PRESS2014\MSSQL\backup\jxglLog1.dat´

backup database jxgl to jxgl_2; backup log jxgl to jxglLog1

③ 创建了一个文件备份。

backup database [JXGL] file = N´jxgl´ to disk = N´c:\Program Files\Microsoft SQL Server\MSSQL12. SQLEXPRESS2014\MSSQL\backup\jxgl 备份.bak´ with init,nounload,name = N´jxgl 备份´,noskip,stats = 10,noformat

（2）还原数据库。

还原与备份是两个互逆的操作,包括还原系统数据库、数据库备份以及顺序还原所有事务日志等。SQL Server 支持自动还原和手工还原。

① 自动还原

自动还原实际上是一个容错功能。SQL Server 在每次发生故障或关机后重新启动时都执行自动还原。自动还原处理检查是否需要还原数据库。如果需要还原数据库,每个数据库使用事务日志信息被还原成最近的一致状态。

② 手工还原

a. 在 Management Studio 中执行还原,具体见前面实验示例,此略。

b. 使用 T-SQL 命令执行还原,还原使用 backup 命令所做的备份。

例14.25 下面举例说明（所有的示例均假定已执行了完整数据库备份）。

① 还原设备 JXGL_1 还原完整数据库：

backup log jxgl to jxglLog1 with norecovery;

restore database JXGL from JXGL_1;

② 下例还原完整数据库备份后还原差异备份（假设之前已做好了相关备份）。

USE master;

ALTER DATABASE jxgl SET RECOVERY FULL --设置为完整恢复模式

backup database jxgl to jxgl_1

backup log jxgl to jxglLog1 with norecovery;

restore database JXGL from JXGL_1 with norecovery;

restore database JXGL from JXGL_1 with file = 2;

③ 下例使用 RESTART 选项重新启动因服务器电源故障而中断的 restore 操作：

backup log jxgl to jxglLog1 with norecovery;

restore database JXGL from JXGL_1; --假设还原因服务器电源故障而中断

restore database JXGL from JXGL_1 with restart; --重新开始还原操作

④ 下例还原完整数据库和事务日志,并将已还原的数据库移动到 c:\Program Files\Microsoft SQL Server\MSSQL\Data 目录下。

backup log jxgl to jxglLog1 with norecovery;

restore database JXGL from JXGL_1 with norecovery, move ´JXGL´ to ´c:\Program Files\Microsoft SQL Server\MSSQL12. SQLEXPRESS2014\MSSQL\Data\NewJXGL.mdf´, move ´JXGL_Log´ to ´c:\Program Files\Microsoft SQL Server\MSSQL12. SQLEXPRESS2014\MSSQL\Data\NewJXGL.ldf´;

restore log JXGL from JXGLLog1 with recovery;

⑤ 从一个文件备份中还原：

backup log jxgl to jxglLog1 with norecovery;

restore database [JXGL] file = N´JXGL´ from DISK = N´c:\Program Files\Microsoft SQL Server\

MSSQL12.SQLEXPRESS2014\MSSQL\backup\JXGL 备份.bak′;

（3）对数据库 JXGL 的备份与还原操作。

①将 JXGL 数据库的故障还原模型设为"完整"；②建立一个备份设备 JXGL_dev，对应的物理文件名为 d：\JXGL_dev.bak；③为 JXGL 数据库做完全备份至备份设备 JXGL_dev；④向 Student 表中插入一行数据；⑤为 JXGL 数据库做差异备份至备份设备 JXGL_dev；⑥再向 Student 表中插入一行数据；⑦为 JXGL 数据库做日志备份至备份设备 JXGL_dev；⑧删除 JXGL 数据库，并创建新数据库 JXGL，为新数据库 JXGL 进行完全备份的恢复，查看 Student 表的内容；⑨为 JXGL 数据库进行差异备份的恢复，查看 Student 表的内容；⑩为 JXGL 数据库进行事务日志备份的恢复，查看 Student 表的内容。

（4）创建一个 ACCESS 数据库 JXGL（JXGL.MDB 文件），把在 SQL Server 中创建的 JXGL 数据库导出到 ACCESS 数据库 JXGL 中。

（5）针对实验 15"15.2 企业库存管理及 Web 网上订购系统（C♯/ASP.NET 技术）"中的数据库 KCGL 制定备份计划，备份数据库 KCGL，并掌握还原方法。

实验15 数据库应用系统设计与开发

实验目的

掌握数据库设计的基本方法；了解 C/S 与 B/S 结构应用系统的特点与适用场合；了解 C/S 与 B/S 结构应用系统的不同开发设计环境与开发设计方法；综合运用前面实验掌握的数据库知识与技术设计开发出小型数据库应用系统。

背景知识

数据库原理及应用课程的学习，其主要的目标是能利用课程中学习到的数据库知识与技术较好地设计开发出数据库应用系统，去解决各行各业信息化处理的要求。本实验主要在于巩固学生对数据库基本原理和基础理论的理解，掌握数据库应用系统设计开发的基本方法，进一步提高学生综合运用所学知识的能力。

数据库应用设计是指对于一个给定的应用环境，构造最优的数据库模式，建立数据库及其应用系统，有效存储数据，满足用户信息要求和处理要求。

为了使数据库应用系统开发设计合理、规范、有序、正确、高效进行，现在广泛采用规范化六阶段开发设计过程与方法，它们分别是需求分析阶段、概念结构设计阶段、逻辑结构设计阶段、物理结构设计阶段、数据库的实施阶段、数据库系统运行与维护阶段。以下实验示例的介绍，就是力求按照六阶段开发设计过程展开的，以求给读者一个开发设计数据库应用系统的样例。

本实验除了要求较好地掌握数据库知识与技术外，还要求熟练掌握某种客户端开发工具或语言。这里，我们分别采用 JAVA、.NET 平台的 C♯ 与 ASP.NET 来实现了两个简单的应用系统。

如果对本实验给出系统所采用的开发工具不熟悉，也无妨。因为实验示例重点是罗列出开发设计过程及如何利用嵌入的 SQL 命令操作数据库数据的技能，利用其他工具或语言开发设计系统的过程及操作数据库的技术是相同的，完全可以利用掌握的工具或语言来实现相应的类似系统。

 实验示例

15.1　企业员工管理系统

随着企业对人才需求的加大,对人力资源管理意识的提高,传统的人事档案管理已经不能满足各个企业对人员管理的需求,企业迫切需要使用新的管理方法与技术来管理员工的相关信息。本系统在极大简化的情况下,想要体现企业员工管理系统(Java 技术)的基本雏形,想要体现 Java 技术在传统 C/S 模式、多窗体方式下数据库应用系统的开发方法。本系统的设计与实现能充分体现出 Java 的编程技术,特别是 Java 操作数据库数据的技术。

15.1.1　开发环境与开发工具

系统开发环境为局域网或广域网网络环境,网络中有一台服务器上安装 SQL Server 2014/2012/2008/2005/2000、ORACLE、MySQL 或 PostgreSQL 数据库管理系统,本子系统采用 Java 语言设计实现,使用 jdk1.5.0_15 及 Eclipse SDK Version:3.3.2(http://www.e-clipse.org/platform)为开发工具,服务器操作系统为 Windows Server 2003 family Build 3790 Service Pack 2 及以上版本。

15.1.2　系统需求分析

企业可以通过员工管理系统实现对企业人员信息及其相关信息的管理,简化的企业员工管理系统具有如下功能。

① 系统的用户管理:包括用户的添加、删除,密码修改等。

② 员工的信息管理:包括员工基本信息的查询、添加、删除、修改等。

③ 员工的薪资管理:包括员工薪资的查询、添加、删除、修改等。

④ 员工的培训管理:包括员工培训计划的查询、添加、删除、修改等。

⑤ 员工的奖惩管理:包括对员工的奖惩信息的查询、添加、删除、修改等。

⑥ 部门的信息管理:包括部门的查询、添加、修改、删除等。

⑦ 其他充分实现对员工信息高效率管理的内容。

15.1.3　功能需求分析

1. 系统功能的描述

企业员工管理系统按如上所假设,管理功能是比较简单的,主要实现了对员工、部门、员工的薪资、员工奖惩、员工培训等的管理,具体管理功能有添加、修改、删除、查询、统计等。系统功能布局见系统功能模块,如图 15-1 所示。

2. 系统功能模块图

"信息管理"板块中的每一个功能管理项都包括查看、添加、删除、修改等功能。

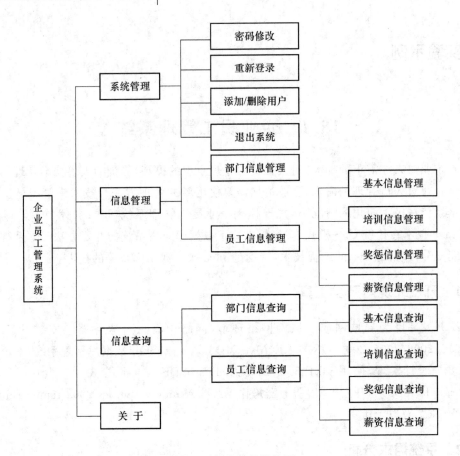

图 15-1　系统功能模块图

15.1.4　系统设计

1. 数据概念结构设计

（1）数据流程图

系统数据流程图如图 15-2 所示。

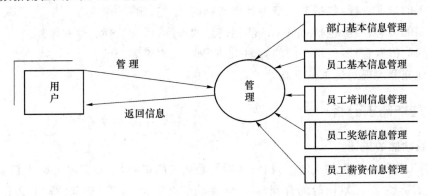

图 15-2　简易系统数据流程图

（2）系统 E-R 图

经调研分析后得简化企业员工管理系统整体基本 E-R 图，如图 15-3 所示。

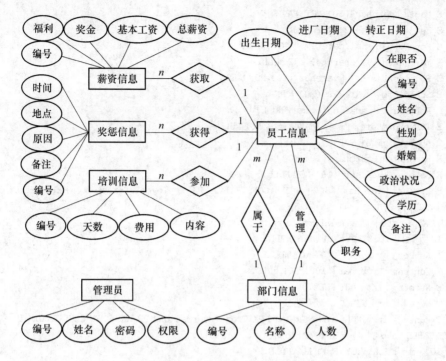

图 15-3　系统基本 E-R 图

2. 数据库逻辑结构(关系模式)设计

按照 E-R 图到逻辑关系模式的转换规则,可得到系统有如下 6 个关系,其中,带下划线的为关系关键字(即主码)。

(1) 员工信息(<u>员工编号</u>,姓名,性别,学历,政治状况,婚姻,出生日期,在职否,进厂日期,转正日期,部门编号,职务,备注)

(2) 奖惩信息(<u>顺序号</u>,奖惩编号,员工编号,奖惩时间,奖惩地点,奖惩原因,备注)

(3) 培训信息(<u>顺序号</u>,培训编号,员工编号,培训天数,培训费用,培训内容)

(4) 薪资信息(<u>顺序号</u>,薪资编号,员工编号,基本工资,奖金,福利,总薪资)

(5) 部门信息(<u>部门编号</u>,部门名称,部门人数)

(6) 管理员信息(<u>编号</u>,姓名,密码,权限)

3. 数据库物理结构设计

本系统数据库表的物理设计通过创建表的 SQL 命令及数据库关系图来呈现,下面只列出 Transact SQL 创建命令(即 T-SQL 命令),针对其他数据库系统的创建命令略。

(1) 创建数据库表的 T-SQL 命令

```
CREATE DATABASE EmployeeIMS    -- 创建数据库
GO
-- 以下为创建各表的 SQL 命令
CREATE TABLE [dbo].[DepartmentInformation](
    [D_Number] [int] IDENTITY(1,1) NOT NULL,
    [D_Name] [varchar](20) NOT NULL,
    [D_Count] [int] NOT NULL, CONSTRAINT [PK_DepartmentInformation] PRIMARY KEY CLUSTERED ([D_
Number] ASC ));
CREATE TABLE [dbo].[EmployeeInformation](
    [E_Number] [int] IDENTITY(1,1) NOT NULL,
```

```
        [E_Name] [varchar](30) NOT NULL,
        [E_Sex] [varchar](2) NOT NULL,
        [E_BornDate] [smalldatetime] NOT NULL,
        [E_Marriage] [varchar](4) NOT NULL,
        [E_PoliticsVisage] [varchar](20) NOT NULL,
        [E_SchoolAge] [varchar](20) NULL,
        [E_EnterDate] [smalldatetime] NULL,
        [E_InDueFormDate] [smalldatetime] NOT NULL,
        [D_Number] [int] NOT NULL,
        [E_Headship] [varchar](20) NOT NULL,
        [E_Estate] [varchar](10) NOT NULL,
        [E_Remark] [varchar](500) NULL, CONSTRAINT [PK_EmployeeInformation] PRIMARY KEY CLUSTERED
([E_Number] ASC ));
    CREATE TABLE [dbo].[TrainInformation](
        [ID] [int] IDENTITY(1,1) NOT NULL,
        [T_Number] [varchar](20) NOT NULL,
        [T_Content] [varchar](100) NOT NULL,
        [E_Number] [int] NOT NULL,
        [T_Date] [int] NULL,
        [T_Money] [int] NULL, CONSTRAINT [PK_TrainInformation] PRIMARY KEY CLUSTERED([ID] ASC ));
    CREATE TABLE [dbo].[WageInformation](
        [ID] [int] IDENTITY(1,1) NOT NULL,
        [W_Number] [int] NOT NULL,
        [E_Number] [int] NOT NULL,
        [W_BasicWage] [decimal](18, 2) NOT NULL,
        [W_Boon] [decimal](18, 2) NOT NULL,
        [W_Bonus] [decimal](18, 2) NOT NULL,
        [W_FactWage] [decimal](18, 2) NOT NULL, CONSTRAINT [PK_WageInformation] PRIMARY KEY CLUS-
TERED ([ID] ASC ));
    CREATE TABLE [dbo].[RewardspunishmentInformation](
        [ID] [int] IDENTITY(1,1) NOT NULL,
        [R_Number] [int] NOT NULL,
        [E_Number] [int] NOT NULL,
        [R_Date] [datetime] NOT NULL,
        [R_Address] [varchar](50) NOT NULL,
        [R_Causation] [varchar](200) NOT NULL,
        [R_Remark] [varchar](500) NULL, CONSTRAINT [PK_EncouragementPunishInformation] PRIMARY KEY
CLUSTERED ([ID] ASC ));
    CREATE TABLE [dbo].[UserInformation](
        [User_ID] [int] IDENTITY(1,1) NOT NULL,
        [User_Name] [varchar](20) NOT NULL,
        [Password] [varchar](20) NOT NULL,
        [Authority] [varchar](20) NULL DEFAULT ('B'), CONSTRAINT [PK_UserInformation] PRIMARY KEY
CLUSTERED ([User_ID] ASC ));
        --
    ALTER TABLE [dbo].[EmployeeInformation]  WITH CHECK ADD  CONSTRAINT [FK_EmployeeInformation_
DepartmentInformation] FOREIGN KEY([D_Number]) REFERENCES [dbo].[DepartmentInformation] ([D_Num-
ber])
    ALTER TABLE [dbo].[TrainInformation]  WITH CHECK ADD  CONSTRAINT [FK_TrainInformation_Employ-
eeInformation] FOREIGN KEY([E_Number]) REFERENCES [dbo].[EmployeeInformation] ([E_Number])
    ALTER TABLE [dbo].[WageInformation]  WITH CHECK ADD  CONSTRAINT [FK_WageInformation_Employee-
Information] FOREIGN KEY([E_Number]) REFERENCES [dbo].[EmployeeInformation] ([E_Number])
```

ALTER TABLE [dbo].[RewardspunishmentInformation] WITH CHECK ADD CONSTRAINT [FK_EncouragementPunishInformation_EmployeeInformation] FOREIGN KEY([E_Number]) REFERENCES [dbo].[EmployeeInformation]([E_Number])

（2）数据库关系图

数据库关系如图 15-4 所示。

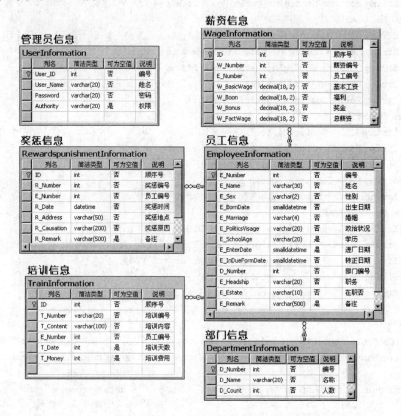

图 15-4　数据库关系图

按需还可创建索引及视图，此处略。

15.1.5　系统功能的实现

1. 数据库连接通用模块

数据库连接、公用操作函数等代码见如下数据库类 Database。

```java
package qxz;
import java.sql. * ;
import javax.swing.JComboBox;
import javax.swing.JList;
import javax.swing.JOptionPane;
import javax.swing.table.DefaultTableModel;
public class Database {
    public static Connection cn;
    public static Statement st;
    public static Statement st2;
    public static ResultSet rs;
    public static String dbms;
```

```java
// below for SQL Server
static String user = ConfigIni.getIniKey ("UserID");
static String pwd  = ConfigIni.getIniKey ("Password");
static String ip   = ConfigIni.getIniKey ("IP");
static String acc  = ConfigIni.getIniKey ("Access");
static String dbf  = ConfigIni.getIniKey ("DataBase");
// below for Oracle
static String UID = ConfigIni.getIniKey ("UID");
static String Passd = ConfigIni.getIniKey ("Passd");
static String Server = ConfigIni.getIniKey ("Server");
static String DB = ConfigIni.getIniKey ("DB");
static String Port = ConfigIni.getIniKey ("Port");
// below for MySQL
static String UID2 = ConfigIni.getIniKey ("UID2");
static String Passd2 = ConfigIni.getIniKey ("Passd2");
static String Server2 = ConfigIni.getIniKey ("Server2");
static String DB2 = ConfigIni.getIniKey ("DB2");
static String Port2 = ConfigIni.getIniKey ("Port2");
// below for PostgreSQL
static String UID3 = ConfigIni.getIniKey ("UID3");
static String Passd3 = ConfigIni.getIniKey ("Passd3");
static String Server3 = ConfigIni.getIniKey ("Server3");
static String DB3 = ConfigIni.getIniKey ("DB3");
static String Port3 = ConfigIni.getIniKey ("Port3");
static {
  try {
    if(ConfigIni.getIniKey ("Default_Link").equals ("1")) {//JDBC--SQL Server 2005
    DriverManager.registerDriver (new com.microsoft.sqlserver.jdbc.SQLServerDriver());
                                                        //注册驱动
    String url = "jdbc:sqlserver://" + ip + ":" + acc + ";" + "databasename = " + dbf;
                                                        //获得一个连接
    cn = DriverManager.getConnection (url, user, pwd);
    dbms = "SQL Server";
    }
    else if(ConfigIni.getIniKey ("Default_Link").equals ("2")) {//JDBC-SQL Server 2000
      DriverManager.registerDriver (new com.microsoft.jdbc.sqlserver.SQLServerDriver());
                                                        //注册驱动
      String url  = "jdbc:microsoft:sqlserver://" + ip + ":" + acc + ";" + "databasename = " + dbf;
                                                        //获得一个连接
      cn = DriverManager.getConnection (url, user, pwd);
      dbms = "SQL Server";
    }
    else if(ConfigIni.getIniKey ("Default_Link").equals ("4")) {//JDBC-ODBC to Oracle
      DriverManager.registerDriver(new sun.jdbc.odbc.JdbcOdbcDriver());
      cn = DriverManager.getConnection ("jdbc:odbc:" + ConfigIni.getIniKey("LinkNameORA").trim
(),UID,Passd);//获得一个连接
      dbms = "Oracle";
    }
    else if(ConfigIni.getIniKey ("Default_Link").equals ("5")) {//JDBC to Oracle
      DriverManager.registerDriver(new oracle.jdbc.driver.OracleDriver());
      String url = "jdbc:oracle:thin:@" + Server + ":" + Port + ":" + DB;
      cn = DriverManager.getConnection (url, UID, Passd);
```

```
        dbms = "Oracle";
    }
    else if(ConfigIni.getIniKey("Default_Link").equals ("6")) {//JDBC to MySQL
        try { Class.forName("com.mysql.jdbc.Driver").newInstance();
        } catch (Exception ex) {  }
        String url = "jdbc:mysql://localhost/" + DB2 + "?" + "user=" + UID2 + "&" + "password=" + Passd2;
        try {   cn = DriverManager.getConnection(url);
        } catch (SQLException ex) {
            System.out.println("SQLException:" + ex.getMessage());
            System.out.println("SQLState: " + ex.getSQLState());
            System.out.println("VendorError:" + ex.getErrorCode());
        }
        dbms = "MySQL";
    }
    else if(ConfigIni.getIniKey ("Default_Link").equals ("7")) {//JDBC-ODBC to MySQL
        DriverManager.registerDriver(new sun.jdbc.odbc.JdbcOdbcDriver());
        cn = DriverManager.getConnection ("jdbc:odbc:" + ConfigIni.getIniKey("LinkNameMySQL").
trim(),UID2,Passd2);
        dbms = "MySQL";
        Linknum = "7";
    }
    else if(ConfigIni.getIniKey ("Default_Link").equals ("8")) {//JDBC-ODBC to postgresql
        Class.forName("org.postgresql.Driver");
        String url = "jdbc:postgresql://" + Server3 + ":" + Port3 + "/" + DB3;
        cn = DriverManager.getConnection(url, UID3, Passd3);
        dbms = "PostgreSQL";
    }
    else if(ConfigIni.getIniKey ("Default_Link").equals ("9")) {//JDBC-ODBC to PostgreSQL
        DriverManager.registerDriver(new sun.jdbc.odbc.JdbcOdbcDriver());
        cn = DriverManager.getConnection ("jdbc:odbc:" + ConfigIni.getIniKey("LinkNamePost-
greSQL").trim(),UID3,Passd3);
        dbms = "PostgreSQL";
    }
    else {//ConfigIni.getIniKey("Default_Link").equals("3") //JDBC-ODBC to SQL Server
        DriverManager.registerDriver(new sun.jdbc.odbc.JdbcOdbcDriver());
        cn = DriverManager.getConnection ("jdbc:odbc:" + ConfigIni.getIniKey("LinkName").trim(),
user,pwd);
        dbms = "SQL Server";
    }
        st = cn.createStatement(ResultSet.TYPE_SCROLL_SENSITIVE,ResultSet.CONCUR_READ_ONLY);
        st2 = cn.createStatement(ResultSet.TYPE_SCROLL_SENSITIVE,ResultSet.CONCUR_READ_ONLY);
    }
    catch (Exception ex) {
        System.out.println(ex.getMessage().toString() + "--");
        JOptionPane.showMessageDialog (null, "数据库连接失败…", "错误", JOptionPane.ERROR_
MESSAGE);
        System.exit(0);
    } //End try
}
// 执行查询 SQL 命令,返回记录集对象函数
    public static ResultSet executeQuery(String sql) {
    ResultSet rs = null ;
```

```
        try {
                st2 = cn.createStatement(ResultSet.TYPE_SCROLL_SENSITIVE,ResultSet.CONCUR_READ_
ONLY);// 需要此句否则相互干扰
        rs = st2.executeQuery(sql);
        }catch(Exception e){
        e.printStackTrace();
        }//End try
        return rs;
        }
    // 执行更新类 SQL 命令的函数
    public static int executeUpdate(String sql) {
    int i = 0 ;
    try {
            st2 = cn.createStatement(ResultSet.TYPE_SCROLL_SENSITIVE,ResultSet.CONCUR_READ_ONLY);
            i = st2.executeUpdate(sql) ;
            cn.commit();
        }
        catch(Exception e) {
            e.printStackTrace();
        }
        return i;
    }
    // 执行查询 SQL 命令,返回是否成功的函数
    public static boolean query(String sqlString){
        try {
            rs = null;
            rs = st.executeQuery(sqlString);
        }catch (Exception Ex) {
            System.out.println("sql exception:" + Ex);
            return false;
        }
        return true;
    }
    // 执行更新类 SQL 命令,返回是否成功的函数
    public static boolean executeSQL(String sqlString){
        boolean executeFlag;
        try{st.execute(sqlString);
            executeFlag = true;
        } catch (Exception e) {
            executeFlag = false;
            System.out.println("sql exception:" + e.getMessage());
        }
        return executeFlag;
    }
    // 执行 SQL 查询命令,初始化到组合框的函数
    public static void initJComboBox (JComboBox jComboBox, String sqlCode){
        jComboBox.removeAllItems();
        try{ ResultSet rs = executeQuery (sqlCode);
            int row = recCount (rs);
            //从结果集中取出 Item 加入 JComboBox 中
            if(row ! = 0) rs.beforeFirst();
            for (int i = 0; i < row; i++) {
```

```
            rs.next();
            jComboBox.addItem(rs.getString(1));
        }
        jComboBox.addItem("");
    }
    catch (Exception ex) {
        System.out.println("sunsql.initJComboBox(): false");
    }
}
··· // 其他公用函数略
}
```

本程序通过 ConfigIni.java 文件中的 ConfigIni 类来获取连接数据库的相关信息。这些连接数据库的相关信息组织存放于 Config.ini 系统配置文件中，这样便于修改与配置连接数据库的相关参数值。该文件的参考内容如下：

```
[SOFTINFO] =
  UserName = qxz
  CompName = jndx
[CONFIG] =
  Soft_First = 0
  Default_Link = 6
  Default_Page = 1
[JDBC 1--SQL Server 2005，2--SQL Server 2000] =
  IP = 127.0.0.1
  Access = 1433
  DataBase = EmployeeIMS
  UserID = sa
  Password = sasasasa
[ODBC 3--odbc to SQL Server] =
  LinkName = EmployeeIMS
[ODBC 4--odbc to Oracle] =
  LinkNameORA = EmployeeIMSORA
[JDBC 5--Oracle ] =
  UID = scott
  Passd = tiger
  Server = qxz1
  DB = qxz1
  Port = 1521
[JDBC 6--MySQL ] =
  UID2 = root
  Passd2 = qxz
  Server2 = qxz1
  DB2 = EmployeeIMS
  Port2 = 3306
[ODBC 7--odbc to MySQL] =
  LinkNameMySQL = EmployeeMySQL
[JDBC 8--PostgreSQL ] =
  UID3 = qxz
  Passd3 = qxz
  Server3 = localhost
  DB3 = EmployeeIMS2
  Port3 = 5432
```

```
[ODBC 9--odbc to PostgreSQL]=
  LinkNamePostgreSQL=EmployeePostgreSQL
```

其中，"Default_Link＝"指定1～9中某数字，代表着连接数据库的某种方式方法。可以看到："Default_Link＝1"表示通过 JDBC 连接到 SQL Server 2005；"Default_Link＝2"表示通过 JDBC 连接到 SQL Server 2000；"Default_Link＝3"表示通过 JDBC-ODBC 桥连接到 SQL Server 2000 或 SQL Server 2005；"Default_Link＝4"表示通过 JDBC-ODBC 桥连接到 Oracle；"Default_Link＝5"表示通过 JDBC 连接到 Oracle；"Default_Link＝6"表示通过 JDBC 连接到 MySQL；"Default_Link＝7"表示通过 JDBC-ODBC 桥连接到 MySQL；"Default_Link＝8"表示通过 JDBC 连接到 PostgreSQL；"Default_Link＝9"表示通过 JDBC-ODBC 桥连接到 PostgreSQL。

要说明的是，要使1～9种连接的数据库方法能正常工作，需要先在服务器端安装相应数据库管理系统并正确配置，再通过执行 SQL 脚本等方法在某数据库系统下创建系统库表等对象，在 Config.ini 系统配置文件中正确配置相应某数据库的连接选项值，只有这样才能成功运行。

注意：从 Java SE8 起，JDK 中将不再包含 JDBC-ODBC 桥了，要么采用 Java SE8 以前的版本，要么就不用 JDBC-ODBC 桥连接方式了。

2. 部分功能界面的实现

（1）系统登录及主界面类模块

系统登录界面如图 15-5 所示，登录成功后系统主界面如图 15-6 所示。具体源程序都略（详见应用程序源程序）。

图 15-5　系统登录界面

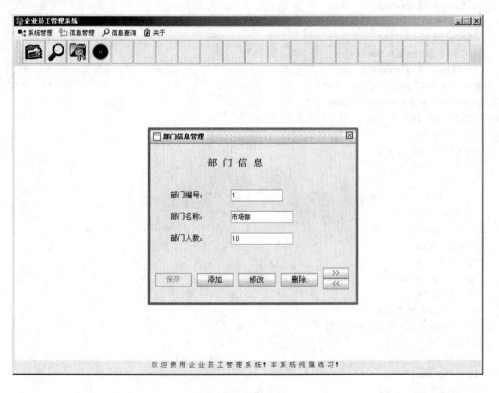

图 15-6　系统主界面

（2）员工基本信息维护类模块

员工基本信息管理操作界面如图 15-7 所示。

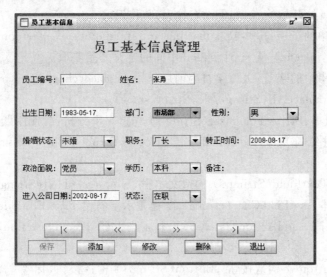

图 15-7 员工基本信息管理操作界面

（3）查询与统计类模块界面

本部门信息查询操作界面如图 15-8 所示。

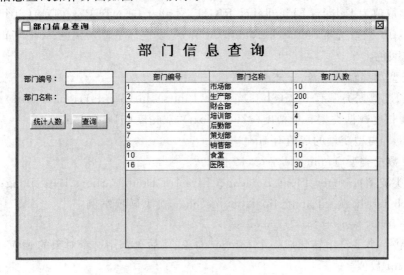

图 15-8 部门信息查询操作界面

3. Java 常用方法

（1）获取字符串的长度：s. length()。

（2）比较两个字符串：s1. equals(String s)、int s1. compareTo(String anotherString)。

（3）把字符串转化为相应的数值：int 型 Integer. parseInt(字符串)、Integer. valueOf(my_str). intValue( )、long 型 Long. parseLong（字符串）、float 型 Float. valueOf（字符串）. floatValue()、double 型 Double. valueOf(字符串). doubleValue()。

（4）将数值转化为字符串：String. valueOf(数值)、Integer. toString(i)。

（5）将字符串转化为日期：java. sql. Date. valueOf(dateStr)。

（6）将日期转化为字符串：java. sql. Date. toString()。

（7）字符串检索：s1. indexOf(Srting s) 从头开始检索；s1. indexOf(String s ,int startpoint) 从 startpoint 处开始检索，如果没有检索到，将返回−1。

（8）得到字符串的子字符串：s1. substring(int startpoint) 从 startpoint 处开始获取；s1. substring(int start,int end) 从 start 到 end 中间的字符开始获取。

（9）替换字符串中的字符，去掉字符串前后空格：replace(char old,char new) 用 new 替换 old；s1. trim()；s1. replaceAll(String sold,String snew)。

（10）分析字符串：StringTokenizer(String s) 构造一个分析器，使用默认分隔字符（空格，换行，回车，Tab，进纸符）；StringTokenizer(String s，String delim) delim 是自己定义的分隔符。

（11）文本框：TextField(String s) 构造文本框，显示 s；setText(String s) 设置文本为 s；getText() 获取文本 ；setEchoChar(char c) 设置显示字符为 c；setEditable(boolean) 设置文本框是否可以被修改 ；addActionListener() 添加监视器 ；removeActionListener() 移去监视器。

（12）按钮 ：Button() 构造按钮 ；Button(String s) 构造按钮，标签是 s ；setLabel(String s) 设置按钮标签是 s ；getLabel() 获取按钮标签 ；addActionListener() 添加监视器 ；removeActionListener() 移去监视器。

（13）标签：Label() 构造标签；Label(String s) 构造标签，显示 s；Label(String s,int x)，x 是对齐方式，取值为 Label. LEFT、Label. RIGHT、Label. CENTER；setText(String s) 设置文本 s ；getText() 获取文本；setBackground(Color c) 设置标签背景颜色；setForeground(Color c) 设置字体颜色。

（14）类型及其转换，Java 基本类型有以下 4 种：

① int 长度数据类型有 byte(8bits)，short(16bits)，int(32bits)，long(64bits)；

② float 长度数据类型有单精度(32bits float)，双精度(64bits double)；

③ boolean 类型变量的取值有 ture、false；

④ char 数据类型有 unicode 字符，16 位。

对应的类类型：Integer、Float、Boolean、Character、Double、Short、Byte、Long；从低精度向高精度转换 byte、short、int、long、float、double、char，类型转换举例：

int i = Integer. valueOf("123"). intValue()

本例是将一个字符串转化成一个 Integer 对象，然后再调用这个对象的 intValue()方法返回其对应的 int 数值。

float f = Float. valueOf("123"). floatValue()

本例是将一个字符串转化成一个 Float 对象，然后再调用这个对象的 floatValue()方法返回其对应的 float 数值。

double d = Double. valueOf("123"). doubleValue()

本例是将一个字符串转化成一个 Double 对象，然后再调用这个对象的 doubleValue()方法返回其对应的 double 数值。

int i = Integer. parseInt("123")

此方法只能适用于字符串转化成整型变量

float f = Float. valueOf("123"). floatValue()

本例是将一个字符串转化成一个 Float 对象,然后再调用这个对象的 floatValue()方法返回其对应的 float 数值。

```
long l = Long. valueOf("123"). longValue()
```

本例是将一个字符串转化成一个 Long 对象,然后再调用这个对象的 longValue()方法返回其对应的 long 数值。

(15) 获取记录集记录字段的值:i=rs. getInt(编号字段);sl=rs. getString(名称字段)。

15.1.6 测试运行和维护

1. 系统运行与维护

经测试,系统功能运行良好。虽然在不同操作系统中系统运行方式有所不同,但系统在多种操作系统下都能正常运行,可见本系统的兼容性是不错的。这里说明两个操作系统平台下的运行方式。

① Windows XP/Windows 7/Windows 8:直接双击"qxz. jar"文件包(下文将说明其如何制作)即可运行,前提是先附加数据库,而且建立数据源(若直接使用 JDBC 驱动可不必建数据源)。

② Windows 2000:Windows 2000 下不能直接运行 jar 文件,在附加数据库且建立数据源之后,打开 MS-DOS 命令窗体,改变当前目录到"qxz. jar"文件所在的目录,运行命令为:

```
java -jar qxz. jar
```

维护阶段最主要需要保存好最新的数据库文件,可以定期周期性做好系统的备份。

系统编码完成后,要经过反复调试、测试与试用运行后,才能正式交付企业使用。

2. 系统的相关文件及如何制作 jar 文件包

下面来补充说明本系统的相关文件及如何制作 jar 文件包。

(1) 本系统的文件组成

本系统是在"Eclipse SDK Ver 3.3.2"集成环境下编辑、调试与运行的。通过新建项目来组织系统文件,如图 15-9 所示。左边子窗体呈现了项目"yuangong2"及其所包含的系统组成部分:①"image"目录存放系统使用的图形图像文件;②"qxz"目录存放系统所有 Java 源程序及其编译产生的"class"目标文件;③"JRE System Library[jdk1.5.0_15]"引用的系统库文件;④"Referenced Libraries"引用的其他库文件;⑤"sqlserver20002005jdbc"存放连接 SQL Server 2000/2005 的 JDBC 库文件目录;⑥"oraclejdbc"存放连接 Oracle 数据库的 JDBC 库文件目录;⑦"mysql-connector"存放连接 MySQL 的 JDBC 库文件目录;⑧"postgresql-jdbc"存放连接 PostgreSQL 的 JDBC 库文件目录;⑨Config. ini 系统配置文件;⑩其他相关系统文件。

(2) 如何制作本系统的 jar 文件包

制作可执行的 jar 文件包要利用 jar 命令。jar 命令文件一般位于 Java jdk 安装目录的"bin"子目录中,如在"C:\jdk1.5.0_15\bin"中。在 DOS 窗口中运行不带参数的 jar 命令能得到命令参数的说明(注意:运行前应通过 set path 命令设置路径,如 set path= C:\jdk1.5.0_15\bin),这里不再展开,只对制作本系统的 jar 文件包举例说明,命令有如下几种。

① 把系统所有相关文件压缩制作到 qxz. jar 文件包中。

```
jar -cvfm qxz. jar MANIFEST. MF qxz\ *. * image\ *. * Config. ini sqlserver20002005jdbc\msbase. jar
sqlserver20002005jdbc\ mssqlserver. jar sqlserver20002005jdbc\ msutil. jar sqlserver20002005jdbc \
sqljdbc. jar mysql-connector\mysql-connector-java-5.0.8-bin. jar oraclejdbc\classes12. jar postgresql-
jdbc\postgresql-8.2-506. jdbc3. jar
```

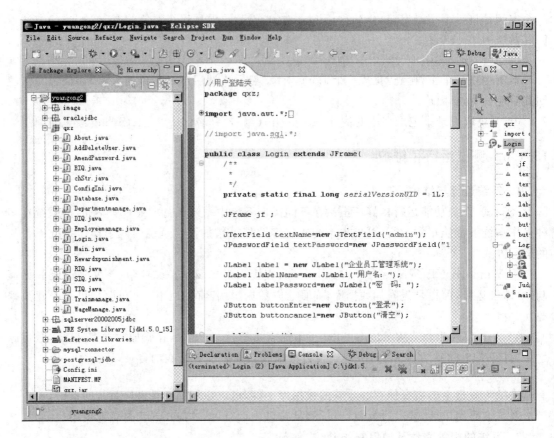

图 15-9　本系统的 Eclipse 集成开发环境

② 把所有系统程序的 class 字节码文件压缩制作到 qxz. jar 文件包中。

jar -cvfm qxz. jar MANIFEST. MF qxz\ * .class

以上两命令中使用到清单文件 MANIFEST. MF（为文本文件），其内容如下：

Manifest-Version：1.0

Created-By：1.5.0_15（Sun Microsystems Inc.）

Class-Path：sqlserver2000&2005jdbc\msbase. jar sqlserver20002005jdbc\mssqlserver. jar sqlserver20002005jdbc\msutil. jar sqlserver20002005jdbc\sqljdbc. jar mysql-connector\mysql-connector-java-5.0.8-bin. jar oraclejdbc\classes12. jar postgresql-jdbc\postgresql-8.2-506. jdbc3. jar

Main-Class：qxz. Login

该文件中的以上内容主要指定了引用到的 JDBC 类库及系统的主类为 qxz. Login（即 qxz 目录中 Login. class 中的 Login 类）。

说明：以上两种情况，运行时 qxz. jar 所在的目录中都需要有"image"目录及其文件、"sqlserver2000&2005jdbc"目录及其文件，"sqlserver2000&2005jdbc"目录及其文件、"sqlserver2000&2005jdbc"目录及其文件及 Config. ini 系统配置文件。

③ 把所有系统程序的 class 字节码文件及 com 子目录下的所有类文件（是把 SQL Server 数据库的 JDBC 类库释放后得到的，就是 JDBC 类文件）压缩制作到 qxz. jar 文件包中。

jar -cvfm qxz. jar MANIFEST2. MF qxz\ * .class com\ * . *

其中命令中的清单文件为 MANIFEST2. MF（为文本文件），其内容可简单为：

Manifest-Version：1.0

Created-By：1.5.0_15（Sun Microsystems Inc.）

```
Main-Class: qxz.Login
```

这样运行 qxz.jar 时，其所在的目录中不再需要"sqlserver20002005jdbc"目录及其类库文件了。

　　说明：其他 JDBC 类库也可以在释放成文件夹及文件后，直接压缩到系统文件包中，这样运行时就不再需要相应目录及其类库文件了。

15.2　企业库存管理及 Web 网上订购系统

　　企业库存管理子系统，往往是企业众多管理子系统中企业物资供应管理子系统或企业产品销售管理子系统的核心模块。有的企业在管理系统规划设计时，根据企业管理的现状或重点对仓库管理的需要，专门设置仓库管理子系统，实际上核心管理内容主要是对出入仓库的各类物品的管理或对仓库中物品库存的有效管理。

　　天辰冷拉型钢有限公司是无锡的小型钢铁加工企业，本案例介绍的企业库存管理系统的原型就来自该企业，该企业以钢铁产品的物理加工为主，如拉伸、压制、锻造等，为此，企业的加工原料与生产产品的描述属性相似，企业原来在原料（即坯料）采购与产品销售中根据手工制作的 Excel 表格来管理库存数据。希望开发库存管理子系统能对原料与产品的库存由计算机自动管理，原料采购与产品销售中能实时获取库存信息，以利于更有效地开展企业活动。

　　Web 网上订购系统是企业为适应不断发展着的 Internet 上电子商务活动的需要。通过 Web 网页方式，企业能更好地宣传自己，扩大影响力，能方便快捷地开展网上产品销售活动。

　　企业库存管理与 Web 网上订购系统（C♯/ASP.NET 技术）对整个企业管理信息系统来说是较小范围的局部系统，然而，它较具典型性与实用性，把它应用于本书，用来介绍数据库应用系统的设计与开发是较适合的，因为简单小系统能让初学者更容易了解与把握系统全貌，学习与借鉴系统的分析、设计与实现，更能说明问题，章节的篇幅也有限可控。

15.2.1　开发环境与开发工具

　　天辰冷拉型钢有限公司内部已有局域网，网络中有若干配置较高的台式机可以用作服务器，服务器上安装 SQL Server 2014/2012/2008/2005/2000，其中有一台服务器能以 ADSL 方式宽带上网并安装有 IIS Web 服务器。服务器或各部门的客户机都安装了各种类型的 Windows 操作系统，一般还安装了如 Word、Excel 等 OFFICE 软件。

　　为此，开发设计的库存管理子系统，首先是基于局域网的客户机/服务器系统（C/S 模式），支持企业信息集中存放在 SQL Server 数据库中，承担数据服务器功能，使用系统的客户机上安装有将开发设计出的库存管理子系统，多客户机同时共享使用服务器中的库存系统数据。随着 Internet 上企业商务活动的广泛开展，本 C/S 模式的库存管理子系统可以容易地扩展成支持 B/S 模式的 Internet 上的商务系统，实际上我们也确实这样做了。因为未来的企业管理系统往往是 C/S、B/S、基于 Web 服务等模式共存的系统，如图 15-10 所示。

　　本子系统可以使用 Visual C♯ 2013 与 ASP.NET 2013 或 Visual Basic 6.0 与 ASP 等开发工具开发与运行，系统能在企业内部局域网上共享使用，库存查询与网上订购功能的网页发布到 Web 服务器上能支持在 Internet 上使用 Web 网上订购系统。

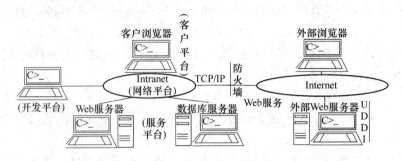

图 15-10　C/S、B/S、基于 Web 服务等模式共存的系统示意图

本书对本系统实现的介绍是基于 2013 版本的 C♯ 与 ASP. NET 的，本书相关资料中还提供了本系统采用 Visual Basic 6.0 与 ASP 功能实现的源程序，读者可一并学习参考。

15.2.2　系统需求分析

经过调查，对企业库存管理和 Web 网上订购的业务流程进行分析。能知库存的变化通常是通过入库、出库操作来进行的。系统对每个入库操作均要求用户填写入库单，对每个出库操作均要求用户填写出库单，网上订购则更直接，通过订购系统在网上直接下单。在完成出入库操作的同时，可以进行增加、删除和修改数据记录等操作。用户可以随时进行各种查询、统计、报表打印、账目核对等工作。另外，需要时也可以用图表等形式来反映查询结果。

在使用本系统之前，企业通过手工维护 Excel 表格来管理原料与产品库存的数据。但是在使用中遇到很多问题，如：①文件级共享，共享性差，安全性低；②实时性差，Excel 表中的内容只有及时保存后，其他电脑才能读到，另外，不能允许两个以上的人同时更新库存文件；③查询、统计等操作不方便；④根本不能实现 Web 网上订购功能。

在充分了解原 Excel 工作模式，多次深入询问调研后，基本了解了企业就库存管理及网上订购系统对数据与处理的需求。

本系统主要要处理的数据有：产品与坯料的入、出库信息；产品与坯料的实时库存信息；产品与坯料月明细库存信息（包括产品每天的入出库信息）；产品与坯料月区段统计表（包括累计月初值、月入库、月出库、月末库存值等情况）；产品与坯料月末累计统计表（包括累计入库、累计出库、月末库存值等情况）；模具库存信息。网上订购需要有：用户一次订购信息，其包括订购明细信息；月份的设定信息（如某月从某日到某日的信息等）；其他还包括从安全性与权限控制考虑的各级别用户信息等。总体上而言，输入入出库信息后，能得到库存、各种统计、汇总、分类信息等，Web 用户能查阅库存信息，决定网上订购量等。

基于以上系统涉及的处理数据，C/S 模式实现的库存管理系统具体涉及：①能方便及时多用户地录入产品、坯料、模具等入出库单数据；②能方便查阅、核对入出库单数据，并能方便维护产品、坯料、模具等入出库单原始数据；③能以组合方式快速查阅产品、坯料、模具等入出库单原始数据；④能按一键完成对库存、按月或分日对产品、坯料的统计；⑤能自动产生产品或坯料的实时库存；⑥能以树型结构或表格方式方便查阅各类各种产品或坯料的实时库存；⑦能由分类统计值，反查其明细清单；⑧能把主要表或查询信息按需导出到 Excel 中，支持原有手工处理要求，导出到 Excel 的数据能用于保存或排版打印等需要；⑨分级别用户管理；⑩月份设定与统计管理等。

B/S 模式实现的网上订购系统的具体处理与数据主要有：①能实现网上用户的注册与登录，登录用户的管理；②能方便查阅（如分页查询）产品及库存信息，方便产品选购；③能实现基本的购物车功能；④能完成订购，实现网上支付过程，并自动产生订购明细数据，产生产品Web 销售对应的出库记录，自动更改产品库存；⑤事后能查阅自己的历史订单及明细数据；⑥具有商务网站的基本功能，如网站公告、系统简介、自己的用户信息维护、找回密码、联系我们、友情链接等。

C/S 与 B/S 两类系统共用同一个数据库，数据间紧密依赖，密切关联与联动，数据库则集中存放在企业服务器上的 SQL Server 2014/2012/2008/2005/2000 数据库管理系统中。

1. 系统数据流图

在仔细分析调查有关信息需要的基础上，能得到库存管理之产品库存管理系统的基本模型，如图 15-11 所示。产品库存管理系统的功能级（1 级）数据流图如图 15-12 所示（坯料或原料库存系统的功能级数据流图略，请读者参照完成）。对图 15-11 中的"处理事务"分解后的 2 级数据流图如图 15-13 所示。

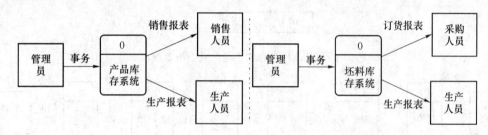

图 15-11 坯料与产品库存系统的基本系统模型

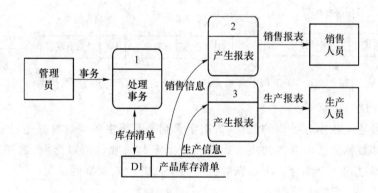

图 15-12 产品库存系统的功能级数据流图

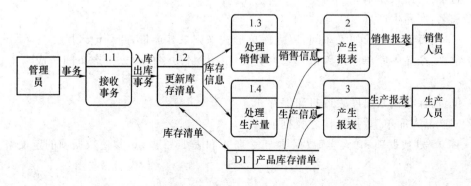

图 15-13 产品库存系统中"处理事务"分解后的数据流图

Web 网上订购系统的基本系统模型如图 15-14 所示,系统的功能级(1 级)数据流图如图 15-15 所示。对图 15-15 中的"网上订购"分解后的 2 级数据流图如图 15-16 所示。

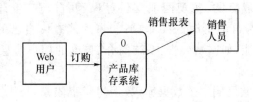

图 15-14　Web 网上订购系统的基本系统模型

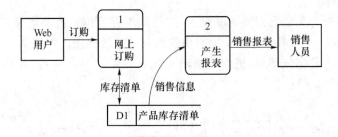

图 15-15　Web 网上订购系统的功能级数据流图

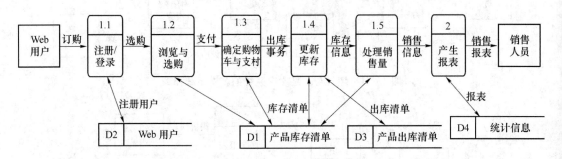

图 15-16　Web 网上订购系统中"网上订购"分解后的数据流图

2. 系统数据字典

数据流图表达了数据和处理的关系,数据字典则是系统中各类数据描述的集合,是进行详细的数据收集和数据分析所获得的主要成果。数据字典通常包括数据项、数据结构、数据流、数据存储和处理过程 5 个部分。下面以数据字典卡片的形式来举例说明。

(1)"产品入库单"数据结构

① 名字:产品入库单。

② 别名:产品生产量。

③ 描述:每天生产或加工车间,以入库单形式来记录其产量,并登记入库。

④ 定义:产品入库单=入库单号+大类+规格+材质+单位+生产车间+成本+日期+入库值+经办人。

⑤ 位置:保存到入出库表或打印保存。

(2)"产品入库单"数据结构之数据项

"入库单号"数据项和"大类"数据项如表 15-1 和表 15-2 所示,其他数据项的定义略。

表 15-1 "入库单号"数据项	
名字	入库单号
别名	顺序号
描述	唯一标识某产品入库的数字编号
定义	整型数
位置	产品入库表、产品入出库表

表 15-2 "大类"数据项	
名字	大类
别名	产品大类名
描述	产品的第一大分类名
定义	字符型汉字名称,汉字数<=3
位置	产品入库表、产品入出库表、产品库存表、各统计表

（3）数据流

数据流是数据结构在系统内传输的路径。前面已画出的数据流图能较好地反映出数据的前后流动关系,除此外还能作如下描述(以"入库单数据流"来说明)。

数据流名:入库单数据流。

说明:"产品入库单"数据结构在系统内的流向。

数据流来源:管理员接收事务。

数据流去向:库存处理事务。

平均流量:每天几十次。

高峰期流量:每天上百次。

（4）数据存储

数据存储是数据结构停留或保存的地方,也是数据流的来源和去向之一。它可以是手工文档或手工凭单,也可以是计算机文档。对数据存储的描述通常包括(以入库表数据存储来说明)以下几个方面。

① 数据存储名:入库表。

② 说明:入库单数据,作为原始数据需要保存与备查。

③ 编号:入库单为唯一标识,顺序整数,从 1 开始每次增加 1。

④ 输入的数据流:入库单数据流,来自生产车间。

⑤ 输出的数据流:出库单数据流,用于销售部门销售。

⑥ 数据结构:"产品入库单""产品出库单""产品库存"。

⑦ 数据量:一天,100×100＝10 000 字节。

⑧ 存取频度:每小时存取更新 10～20 次,查询大于等于 100 次。

⑨ 存取方式:联机处理、检索与更新、顺序检索与随机检索。

（5）处理过程

处理过程的具体处理逻辑一般用判定表或判定树来描述。数据字典中只需要描述处理过程的说明性信息,如"实时产品库存计算"的处理过程说明如下。

① 处理过程名:实时产品库存计算。

② 说明:随着入库单、出库单的不断输入,要能实时计算出当前各产品的库存。

③ 输入:入库单数据流,来自生产车间;出库单数据流,来自销售部门。

④ 输出:计算出各产品当前库存。

⑤ 处理:产品库存计算的功能就是实时计算产品库存,处理频度为每小时 20～40 次,每当有入库单数据流或出库单数据流发生都要引发库存计算事务,计算库存涉及的数据为每小

时 4~10 KB,希望在发生入库或出库信息时实时计算库存。

以上通过几个例子说明了数据字典的基本表示方法,只是起到引导的作用。完整、详尽的系统数据字典是在需求分析阶段,在充分调研、分析、讨论的基础上建立,并将在数据库设计过程中不断修改、充实、完善,它是数据库应用系统良好设计与实现的基础与保障。

3. 本系统需要管理的实体信息

① Web 订单:顺序号、订单号、订单日期、订购总额、支付方式、确认标志、地址、Email 地址、备注等。

② Web 用户表:用户编号、用户名、口令、Email 地址、地区、地址、邮编、QQ 号、电话、用户级别、其他。

③ 产品年月设置:年月、起始日期、终止日期、创建标志、生成次数、已结转、已删除等。

④ 产品入库单:顺序号、大类、规格、材质、单位、生产车间、成本、日期、入库值、经办人、处理标记等。

⑤ 产品出库单:顺序号、大类、规格、材质、单位、发货去向、单价、日期、出库值、经办人、处理标记等。

⑥ 产品实时库存:大类、规格、材质、产品入库、产品出库、产品库存、图片、图片文件、单价、折扣率、产品说明、顺序号等。

⑦ 坯料年月设置:年月、起始日期、终止日期、创建标志、生成次数、已结转、已删除等。

⑧ 坯料入库单:顺序号、材质、钢号、规格、单位、钢产地、单价、日期、入库值、经办人、处理标记等。

⑨ 坯料出库单:顺序号、材质、钢号、规格、单位、领用车间、单价、日期、出库值、经办人、处理标记等。

⑩ 坯料实时库存:材质、钢号、规格、入库量、出库量、库存量、图片等。

⑪ 模具库存:顺序号、分类、厚度、乘、宽度、库存数量、备注等。

⑫ 系统用户:用户编号、用户姓名、口令、等级等。

4. 本系统要管理的实体联系信息

① Web 订单与产品库存间的"Web 订单明细"联系要反映:订单号、产品编号、订购量等。

② "月累计库存"联系要反映:年月、大类、规格、产量、销量、产品库存等。

③ "产品月区段库存"联系要反映:年月、大类、规格、期初值、产量、销量、期末值等。

④ "月产品明细库存"(月份不同属性个数也不同)联系要反映:年月、大类、规格、材质、单位、发货去向、期初值、期末值、1 号、2 号、……、31 号等。

⑤ "坯料累计库存"联系要反映:年月、规格、钢产地、入库量、出库量、库存量等。

⑥ "坯料月区段库存"联系要反映:年月、规格、钢产地、期初值、入库、出库、期末值等。

⑦ "坯料月区段库存 2"联系要反映:年月、规格、钢产地、期初值、入库、出库、期末值等。

⑧ "月坯料明细库存"(年月不同属性个数也不同)联系要反映:年月、材质、钢号、规格、单位、钢产地、期初值、期末值、1 号、2 号、……、31 号等。

15.2.3 功能需求分析

在数据库服务器如 SQL Server 2014/2012/2008/2005/2000 中,要创建 KCGL 数据库,在数据库上建立各关系模式对应的库表信息,并确定主键、索引、参照完整性、用户自定义完整性等约束要求。

（1）C/S 模式实现的库存管理系统功能需求

① 能对各原始数据表实现输入、修改、删除、添加、查询、打印等基本操作。

② 能方便及时多用户地录入产品、坯料、模具等入出库单数据。

③ 能方便查阅、核对入出库单数据，并能方便维护产品、坯料、模具等入出库单原始数据。

④ 能以组合方式快速查阅产品、坯料、模具等入出库单原始数据。

⑤ 能按一键完成对库存、按月或分日对产品、坯料的统计。

⑥ 能自动产生产品或坯料的实时库存。

⑦ 能以树型结构或表格方式方便查阅各类各种产品或坯料的实时库存。

⑧ 能由分类统计值，反查其明细清单。

⑨ 能把主要表或查询信息按需导出到 Excel 中，支持原有手工处理要求，导出到 Excel 的数据能用于保存或排版、打印等需要。

⑩ 分级别用户管理。

⑪ 月份设定与统计管理。

⑫ 高级管理员的管理操作，如系统数据的备份与恢复、系统用户的维护、动态 SQL 命令操作、系统日志查阅等。

⑬ 系统设计成传统的 Windows 多文档、多窗口操作界面，要求系统具有操作方便、简捷等特点。

⑭ 用户管理功能，包括用户登录、注册新用户、更改用户密码等功能。

⑮ 其他你认为子系统应有的查询、统计功能。

⑯ 要求所设计系统界面友好，功能安排合理，操作使用方便，并能进一步考虑子系统在安全性、完整性、并发控制、备份恢复等方面的功能要求。

（2）B/S 模式实现的网上订购系统功能需求

① 能实现网上用户的注册与登录，以及对登录用户的管理。

② 能方便查阅（如分页查询）产品及库存信息，方便产品选购。

③ 能实现基本的购物车功能。

④ 能完成订购、实现网上支付过程，并自动产生订购明细数据，产生产品 Web 销售对应的出库记录，自动更改产品库存。

⑤ 事后能查阅自己的历史订单及明细数据。

⑥ 具有商务网站的基本功能，如网站公告、系统简介、自己的用户信息维护、找回密码、联系我们、友情链接等。

⑦ 要求 Web 网页系统要运行稳定、可靠，操作简单、方便。

15.2.4　系统设计

1. 数据库概念结构设计

数据库在一个信息管理系统中占有非常重要的地位，数据库结构设计的好坏将直接对应用系统的效率以及实现的效果产生影响。合理的数据库结构设计可以提高数据存储的效率，保证数据的完整和一致。同时，合理的数据库结构也将有利于程序的实现。

在充分需求分析的基础上，经过逐步抽象、概括、分析和充分研讨，可画出如图 15-17、图 15-18、图 15-19 所示的反映产品库存管理与产品网上订购的数据的整体 E-R 图。至于原料（坯料）库存管理及其网上订购的数据的 E-R 图部分类似，可以请读者自己参考并设计，此处略。

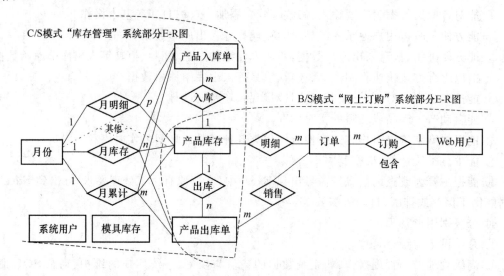

图 15-17　产品库存管理与网上订购系统的实体及其联系

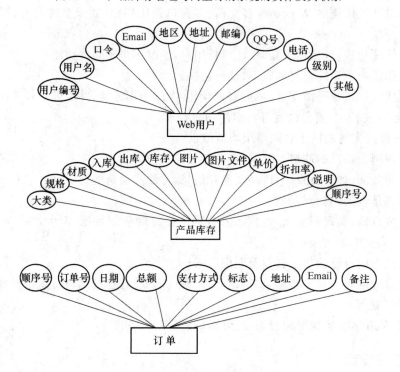

图 15-18　系统部分实体及其属性

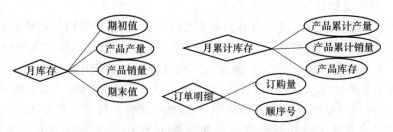

图 15-19　系统部分联系及其属性

2. 系统功能模块设计

对库存管理系统各项功能进行集中、分类,按照结构化程序设计的要求,可得出系统的功能模块,如图 15-20 所示,而 Web 网上订购系统的功能模块如图 15-21 所示。

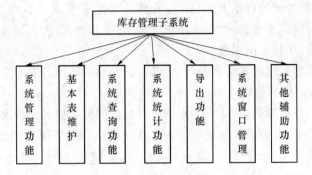

图 15-20　库存管理子系统的一级功能模块

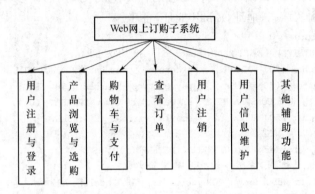

图 15-21　Web 网上订购子系统的一级功能模块

3. 数据库逻辑及物理结构设计

(1) 数据库关系模式

按照"实体-联系"图转化为关系模式的方法,本系统共使用到至少 23 个关系模式(含 4 个辅助关系),这里只给出表名,中文属性名见后述的"数据库及表结构的创建"。

23 个关系模式为:① Web 订单表(weborders);② Web 订单明细表(weborderdetails);③ Web 用户表(webuser);④ Web 购买折扣表(webdiscount);⑤ Web 支付方式表(webpaydefault);⑥ Web 即时信息表(webmessage);⑦ 产品年月设置表(tccpny);⑧ 产品入出库表(tccprck);⑨ 产品实时库存表(tccpsskc);⑩ 月累计库存表(tccptj);⑪ 产品月区段库存表(tccpkctj);⑫ 月产品明细库存表(tccpkc200412);⑬ 坯料年月设置表(tcplny);⑭ 坯料入出库表(tcplrck);⑮ 坯料实时库存表(tcplsskc);⑯ 坯料累计库存表(tcpltj);⑰ 坯料月区段库存表(tcplkctj);⑱ 坯料月区段库存表 2(tcplkctj2);⑲ 月坯料明细库存表(tcplkc200412);⑳ 模具库存表(tcmjkc);㉑ 系统用户表(users);㉒ 日志表(logs);㉓ 系统参数表(tcsyspara)。

转化与设计关系模式的说明,如下所示。

① 实体"Web 用户"与实体"订单"间的一对多"订购"联系,通过把"用户编号"加到"订单"实体中而合并到"订单"多方实体。

② 通用的把一对多联系合并到多方实体的联系还有:"订单"与"产品出库"间的"销售"联系;"产品库存"与"产品入库"间的"入库","产品库存"与"产品出库"间的"出库","月份"与"产

品库存、产品入库或产品出库等"间的"月明细、月库存、月累计"等联系。

③ "产品入库单"与"产品出库单"两实体属性稍有区别，主要是入库单含生产车间与产品成本，而出库单上是发货去向与销售单价，从简单化与使用单位处理习惯出发，把它们设计成同类属性。这样，我们考虑把产品入库与产品出库合并起来形成一个关系模式，称为"产品入出库表"，其中"入"与"出"主要通过"出入库值"的正负来体现，值为正是入库值，值为负是出库值。同样的情况还有"坯料入出库表"。

表名与中文属性名对应的英文名及各表主码属性，参阅下面各表的 T-SQL 创建命令。

（2）数据库及表结构的创建

设本系统使用的数据库名为 KCGL，根据已设计出的关系模式及各模式的完整性的要求，现在就可以在 SQL Server 数据库系统中实现这些逻辑结构。下面是创建数据库及以产品相关为主的表结构的 T-SQL 命令（SQL Server 中的 SQL 命令）：

```
CREATE DATABASE KCGL; USE KCGL;
```

① Web 订单表（weborders），其属性对应的含义：顺序号，用户编号，订单号，订单日期，订购总额，支付方式，确认标志，地址，Email 地址，备注。

```
CREATE TABLE [weborders](
  [ID] [int] IDENTITY(1,1) NOT NULL, [userid] [int] NOT NULL,
  [orderid] [varchar](20) NOT NULL,  [ordertime] [varchar](20) NOT NULL,
  [summoney] [varchar](20) NULL,     [paymenttype] [varchar](50) NULL,
  [validate] [bit] NULL CONSTRAINT  [DF_weborders_comp] DEFAULT ((0)),
  [address] [varchar](50) NULL,      [email] [varchar](20) NULL,
  [bz] [varchar](500) NULL,
  CONSTRAINT [PK_weborders] PRIMARY KEY CLUSTERED([ID] ASC))
  -- 触发器定义，参见相关章节或系统数据库，此处略，下同
  CREATE TRIGGER [tr_weborders_d] ON [weborders] AFTER delete AS …
  CREATE TRIGGER [tr_weborders_i] ON [weborders] AFTER INSERT AS …
```

② Web 订单明细表（weborderdetails），其属性对应的含义：顺序号，订单号，产品编号，订购量。（说明：因篇幅原因，可能要牺牲逐列换行的格式要求，下同）

```
CREATE TABLE [weborderdetails]([id] [int] IDENTITY(1,1) NOT NULL,
  [orderid] [varchar](20) NOT NULL, [cpid] [int] NOT NULL, [dgl] [decimal](18,3) NULL,
  CONSTRAINT [PK_weborderdetails] PRIMARY KEY CLUSTERED([id] ASC))
  CREATE TRIGGER [tr_weborderdetails_d] ON [weborderdetails] AFTER delete AS …
  CREATE TRIGGER [tr_weborderdetails_i] ON [weborderdetails] AFTER INSERT AS …
```

③ Web 用户表（webuser），其属性对应的含义：用户编号，用户名，口令，Email 地址，地区，地址，邮编，QQ 号，电话，用户级别，其他。

```
CREATE TABLE [webuser]([id] [int] IDENTITY(1000,1) NOT NULL,
  [UserName] [varchar](20) NOT NULL,[password] [varchar](16) NULL,
  [Email] [varchar](20) NULL,[Area] [varchar](10) NULL,[Address] [varchar](50) NULL,
  [PostID] [char](6) NULL, [QQ] [varchar](15) NULL,[telphone] [varchar](21) NULL,
  [Ulevel] [tinyint] NULL CONSTRAINT [DF_webuser_Ulevel] DEFAULT((1)),
  [other] [varchar](50) NULL,CONSTRAINT [PK_webuser] PRIMARY KEY CLUSTERED([id] ASC))
  CREATE UNIQUE NONCLUSTERED INDEX [UK_webuser] ON [webuser] ([UserName] ASC)
```

④ Web 购买折扣表（webdiscount），其属性对应的含义：顺序号，折扣率，等级，累计金额。

```
CREATE TABLE [webdiscount](
  [ID] [int] IDENTITY(1,1) NOT NULL,   [discount] [decimal](18, 4) NOT NULL,
  [ulevel] [tinyint] NOT NULL CONSTRAINT [DF_webdiscount_ulevel] DEFAULT ((1)),
  [mmoney] [money] NOT NULL CONSTRAINT [DF_webdiscount_mustmoney] DEFAULT ((100000)),
```

```
CONSTRAINT [PK_webdiscount] PRIMARY KEY CLUSTERED([ID] ASC))
```

⑤ Web 支付方式表(webpaydefault),其属性对应的含义:顺序号,支付类型,支付信息,起用日期,联系人。

```
CREATE TABLE [Webpaydefault]([ID] [int] NOT NULL, [paymenttype] [nvarchar](50) NULL,
    [paymentmessage] [nvarchar](max) NULL,[idate] [nvarchar](50) NULL,
    [senduser] [nvarchar](50) NULL,
    CONSTRAINT [PK_Webpaydefault] PRIMARY KEY CLUSTERED ([ID] ASC))
```

⑥ Web 即时信息表(webmessage),其属性对应的含义:顺序号,主题,内容,发表日期,发布人。

```
CREATE TABLE [webmessage]([ID] [int] NOT NULL, [subject] [nvarchar](50) NULL,
    [message] nvarchar(100) NULL,[idate] nvarchar(50) NULL, [senduser] nvarchar(50) NULL,
    CONSTRAINT [PK_webmessage] PRIMARY KEY CLUSTERED ([ID] ASC))
```

⑦ 产品年月设置表(tccpny),其属性对应的含义:年月,起始日期,终止日期,创建标志,生成次数,已结转,已删除。

```
CREATE TABLE [tccpny]([ny] char(6) NOT NULL, [qsrq] datetime NOT NULL DEFAULT (getdate()),
    [zzrq] [datetime] NOT NULL DEFAULT (getdate()),[cjbz] [char](2) NULL DEFAULT('否'),
    [sccs] [int] NULL DEFAULT (0),[wc] [char](2) NULL DEFAULT ('否'),
    [qc] [char](2) NULL DEFAULT ('否'),
    PRIMARY KEY NONCLUSTERED ([ny] ASC))
```

⑧ 产品入出库表(tccprck),其属性对应的含义:顺序号,大类,规格,材质,单位,发货去向,单价,日期,出入库值,经办人,处理标记。

```
CREATE TABLE [tccprck]([id] [int] IDENTITY(1,1) NOT NULL,
    [dl] [char](6) NOT NULL CONSTRAINT [DF__tccprck__dl__0519C6AF] DEFAULT ('圆钢'),
    [gg] [char](30) NOT NULL,          [cz1] [char](10) NOT NULL, [dw] [char](4) NULL,
    [fhqx] [varchar](50) NULL,          [dj] [numeric](18, 3) NULL,
    [rq] [datetime] NULL CONSTRAINT [DF__tccprck__rq__060DEAE8] DEFAULT (getdate()),
    [crkz] [numeric](18, 3) NULL,       [jbr] [char](8) NULL,
    [clbj] [char](1) NULL CONSTRAINT [DF__tccprck__clbj__07020F21] DEFAULT ('0'),
    CONSTRAINT [PK__tccprck__0425A276] PRIMARY KEY CLUSTERED([id] ASC))
CREATE TRIGGER [tr_tccprck_d] ON [tccprck] AFTER delete AS …
CREATE TRIGGER [tr_tccprck_i_instead_of] ON [tccprck] instead of INSERT AS …
CREATE TRIGGER [tr_tccprck_i] ON [tccprck] AFTER INSERT AS …
CREATE TRIGGER [tr_tccprck_u_instead_of] ON  [dbo].[tccprck] instead of update AS
CREATE TRIGGER [tr_tccprck_u] ON [tccprck] AFTER update AS …
```

⑨ 产品实时库存表(tccpsskc),其属性对应的含义:大类,规格,材质,产品入库,产品出库,产品库存,图片,图片文件,单价,折扣率,产品说明,顺序号。

```
CREATE TABLE [tccpsskc]([dl] [char](6) NOT NULL,[gg] [char](30) NOT NULL,
    [cz1] [char](10) NOT NULL, [cprk] [numeric](38,3)NULL,[cpck] [numeric](38,3) NULL,
    [cpkc] [numeric](38,3) NULL,[tp] [varbinary](max) NULL,
    [tpwj] [nvarchar](200) NULL,[dj] [money] NULL,[zkl] [numeric](18,2) NULL,
    [sm] [nvarchar](200) NULL,[id] [int] IDENTITY(1,1) NOT NULL,
    CONSTRAINT [PK_tccpsskc] PRIMARY KEY CLUSTERED([dl] ASC,[gg] ASC,[cz1] ASC) )
CREATE UNIQUE NONCLUSTERED INDEX [IX_tccpsskc_id] ON [tccpsskc]([id] ASC)
```

⑩ 月累计库存表(tccptj),其属性对应的含义:年月,大类,规格,产量,销量,产品库存。

```
CREATE TABLE [tccptj]([ny] [char](6) NOT NULL, [dl] [char](6) NOT NULL,
    [gg] [char](30) NOT NULL,     [cl] [numeric](18, 3) NULL,
    [xl] [numeric](18, 3) NULL,   [cpkc] [numeric](18, 3) NULL,
```

```
    CONSTRAINT [PK__tccptj__08EA5793] PRIMARY KEY CLUSTERED([ny] ASC,[dl] ASC,[gg] ASC))
```

⑪ 产品月区段库存表（tccpkctj），其属性对应的含义：年月，大类，规格，期初值，产量，销量，期末值。

```
CREATE TABLE [tccpkctj]([ny] [char](6) NOT NULL,        [dl] [char](6) NOT NULL,
    [gg] [char](30) NOT NULL,  [qcz] [numeric](38,3) NULL,[cl] [numeric](18,3) NULL,
    [xl] [numeric](18,3) NULL, [qmz] [numeric](38,3) NULL,
    CONSTRAINT [PK_tccpkctj] PRIMARY KEY CLUSTERED([ny] ASC,[dl] ASC,[gg] ASC))
```

⑫ 月产品明细库存表（tccpkc200412）（不同年月表名不同，表属性个数也不同），其属性对应含义：年月，大类，规格，材质，单位，发货去向，期初值，期末值，1 号，2 号，…，31 号。

```
CREATE TABLE [tccpkc200412]([ny] [char](6) NOT NULL, [dl] [char](6) NOT NULL,
    [gg] [char](30) NOT NULL, [cz1] [char](10) NOT NULL,       [dw] [char](4) NULL,
    [fhqx] [varchar](50) NULL, [qcz] [numeric](11,3) NOT NULL, [qmz] [numeric](11, 3) NOT NULL,
    [F041201] [numeric](9, 3) NULL,[F041202] [numeric](9,3) NULL,…（类似略）
    [F041231] [numeric](9, 3) NULL,
    CONSTRAINT [PK_tccpkc200412] PRIMARY KEY CLUSTERED([ny],[dl],[gg],[cz1]))
```

⑬ 模具库存表（tcmjkc）。

```
CREATE TABLE [tcmjkc]([顺序号] [int] IDENTITY(1,1) NOT NULL, [分类] [char](6) NOT NULL,
    [厚度] varchar(10) NOT NULL,[乘] [char](1) NULL DEFAULT(´*´),[宽度] [varchar](10) NULL,
    [库存数量] int NULL DEFAULT(1),[备注] varchar(50),PRIMARY KEY NONCLUSTERED([顺序号] ASC))
```

⑭ 系统用户表（users）（C/S 模式系统用户表），其属性对应的含义：用户编号，用户姓名，口令，等级。

```
CREATE TABLE [users]([uno] [char](6) NOT NULL,  [uname] [char](10) NOT NULL,
    [upassword] [varchar](10) NULL, [uclass] [char](1) NULL DEFAULT(´A´),
    PRIMARY KEY CLUSTERED([uno] ASC))
```

⑮ 日志表（logs），其属性对应的含义：顺序号，用户编号，操作类型，操作内容，操作日期时间。

```
CREATE TABLE [logs]([id] [int] IDENTITY(1,1) NOT NULL,    [uno] [char](6) NOT NULL,
    [opclass] [char](10) NULL DEFAULT(´INSERT´),     [opcommand] [varchar](400) NULL,
    [opdatetime] [datetime] NULL,PRIMARY KEY CLUSTERED([id] ASC))
```

⑯ 系统参数表（tcsyspara），其属性对应的含义：显示所有，显示近若干天，库存表保存天数，库存最少生产次数，自动记录日志标记，在线人数，备注，备用 1，备用 2，备用 3，备用 4，备用 5。

```
CREATE TABLE [tcsyspara]([sysall] [int] NULL,[sysdays] [int] NULL,[syskcdays] [int] NULL,
    [syssccs] [int] NULL,     [syslogg] [int] NULL,   [sysrs] [int] NULL,
    [sysbz] [char](200) NULL,[sysp1] [char](10) NULL,[sysp2] [char](10) NULL,
    [sysp3] [char](10) NULL, [sysp4] [char](10) NULL,[sysp5] [char](10) NULL)
```

⑰ 联系表所需的参照完整性设定语句如下：

```
IF NOT EXISTS (SELECT * FROM sys.foreign_keys WHERE object_id = OBJECT_ID(N´[FK_tccptj_tc-
cpny]´) AND parent_object_id = OBJECT_ID(N´[tccptj]´))
    ALTER TABLE [tccptj] WITH CHECK ADD CONSTRAINT [FK_tccptj_tccpny] FOREIGN KEY([ny]) REFERENCES
[tccpny] ([ny])  -- 其他 ALTER TABLE 语句的 IF 语句（为执行所需）略
    ALTER TABLE [tccpkc200412] WITH CHECK ADD CONSTRAINT [FK_tccpkc200412_tccpny] FOREIGN KEY([ny])
REFERENCES [tccpny]([ny])
    ALTER TABLE [tccpkctj] WITH CHECK ADD CONSTRAINT [FK_tccpkctj_tccpny] FOREIGN KEY([ny]) REFERENC-
ES [tccpny]([ny])
    ALTER TABLE [tccprck] WITH CHECK ADD CONSTRAINT [FK_tccprck_tccpsskc] FOREIGN KEY([dl], [gg],
[cz1]) REFERENCES [tccpsskc]([dl], [gg], [cz1])
```

ALTER TABLE［weborderdetails］WITH CHECK ADD CONSTRAINT［FK_weborderdetails_tccpsskc］FOREIGN KEY（［cpid］）REFERENCES［tccpsskc］（［id］）

ALTER TABLE［weborderdetails］WITH CHECK ADD CONSTRAINT［FK_weborderdetails_weborders］FOREIGN KEY（［orderid］）REFERENCES［weborders］（［orderid］）ON DELETE CASCADE

ALTER TABLE［weborders］WITH CHECK ADD CONSTRAINT［FK_weborders_webuser］FOREIGN KEY（［userid］）REFERENCES［webuser］（［id］）

4. 数据库表关系图

数据库名称：KCGL，创建至少 23 张用户表后，表间能形成如图 15-22 所示的关系图。

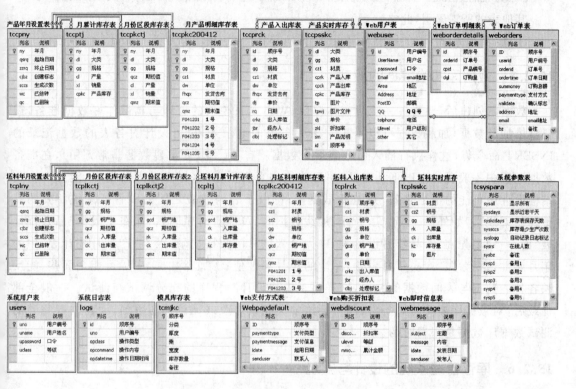

图 15-22　系统数据库库表关系图

5. 基于数据库表的视图与索引

（1）视图

基于该数据库库表关系如图 15-22 所示，可定义出各种常用的用户视图，如：

```
create view webuser_orders as                    /* 用户订单表 */
    SELECT  u.id AS 序号，u.UserName AS 用户名，u.Email AS 邮箱，o.orderid AS 订单号，o.ordertime
AS 订单日期，o.summoney AS 订购总额
    FROM  dbo.webuser AS u INNER JOIN dbo.weborders AS o ON u.id = o.userid；
create view weborders_details_products as        /* 订单产品明细表 */
    SELECT o.orderid AS 订单号，o.ordertime AS 订单日期，o.summoney AS 订购总额，p.dl AS 大类，p.
gg AS 规格，p.cz1 AS 材质，d.dgl AS 订购量
    FROM  dbo.weborders AS o INNER JOIN dbo.weborderdetails AS d ON
o.orderid = d.orderid INNER JOIN dbo.tccpsskc AS p ON d.cpid = p.id；
create view webuser_orderdetails as              /* 订单信息视图 */
    Select wo.id，wo.userName，wo.orderid，tc.dl，tc.gg ，tc.cz1，wo.dgl
    From weborderdetails wo，tccpsskc tc where wo.cpid = tc.id and wo.clbj = '1'
```

按需可以定义出不同视图，这里不再一一列出。

（2）索引

从系统运行性能考虑，可以对系统数据库中记录数多、查询与统计等操作频繁的表（如成品入出库表 tccprck、坯料入出库表 tcplrck 等）创建适量索引。

在成品入出库表 tccprck 的 dl、gg 和 cz1 3 个属性上创建非聚集非唯一索引：

```
CREATE NONCLUSTERED INDEX [IX_tccprck_dl_gg_cz] ON [dbo].[tccprck](dl ASC,gg ASC,cz1 ASC)
```

在坯料入出库表 tccprck 的 cz1、cz2 和 gg 3 个属性上创建非聚集非唯一索引：

```
CREATE NONCLUSTERED INDEX [IX_tcplrck_cz12gg] ON [dbo].[tcplrck](cz1 ASC,cz2 ASC,gg ASC)
```

其他表的所需索引，此略。

注意：表索引对性能的影响及是否采用，是需要通过实际系统的运行来比较而判定的。

15.2.5 数据库初始数据的加载

数据库创建后，要为下一阶段窗体模块、Web 网页模块的设计与调试作好数据准备，需要整体加载数据，加载数据可以手工一条一条界面地录入，也可设计对各表的数据记录的 INSERT 命令集，这样执行插入命令集后表数据就有了（一旦要重建数据非常方便），在准备数据过程中一般要注意以下几点：①尽可能使用真实数据，这样在录入数据中，能发现一些结构设计中可能的不足之处，并能及早更正；②由于表内或表之间已设置了系统所要的完整性约束规则，如外码、主码等，为此，加载数据时，可能有时序问题，如在生成"产品月统计表"前，一定要先在"产品年月设置表"中先录入该月的数据记录，因为"产品月统计表"中的年月属性值要参照"产品年月设置表"中的年月属性值；③加载数据，应尽可能全面些，能反映各种表数据与表间数据的关系，这样便于模块设计时程序的充分调试与测试。一般全部加载后，对数据库要及时做备份，因为测试中会频繁更改或无意损坏数据，而建立起完整的测试数据库数据是很费时的。

15.2.6 库存管理系统的设计与实现

库存管理系统（C/S）使用 Visual C♯ 2013 语言在 Visual Studio 2013 开发平台中设计实现。系统采用多项目共同组成系统解决方案来实现，其中除一个是输出类型为 Windows 应用程序的主启动项目外，其他都是输出类型为类型（dll 动态连接库型）的辅助项目。

创建系统解决方案及项目过程为：首先，在 Visual Studio 2013 中依次单击"文件"→"新建"→"项目"→"其他项目类型"→"Visual Studio 解决方案"，解决方案名称取 KCGL，解决方案存放位置可按需浏览确定某文件夹；然后，在解决方案中添加主启动项目 KCGLWinForm，依次单击"文件"→"添加"→"新建项目"，出现"添加新建项目"对话框，其中，项目类型选"Visual C♯"→"Windows"→"Windows 应用程序"，项目名称为 KCGLWinForm，位置为 KCGL 解决方案所在目录下的子目录，如 KCGL；再次，按需逐个添加其他辅助类型项目，方法类似于添加主启动项目 KCGLWinForm，不同处为：项目类型为"Visual C♯"→"类库"，并设置不同的项目名与项目位置。

本系统组织成多辅助类型项目构成，主要有公用类型项目 KCGLCommon、公共变量类 KCGLStatic、功能窗体接口类 KCGLInterFace、功能窗体方法实现类 KCGLMethod 等。这样的组织使得系统具有更好的维护性，更清晰的层次性。系统解决方案及其组成项目如

图 15-23 所示。

1. 库存管理系统的主窗体设计

本系统主窗体还采用多文档界面窗体,其他功能界面设计成子窗体,为此文档界面主窗体"MainF"上可加入主菜单、工具栏与状态栏等,运行后,登录窗体如图 15-24 所示,顺利登录系统后,系统主窗体如图 15-25 所示。

图 15-23 系统解决方案及其组成项目

图 15-24 系统登录窗体

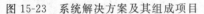

图 15-25 库存管理子系统的主界面

在主窗体上,功能菜单体现了系统的主要功能模块,如图 15-26 所示。

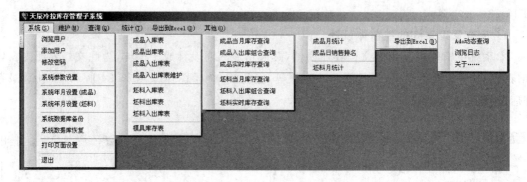

图 15-26　主菜单

2. 创建公用模块

（1）在系统中可以用公用类（在类型项目 KCGLStatic 中）来存放整个工程项目公共的全局变量等，这样便于管理与使用这些公共变量，具体如下所示。

```
using System;
using System.Collections.Generic;
using System.Text;
namespace KCGLStatic
{   // 定义一组公共静态变量
    public class StaticMember
    {   public static string connectString = null;        //记录当前的数据库连接字符串
        public static string userPassword = null;         //记录当前用户的登录密码
        public static string userName = null;             //记录当前的用户名
        public static int userClass;                      //记录当前用户的级别
        public static int icount;                         //记录系统的操作次数
        public static string YhSR;                        //记录用户输入的用于比较判断的密码
        public static bool showAll = true;                //显示所有的出入库值
        public static int sysdays;                        //记录系统参数的日期
        public static int sysKcdays;                      //记录库存日期
        public static int syssccs;                        //每月库存统计的次数
        public static string sysServerName = null;        //数据库服务器名
        public static string sysDatabaseName = null;      //系统数据库名
        public static string sysDbUserName = null;        //数据库用户名
        public static string sysDbPassword = null;        //数据库登录密码
        public static bool sysLogg = true;                //是否自动记录系统日志
        public static bool sysdlggcz = true;              //是否修改大类、规格、材质表
        public static int cpNumber;                       //记录产品数量
        public static double cpTot;                       //记录产品总数量
        public static int plNumber;                       //记录坯料数量
        public static double plTot;                       //记录坯料总数量
        public static int sysrs;                          //记录系统在线人数
        public static string sysbz;                       //记录系统备注
        public static bool Isplrk = false;               //判断是否为坯料入库,默认为 false
        public static bool IsCprk = false;               //判断是否为产品入库,默认为 false
        public static bool IsMjrk = false;               //判断是否为模具入库,默认为 false
        public static string selectRq = "";               //系统选定日期
    }
}
```

（2）各功能模块对数据库中数据的操作，主要是通过 ADO.NET 模型类 Command、Data-

Adapter、DataSet、DataTabel、connection、SqlCommandBuilder 的对象递交执行 SQL 命令来完成的。本系统把这些最基本的数据操作函数放置在 Command.cs(在类型项目 KCGLCommon 中)类中。下面罗列些最重要的类函数:

```
using System;
using System.Collections.Generic;
using System.Text;
using System.Data;
using System.Data.Sql;
using System.Data.SqlClient;
using System.IO;
using KCGLStatic;
using Microsoft.Office.Core;
namespace KCGLCommon
{   // 定义一组方法,用来操作数据库,以便在后面的程序中直接调用
    public class Command
    {   //定义一组变量,表示各种操作的数据
        // Command
        private SqlCommand SelectCommand = null;
        private SqlCommand UpdateCommand = null;
        private SqlCommand StoreCommand = null;
        private static SqlDataAdapter myDataAdapter = null; //定义 DataAdapter
        private static DataSet myDataSet = null;            //定义 DataSet
        private DataTable myDataTable = null;               //定义 DataTabel
        private static SqlConnection myConnection = null;   //定义 connection
        private string connectString = string.Empty;
        private static SqlCommandBuilder myCommandBuilder = null;//定义 sqlCommandBuilder
        public Command()                                    // 初始化类
        {
            this.connectString = StaticMember.connectString;
        }
        public Command(string connectString)                // 初始化类
        {   this.connectString = connectString; }
        /// 建立与数据库的连接
        public bool ConnectDB()
        {   bool successFlag = false;
            try
            {   myConnection = new SqlConnection();
                myConnection.ConnectionString = connectString;
                myConnection.Open();
                successFlag = true;
            }
            catch (Exception ex)
            {   throw ex; }
            return successFlag;
        }
        public void disConnect()
        {   try
            {   myConnection.Close(); }
            catch (SqlException ex)
            {   throw ex; }
        }
```

```
// 从数据库中查询数据,并将其填充到 DataSet 中
public DataSet selectMember(string sqlText, string DataSetName)
{  try
    {  if (ConnectDB())
        {  myDataSet = new DataSet(DataSetName);
            SelectCommand = new SqlCommand();
            SelectCommand.CommandText = sqlText;
            SelectCommand.CommandType = CommandType.Text;
            SelectCommand.Connection = myConnection;
            myDataAdapter = new SqlDataAdapter();
            myDataAdapter.SelectCommand = SelectCommand;
            myCommandBuilder = new SqlCommandBuilder(myDataAdapter);
            myDataAdapter.FillSchema(myDataSet, SchemaType.Source, DataSetName);
            myDataAdapter.Fill(myDataSet, DataSetName);
        }
    }
    catch (SqlException sqlex)
    {  throw sqlex;  }
    finally
    {  disConnect(); }
    return myDataSet;
}
// 从数据库中取得数据,并填充到 DataTable
public DataTable selectMemberToTable(string sqlText, string datatablename)
{  try
    {  if (ConnectDB())
        {  myDataTable = new DataTable(datatablename);
            SelectCommand = new SqlCommand();
            SelectCommand.CommandText = sqlText;
            SelectCommand.CommandType = CommandType.Text;
            SelectCommand.Connection = myConnection;
            myDataAdapter = new SqlDataAdapter();
            myDataAdapter.SelectCommand = SelectCommand;
            myCommandBuilder = new SqlCommandBuilder(myDataAdapter);
            myDataAdapter.FillSchema(myDataTable, SchemaType.Source);
            myDataAdapter.Fill(myDataTable);
        }
    }
    catch (SqlException sqlex)
    {  throw sqlex;}
    finally
    { disConnect(); }
    return myDataTable;
}
// 更新数据库中的信息
public int updateMember(string sqlText)
{  int count = 0;
    if (ConnectDB())
    {  try
        {  UpdateCommand = new SqlCommand();
            UpdateCommand.CommandText = sqlText;
            UpdateCommand.CommandType = CommandType.Text;
```

```
                        UpdateCommand.Connection = myConnection;
                        count = UpdateCommand.ExecuteNonQuery();
                    }
                catch (SqlException sqlex)
                {   throw sqlex; }
                finally
                {   disConnect();}
            }
        return count;
    }
    // 省略其他函数
    // 执行无参存储过程
    public bool execStore(string storeName, ref string errorMessage)
    {   bool successFlag = false;
        if (ConnectDB())
        {   try
            {   StoreCommand = new SqlCommand();
                StoreCommand.CommandText = storeName;
                StoreCommand.CommandType = CommandType.StoredProcedure;
                StoreCommand.CommandTimeout = 10;
                StoreCommand.Connection = myConnection;
                StoreCommand.ExecuteNonQuery();
                successFlag = true;
            }
            catch (Exception ex)
            {   errorMessage = ex.ToString(); }
            finally
            {   disConnect();  }
        }
        return successFlag;
    }
    // 省略其他函数
}
}
```

3. 系统运行线路及连接字符串的配置

本系统的组织、组成显得复杂,然而其运行线路是唯一的。

(1) Windows 应用程序从如下 Main()开始运行。

```
// The main entry point for the application.
[STAThread]
static void Main()
{   Application.EnableVisualStyles();
    Application.SetCompatibleTextRenderingDefault(false);
    Application.Run(new ConnectDBF());
}
```

(2)"Application.Run(new ConnectDBF());"语句运行转到连接字符串获取与选定功能窗体。ConnectDBF 窗体运行时,先从系统的 XML 配置文件"xml\connectStringX.xml"中读取预设置的连接字符串信息到可选数据源组合框中等待选取。

位于项目 KCGL 所在目录"KCGL"下"bin\Release\xml"或"bin\Debug\xml"下"connectStringX.xml"文件中的内容如下所示:

```
<? xml version = "1.0" encoding = "utf-8" ? >
<! -- 插入一些连接数据库字符串-->
<connectString>
  <connectStringIP>
    <value>Data Source = WIN-4313FJ7ON1E\SQLEXPRESS2014; Initial Catalog = KCGL; User ID = sa;
password = sasasasa; Pooling = True</value>
  </connectStringIP>
<! --其他可选连接数据字符串略 -->
</connectString>
```

其中，"Data Source= WIN-4313FJ7ON1E\SQLEXPRESS2014; Initial Catalog=KCGL; User ID= sa; password = sasasasa; Pooling = True"指定了连接系统数据库的服务器名为"WIN-4313FJ7ON1E\SQLEXPRESS2014"，数据库名为"KCGL"，用户名为"sa"，用户密码为"sasasasa"。

若缺省取第一种连接字符串，可以在 ConnectDBF 窗体运行时，自动选取获得连接数据库字符串。

（3）ConnectDBF 窗体运行并获得连接数据库字符串后，运行转到系统登录窗体。命令如下：

```
LoginF Login = new LoginF();
    Login.Show();
    this.Hide();
```

（4）LoginF 登录窗体运行时，在输入用户名与密码后，通过如下 MLogin 类来判断某用户是否能进入本系统。

```
using System;
using System.Collections.Generic;
using System.Text;
using System.Data;
using System.Data.Sql;
using System.Data.SqlClient;
using KCGLStatic;
namespace KCGLMethod
{
    public class MLogin
    {   protected string userName = null;
        protected string userPassword = null;
        protected bool successFlag = false;
        public MLogin(string userName, string userPassword)
        {
            this.userName = userName;
            this.userPassword = userPassword;
        }
        public bool LoginTo()
        {   SqlConnection myConnection = new SqlConnection(StaticMember.connectString);
            SqlCommand myCommand = new SqlCommand();
            myCommand.CommandText = "select uname,upassword,uclass from users where uname = '"
+ this.userName + "' And upassword = '" + this.userPassword + "'";
            myCommand.CommandType = CommandType.Text;
            myCommand.Connection = myConnection;
            myConnection.Open();
            try
```

```
        {   SqlDataAdapter myDataAdapter = new SqlDataAdapter();
            myDataAdapter.SelectCommand = myCommand;
            DataSet userDataset = new DataSet();
            myDataAdapter.Fill(userDataset, "user");
            if (userDataset.Tables["user"].Rows.Count == 1)
            {   StaticMember.userClass =
                    Convert.ToInt32(userDataset.Tables[0].Rows[0][2]);
                StaticMember.userPassword =
                    Convert.ToString(userDataset.Tables[0].Rows[0][1]);
                successFlag = true;
            }
            else
            {   successFlag = false; }
            myConnection.Close();
        }
        catch (Exception e)
        {   throw e; }
        return successFlag;
    }
  }
}
```

(5) 若验证通过,LoginF 登录窗体中,运行如下命令,真正打开系统主界面窗体。

```
Main.Show();
this.Hide();
```

4. 成品出库或入库录入模块的实现

成品(即产品)出库或入库录入窗口,其运行界面(只列出子窗口,下同)如图 15-27 所示。

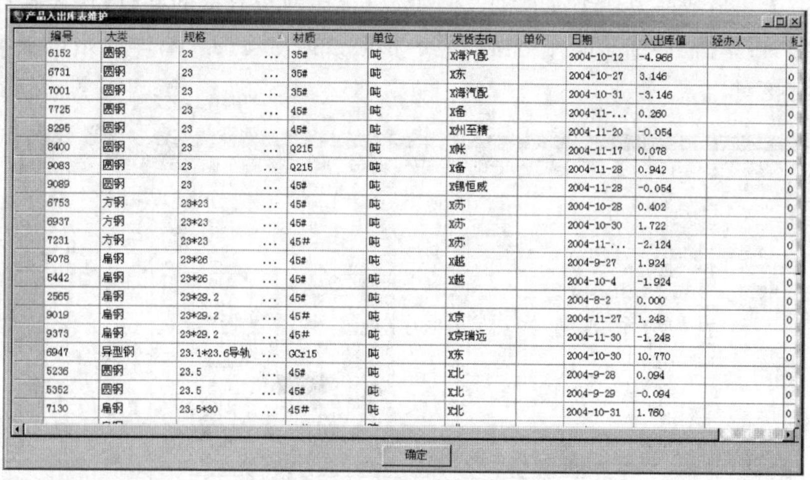

编号	大类	规格	材质	单位	发货去向	单价	日期	入出库值	经办人	核
6152	圆钢	23 ...	35#	吨	X海汽配		2004-10-12	-4.966		0
6731	圆钢	23 ...	35#	吨	X东		2004-10-27	3.146		0
7001	圆钢	23 ...	35#	吨	X海汽配		2004-10-31	-3.146		0
7725	圆钢	23 ...	45#	吨	X备		2004-11-...	0.260		0
8295	圆钢	23 ...	45#	吨	X州至精		2004-11-20	-0.054		0
8400	圆钢	23 ...	Q215	吨	X帐		2004-11-17	0.078		0
9083	圆钢	23 ...	Q215	吨	X备		2004-11-28	0.942		0
9089	圆钢	23 ...	45#	吨	X锡恒威		2004-11-28	-0.054		0
6753	方钢	23*23 ...	45#	吨	X苏		2004-10-28	0.402		0
6937	方钢	23*23 ...	45#	吨	X苏		2004-10-30	1.722		0
7231	方钢	23*23 ...	45#	吨	X苏		2004-11-...	-2.124		0
5078	扁钢	23*26 ...	45#	吨	X越		2004-9-27	1.924		0
5442	扁钢	23*26 ...	45#	吨	X越		2004-10-4	-1.924		0
2565	扁钢	23*29.2 ...	45#	吨			2004-8-2	0.000		0
9019	扁钢	23*29.2 ...	45#	吨	X京		2004-11-27	1.248		0
9373	扁钢	23*29.2 ...	45#	吨	X京瑞远		2004-11-30	-1.248		0
6947	异型钢	23.1*23.6导轨 ...	GCr15	吨	X东		2004-10-30	10.770		0
5236	圆钢	23.5 ...	45#	吨	X北		2004-9-28	0.094		0
5352	圆钢	23.5 ...	45#	吨	X北		2004-9-29	-0.094		0
7130	扁钢	23.5*30 ...	45#	吨	X北		2004-10-31	1.760		0

图 15-27　成品入出库维护窗体

成品出入库录入窗口,以网格形式提供了对入库或出库单的录入、修改、删除等维护原始单据数据的功能,功能设计操作简单又直观。系统中除提供网格形式直观维护成品出入库数据外,还提供单记录输入界面。

成品出入库数据录入后,除了能在录入窗口中查找到出入库原始数据外,还可以通过如图 15-28 所示的成品出库或入库组合查询窗口更有效地进行查询与数据核对等。

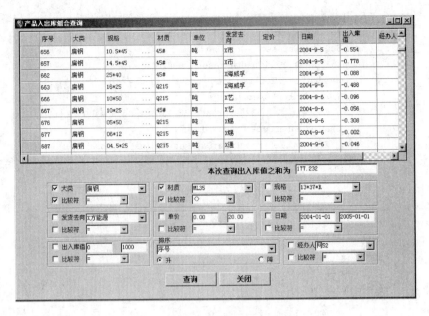

图 15-28　成品出库或入库组合查询窗口

5．成品月明细库存生成与查询模块的实现

成品月明细库存生成与查询模块的运行界面如图 15-29 所示，模块实现简述：利用组合条件实现查询，能方便并快速地查找到信息。本功能窗体被设计成上下两部分，上部分数据网格控件显示查到的记录。下部分组合 3 种条件，每个条件能指定独立的比较运算符以形成条件表达式。当单击"显示"时，程序能组合各选择条件形成最终组合条件以查询并显示记录；而"生成并显示"能完成成品月明细库存的及时生成；选择网格数据的某行（代表某产品）与某列（代表某天等），再单击"详细"，能弹出窗体显示相应数据对应的入出库原始记录，以便对原始数据的查阅与核对。

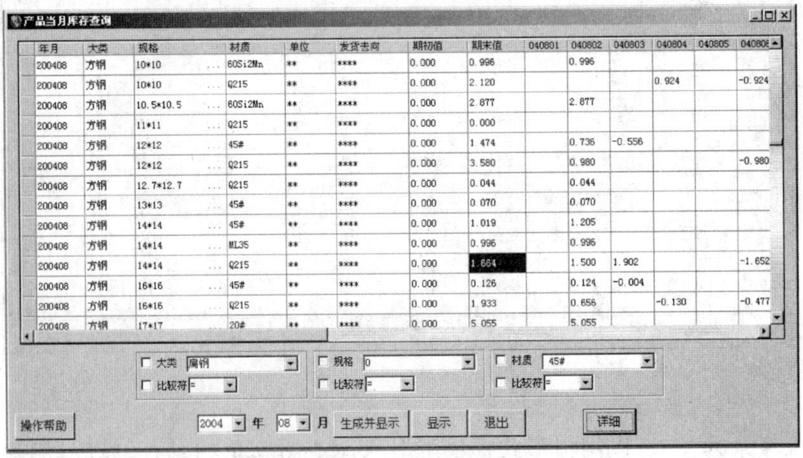

图 15-29　成品月明细库存生成与查询模块的运行界面

成品月明细库存"生成并显示"与"显示"两键实现功能的程序代码（特别注意 ADO.NET对象的创建与使用、SQL 命令的使用）参阅本书相关资料中的相应程序，此略。

系统年月设置表控制着成品月明细库存的天数范围及对月明细库存表的创建、生成、结转、删除等管理功能,图 15-30 所示的窗口简明地实现了这些功能。

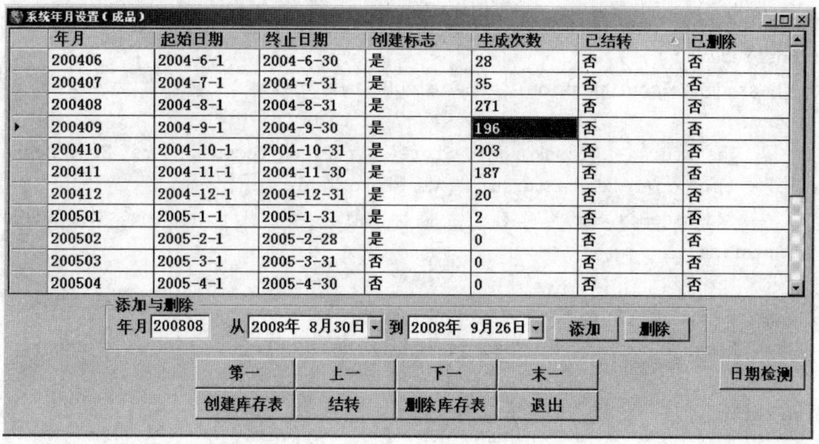

图 15-30 系统年月设置表的控制功能

6. 成品实时库存计算与组合查询模块的实现

成品实时库存计算与组合查询模块的运行界面如图 15-31 所示,模块实现简述:本功能窗体被设计成上下两部分,上部分数据网格控件显示查到的库存记录;下部分可组合 6 种条件。当单击"显示"时,程序能组合你的各选择条件以查询并显示记录;而"计算库存"键能重新统计计算出库存(要说明的是,由于通过对成品出入库表设置添加、修改、删除触发器,来自动更新成品实时库存,为此,"计算库存"键是很少需要使用的);选择网格数据的某行(代表某种产品),再单击"详细",能弹出窗体显示相应产品的入出库原始记录,以便对原始数据的查阅与核对。

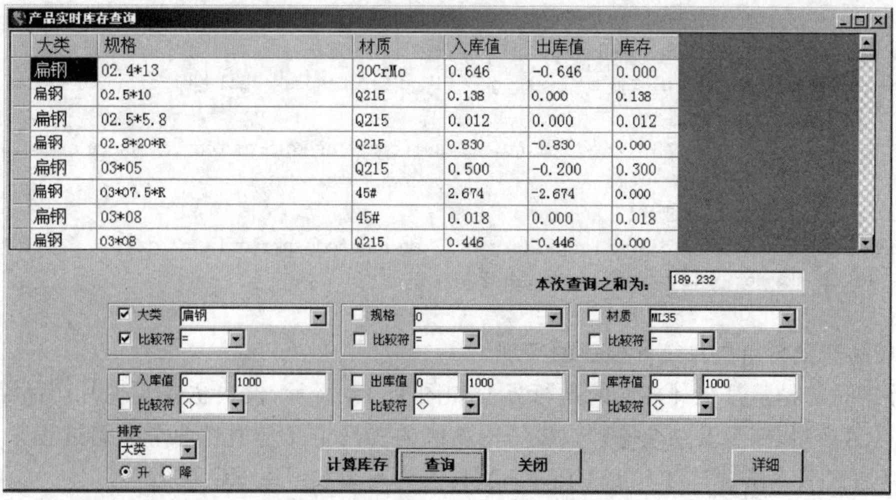

图 15-31 成品实时库存组合查询窗体

成品实时库存的组合查询实现方法同上节"成品月明细库存生成与查询模块的实现"中"显示"键组合查询的实现,"计算库存"键的实现,则是采取了调用数据库存储过程的方法实现的,这样能充分利用存储过程的优点。"计算库存"键的单击事件代码(使用了存储过程代码显得非常简单)为:

```
// 库存重新计算事件
private void Cmdjskc_Click(object sender, EventArgs e)
{    if (MessageBox.Show("正常情况下不需要重新统计库存,真的要重新统计库存吗", "Question",
MessageBoxButtons.YesNo,
          MessageBoxIcon.Question) == DialogResult.Yes)
     {    try
          {    _ds_store = _Cpsskc.getByStore("p_refresh_tccpsskc", ref ErrorMessage);
               this.cpView.DataSource = _ds_store.Tables[0];
               MessageBox.Show("库存已经重新统计完毕", "Information", MessageBoxButtons.OK,
MessageBoxIcon.Asterisk);
          }
          catch (Exception ex)
          {    MessageBox.Show(ex.Message + ErrorMessage); }
     }
     else return;
}
```

其中存储过程 p_refresh_tccpsskc 的内容为：

```
CREATE PROCEDURE [dbo].[p_refresh_tccpsskc] AS
BEGIN
SET NOCOUNT ON
    update tccpsskc set cprk = 0,cpck = 0,cpkc = 0; -- 置成 0
    -- 添加新的
    insert into tccpsskc(dl,gg,cz1,cprk,cpck,cpkc)
        select tt.dl,tt.gg,tt.cz1,0,0,0 from
          (select dl,gg,cz1 from tccprck group by dl,gg,cz1) as tt
        where (tt.dl + tt.gg + tt.cz1) not in (select dl + gg + cz1 from tccpsskc);
    -- 合计入库量
    WITH t1(dl,gg,cz1,kc) AS (select dl,gg,cz1,sum(crkz) as kc from tccprck where crkz >= 0 group
by dl,gg,cz1)
    update tccpsskc set cprk = t1.kc from t1
    where tccpsskc.dl = t1.dl and tccpsskc.gg = t1.gg and tccpsskc.cz1 = t1.cz1;
    -- 合计出库量
    WITH t2(dl,gg,cz1,kc) AS (select dl,gg,cz1,sum(crkz) as kc from tccprck where crkz < 0 group by
dl,gg,cz1)
    update tccpsskc set cpck = t2.kc from t2
    where tccpsskc.dl = t2.dl and tccpsskc.gg = t2.gg and tccpsskc.cz1 = t2.cz1;
    update tccpsskc set cpkc = cprk + cpck   -- 计算库存
END
```

7. 成品产量与销量月统计模块的实现

成品产量与销量月统计模块的运行界面如图 15-32 所示,模块主要实现月产品结余统计（主要包含月产量、销量及结余等）与显示,本功能的实现主要是通过两个存储过程来实现的。它们分别是 P_KCGL_CPTJ 与 P_CPGL_Q,具体请查阅数据库 KCGL。

8. 系统用户表导出到 Excel 模块的实现

为便于熟悉 Excel 电子表格的用户编辑、排版与打印系统的表数据,本系统设计实现了便捷的表记录导出到 Excel 的功能,这样极大方便了系统应用的灵活性与实用性。该功能窗体的运行界面如图 15-33 所示,左表是所有系统用户表,需要时移到右边列表框中,选定要导出的表,单击"导出到 Excel"开始自动地导出到某 Excel 文件,过程中可以指定已有 Excel 文件,否则系统会新建一个缺省的 Excel 文件。其具体实现代码略。

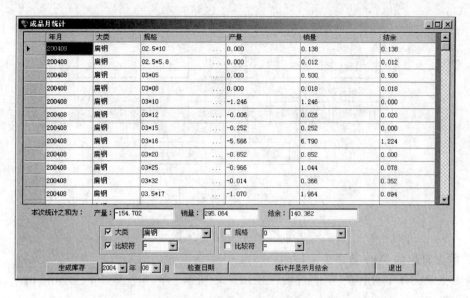

图 15-32 成品产量销售月统计窗口

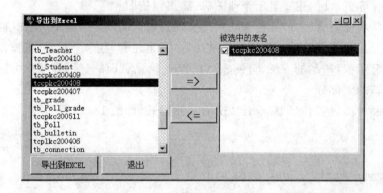

图 15-33 系统用户表导出到 Excel 的实现窗口

限于篇幅,其他功能模块及辅助功能等说明略,请参阅相关资料中的相应程序。

15.2.7 系统的编译与发行

企业库存管理系统的各相关模块设计与调试完成后,接着要对整个系统编译发布。单击"项目",然后单击"属性",打开解决方案"KCGL"属性页,选中"配置属性"中"配置"节点,在对话框首行"配置"组合框选"活动(Release)",单击"确定"退出对话框。在解决方案资源管理器中,鼠标右键单击"解决方案'KCGL'",在弹出菜单中单击"重新生成解决方案",系统重新生成解决方案后,即生成了系统可执行文件 kcgl.exe 及相关 DLL 动态连接库。生成的相关文件在"KCGL\bin\Release"子目录中,Release 子目录中的这些系统文件即是可发布应用系统程序。

15.2.8 网上订购系统的设计与实现

1. 网站操作流程

网上订购系统运行时常按图 15-34 所示的操作流程进行操作。

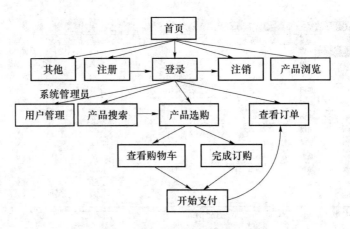

图 15-34　网站操作流程

2. 网上订购的 Web 首页

利用 ASP. NET 设计的 Web 首页，如图 15-35 所示。Web 首页(index. htm)由上、左、中、下四部分组成。

上部是图标等显示区，主要显示企业图标、动态宣传图片等。

左部是带状功能展示区，产品搜索功能能实现订购产品的组合查询，操作链接区能显示常用功能链接及分用户等级显示的管理功能链接等，另为还有"登录""重置"等操作功能。

中部是主显示区，产品的查阅、订阅、支付、Web 信息页面的显示等都在中区进行，为此该区占据显示屏幕的大部分。

本系统产品种类较多，网页应设计成分页显示形式，如图 15-35 所示。

图 15-35　Web 网上订购子系统的首页界面

3. 产品选购的实现

操作界面请参见图 15-35,为了快速选购需要的产品,可以在左上产品搜索区组合设定产品的品名、规格及材质等,单击"搜索",右边操作区即显示搜索到的产品,接着可以上下移动查阅产品。在登录区输入登录名与密码后,进入如图 15-36 所示的用户中心操作界面,这里可进行用户账号金额充值、产品搜索、购物车管理、历史购物查阅、账号余额明细、修改个人信息、修改密码等用户操作功能。

图 15-36　登录后进入用户中心操作界面

查询到选购产品后,单击各产品右边的"订购",在如图 15-37 所示的订购界面指定订购量(不能超过库存量),再单击"订购"来完成该产品的订购,类似操作可完成多个产品的选订工作。

4. 查看购物车与支付的实现

产品分散选购完成后,按左边功能区的"购物车"链接可以进入到查阅购物车来确定完成产品订购的步骤,如图 15-38 所示。此时单击"确定支付",则正式完成网上订购任务。

5. 查看订单与账户余额的实现

按左边功能区的"历史购物"链接查看用户订单明细情况,如图 15-39 所示(使用到表weborderdetails_NEW),页面右中部按支付日期降序显示该用户的所有已完成订单,按左边功能区的"余额明细"链接查看用户账户金额的明细变化情况,如图 15-40 所示(使用到表 web_moneydetail),页面右中部按操作日期降序显示该用户的所有因充值或购物而发生的余额变动情况。至此网上订购系统的主要功能已罗列了。篇幅所限,本系统的所有程序代码主要要通过随书资料查阅获得,要说明的是本系统主要功能由学生参与设计完成,学生在设计实现中对部分表结构作了改动,实现的功能要求也有所降低。然而,就是如此带着些不足,本系统仍不失其参考价值。

图 15-37　产品订购界面

图 15-38　完成产品订购功能的实现窗口

图 15-39　查看订单功能的实现窗口

图 15-40　用户账户余额明细查阅功能的实现窗口

15.2.9　小结

篇幅所限,这里虽没有给出系统完整模块与完整的程序代码。但我们已能领略到一个完整的基于 C/S 结构与基于 B/S 结构相结合的数据库应用系统的全貌了。我们把真实企业的小系统介绍给大家,是希望大家能领略到以下几点:①数据库应用系统的开发设计是一个规范化的过程,需要遵循一定方式、方法与开发设计步骤;②数据库关系模式设计非常重要,是整个系统设计的中心,其设计合理与否,将全面影响整个系统的成功实现;③应用系统中数据库操作的实质是设计、组织、递交 SQL 命令，并根据 SQL 命令的执行状态，决定后序的数据处理与操作，不同开发工具操作各具特色，只有利用 SQL 命令实现数据的存取这一点是共同的，在系统功能设计、实现与代码的介绍中，我们力求呈现这一特色。因此，大家学习中应抛开表面看本质，关注 SQL 命令的操作特色，这样，换其他开发工具，在数据操作方面将照样得心应手；④我们介绍的系统，其实现方法及功能并非无瑕可击，更不是最优或最完美。实现中更没有去特意挖掘 Visual C♯ 2013 与 ASP. NET 网页设计语言的开发技巧。为此只是给出个例子，起到抛砖引玉作用而已。

 实验内容与要求(选做)

1. 实验总体内容

从应用出发，分析用户需求，设计数据库概念模型、逻辑模型、物理模型，并创建数据库，优化系统参数，了解数据库管理系统提供的性能监控机制，设计数据库的维护计划，了解并实践 C/S 或 B/S 结构应用系统开发。

2. 实验具体要求

① 结合某一具体应用，调查分析用户需求，画出组织机构图、数据流图、判定表或判定树，编制数据字典。

② 设计数据库概念模型及应用系统应具有的功能模块。

③ 选择一数据库管理系统，根据其所支持的数据模型，设计数据库的逻辑模型（即数据库模式），并针对系统中的各类用户设计用户视图。

④ 在所选数据库管理系统的功能范围内设计数据库的物理模型。

⑤ 根据所设计的数据库的物理模型创建数据库，并加载若干初始数据。

⑥ 了解所选数据库管理系统允许设计人员对哪些系统配置参数进行设置，以及这些参数值对系统的性能有何影响，再针对具体应用，选择合适的参数值。

⑦ 了解数据库管理系统提供的性能监控机制。

⑧ 在所选数据库管理系统的功能范围内设计数据库的维护计划。

⑨ 利用某 C/S 或 B/S 结构开发平台或开发工具开发设计，实现某数据库应用系统。

3. 实验报告主要内容

① 数据库设计各阶段的书面文档，说明设计的理由。

② 各系统配置参数的功能及参数值的确定。

③ 描述数据库系统实现的软件、硬件环境，说明采用这样环境的原因。

④ 说明在数据库设计过程碰到的主要困难，所使用的数据库系统在哪些方面还有待改进。

⑤ 应用系统试运行情况与系统维护计划。

4. 实验系统(或课程设计)参考题目(时间约两周)

(1) 邮局订报管理子系统

设计本系统模拟客户在邮局订购报纸的管理内容包括查询报纸、订报纸、开票、付钱结算、订购后的查询、统计等的处理情况，简化的系统需要管理的情况如下：

① 可随时查询出可订购报纸的详细情况，如报纸编号(pno)、报纸名称(pna)、报纸单价

(ppr)、版面规格(psi)、出版单位(pdw)等,这样便于客户选订;

② 客户查询报纸情况后即可订购所需报纸,可订购多种报纸,每种报纸可订若干份,交清所需金额后,就算订购处理完成;

③ 为便于邮局投递报纸,客户需写明如下信息:客户姓名(gna)、电话(gte)、地址(gad)及邮政编码(gpo),邮局将即时为每一客户编制唯一代码(gno);

④ 邮局对每种报纸订购人数不限,每个客户可多次订购报纸,所订报纸亦可重复。

根据以上信息完成如下要求。

① 请认真做系统需求分析,设计出反映本系统的 E-R 图(需求分析、概念设计)。

② 写出相应设计的 E-R 图的关系模式,根据设计需要也可增加关系模式,并找出各关系模式的关键字(逻辑设计)。

③ 在设计的关系模式基础上利用 C♯＋SQL Server(或其他开发设计平台)开发设计该子系统,要求子系统能完成如下功能要求(物理设计、设施与试运行):a. 在 SQL Server 中建立各关系模式对应的库表,并确定索引等;b. 能对各库表进行输入、修改、删除、添加、查询、打印等基本操作;c. 能根据订报要求订购各报纸,并完成一次订购任务后汇总总金额、模拟付钱、开票操作;d. 能明细查询某客户的订报情况及某报纸的订出情况;e. 能统计出某报纸的总订数量与总金额及某客户订购报纸种数、报纸份数与总订购金额等;f. 其他你认为子系统应有的查询、统计功能;g. 要求子系统设计界面友好,功能操作方便合理,并适当考虑子系统在安全性、完整性、备份、恢复等方面的功能要求。

④ 子系统设计完成后请书写课程设计报告,设计报告要围绕数据库应用系统开发设计的步骤来考虑书写,力求清晰流畅。最后根据所设计子系统与书写报告(报告按数据库开发设计6 个步骤的顺序逐个说明表达,并说明课程设计体会等)的质量评定成绩。

(2) 图书借阅管理子系统

设计本系统模拟学生在图书馆借阅图书的管理内容,包括查询图书、借书、借阅后的查询、统计、超期罚款等处理情况,简化的系统需要管理的情况如下:

① 可随时查询出可借阅图书的详细情况,如图书编号(bno)、图书名称(bna)、出版日期(bda)、图书出版社(bpu)、图书存放位置(bpl)、图书总数量(bnu)等,这样便于学生选借;

② 学生查询图书情况后即可借阅所需图书,可借阅多种图书,每种图书一般只借一本,若已有图书超期请交清罚金后,才能开始本次借阅;

③ 为了唯一标识每一学生,图书室办借书证需学生姓名(sna)、学生系别(sde)、学生所学专业(ssp)、借书上限数(sup)及唯一的借书证号(sno)等信息;

④ 每个学生一次可借多本书,但不能超出该生允许借阅上限数(上限数自定),每个学生可多次借阅,允许重复借阅同一本书。规定借书期限为 2 个月,超期每天罚 2 分。

根据以上信息完成如下要求。

① 请认真做系统需求分析,设计出反映本系统的 E-R 图(需求分析、概念设计)。

② 写出相应设计的 E-R 图的关系模式,根据设计需要也可增加关系模式,并找出各关系模式的关键字(逻辑设计)。

③ 在设计的关系模式基础上利用 C♯＋SQL SERVER(或其他开发设计平台)开发设计该子系统,要求子系统能完成如下功能要求(物理设计、设施与试运行):a. 在 SQL SERVER 中建立各关系模式对应的库表,并确定索引等;b. 能对各库表进行输入、修改、删除、添加、查询、打印等基本操作;c. 能根据学生要求借阅图书库中所有的书,并完成一次借阅任务后汇总

已借书本总数，报告还可借书量，已超期的需付清罚款金额后才可借书；d. 能明细查询某学生的借书情况及图书的借出情况；e. 能统计出某图书的总借出数量与库存量、某学生借书总数、当天为止总罚金等；f. 其他你认为子系统应有的查询、统计功能；g. 要求子系统设计界面友好，功能操作方便合理，并适当考虑子系统在安全性、完整性、备份、恢复等方面的功能要求。

④ 子系统设计完成后请书写课程设计报告，设计报告要围绕数据库应用系统开发设计的步骤来考虑书写，力求清晰流畅。最后根据所设计子系统与书写报告（报告按数据库开发设计六个步骤的顺序逐个说明表达，并说明课程设计体会等）好坏评定成绩。

5. 其他可选子系统

（1）图书销售管理系统

调查新华书店图书销售业务，设计的图书销售点系统主要包括进货、退货、统计、销售功能，具体：①进货，根据某种书籍的库存量及销售情况确定进货数量，根据供应商报价选择供应商，输出一份进货单并自动修改库存量，把本次进货的信息添加到进货库中；②退货，顾客把已买的书籍退还给书店，输出一份退货单并自动修改库存量，把本次退货的信息添加到退货库中；③统计，根据销售情况输出统计的报表，一般内容为每月的销售总额、销售总量及排行榜；④销售，输入顾客要买书籍的信息，自动显示此书的库存量，如果可以销售，打印销售单并修改库存，同时把此次销售的有关信息添加到日销售库中。

（2）人事工资管理系统

考察某中小型企业，要求设计一套企业工资管理系统，其中应具有一定的人事档案管理功能。工资管理系统是企业进行管理的不可缺少的一部分，它是建立在人事档案系统之上的，其职能部门是财务处和会计室。通过对职工建立人事档案，根据其考勤情况以及相应的工资级别，算出其相应的工资。为了减少输入账目时的错误，可以根据职工的考勤、职务、部门和各种税费自动求出工资。

为了便于企业领导掌握本企业的工资信息，在系统中应加入各种查询功能，包括个人信息、职工工资、本企业内某一个月或某一部门的工资情况查询，系统应能输山各类统计报表。

（3）医药销售管理系统

调查从事医药产品的零售、批发等工作的企业，根据其具体情况设计医药销售管理系统。主要功能包括：①基础信息管理，包括药品信息、员工信息、客户信息、供应商信息等；②进货管理，包括入库登记、入库登记查询、入库报表等；③库房管理，包括库存查询、库存盘点、退货处理、库存报表等；④销售管理，包括销售登记、销售退货、销售报表及相应的查询等；⑤财务统计，包括当日统计、当月统计及相应报表等；⑥系统维护。

（4）宾馆客房管理系统

具体考察本市的宾馆，设计客房管理系统，要求：①具有方便的登记、结账功能，以及预订客房的功能，能够支持团体登记和团体结账；②能快速、准确地了解宾馆内的客房状态，以便管理者决策；③提供多种方法查询客人的信息；④具备一定的维护功能，有一定权利的操作员在密码的支持下才可以更改房价、房间类型、增减客房；⑤完善的结账报表系统。

（5）车站售票管理系统

考察本市长途汽车站、火车站售票业务，设计车站售票管理系统。要求：①具有方便、快速的售票功能，包括车票的预订和退票功能，能够支持团体的预订票和退票；②能准确地了解售票情况，提供多种查询和统计功能，如车次的查询、时刻表的查询；③能按情况所需实现对车次的更改、票价的变动及调度功能；④完善的报表系统。

（6）汽车销售管理系统

调查本地从事汽车销售的企业，根据该企业的具体情况，设计用于汽车销售的管理系统。主要功能有：①基础信息管理，包括厂商信息、车型信息和客户信息等；②进货管理，包括车辆采购、车辆入库；③销售管理，包括车辆销售、收益统计；④仓库管理，包括库存车辆、仓库明细、进销存统计；⑤系统维护，包括操作员管理、权限设置等。

（7）仓储物资管理系统

经过调查，对仓库管理的业务流程进行分析。库存的变化通常是通过入库、出库操作来进行的。系统对每个入库操作均要求用户填写入库单，对每个出库操作均要求用户填写出库单。在出入库操作的同时可以进行增加、删除和修改等操作。用户可以随时进行各种查询、统计、报表打印、账目核对等工作。另外，也可以用图表形式来反映查询结果。

（8）企业人事管理系统

调查本地的企业，根据企业的具体情况设计企业人事管理系统。主要功能有：①人事档案管理，包括户口状况、政治面貌、生理状况、合同管理等；②考勤加班出差管理；③人事变动，包括新进员工登记、员工离职登记、人事变更记录；④考核奖惩；⑤员工培训；⑥系统维护，包括操作员管理、权限设置等。

附录A PowerDesigner安装与使用简介

A.1 安装与了解 PowerDesigner

A.1.1 目标

① 熟悉 PowerDesigner 的安装步骤。

② 了解 PowerDesigner 的操作环境。

③ 了解 PowerDesigner 的基本功能。

A.1.2 背景知识

PowerDesigner 是 Sybase 公司推出的企业级数据库建模及设计工具,是一种图形化的 CASE 工具集。它可以设计业务处理模型、数据流程图、概念数据模型和物理数据模型等,包括数据库设计的全过程,利用它可以方便地进行数据库的分析与设计。PowerDesigner 支持将概念数据模型转换为物理数据模型,根据物理数据模型自动生成数据库创建脚本,提供概念模型的合并与分解功能,以方便团队的开发。PowerDesigner 支持许多主流的关系数据库管理系统和应用程序开发平台,目前已经推出 PowerDesigner V16.5 版本。

A.1.3 实验内容

1. 获取安装文件

PowerDesigner 是商业软件,从 www.sybase.com 获得其评估版本 PowerDesigner Data-Architect v16.5(http://www.sybase.com/detail? id=1095981),可以使用 15 天。

2. 安装 PowerDesigner

① 运行安装文件"PowerDesignerDA165_Evaluation.exe",按照程序提示操作。运行程序先出现欢迎安装界面,如图 A1-1 所示。

② 单击"Next",进入安装许可界面,如图 A1-2 所示。在"Please select the location where you are installing this software"下拉列表中选择安装软件所在的国家或地区,再选择"I AGREE to the terms of the Sybase license,for the install location specified",接受协议。

③ 单击"Next",进入图 A1-3 所示设置安装路径界面。根据需要设置安装位置。

④ 选择安装组件。在图 A1-4 所示的选择安装组件界面中选择需要安装的组件（默认设置即可）。

⑤ 后面按提示来完成 PowerDesigner 的安装，具体图示略。

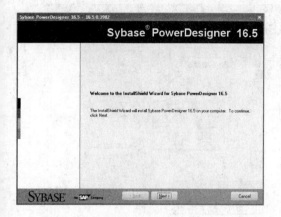

图 A1-1 欢迎安装界面

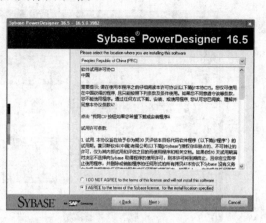

图 A1-2 安装许可界面

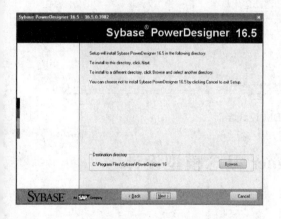

图 A1-3 设置安装路径界面

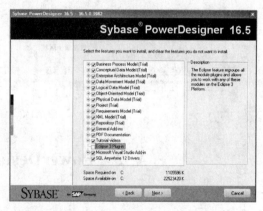

图 A1-4 选择安装组件界面

3. 了解 PowerDesigner 的操作环境

（1）启动 PowerDesigner。

（2）打开 PowerDesigner 提供的范例模型。范例模型位于 PowerDesigner 安装路径的 Examples 文件夹中，如果安装使用默认路径，则位于 C:\Program Files\Sybase\PowerDesigner165\Examples 下。选择"File"→"Open…"命令，在"打开"窗口中选择范例模型所在路径，再选择文件 project.cdm（.cdm 表示为概念数据模型文件），单击"打开"，进入模型设计界面，如图 A1-5 所示。图 A1-5 为 CDM 的设计界面说明，其他模型设计界面与此类似，只是提供的工具和设计元件不同。

4. 更改、修复、卸载 PowerDesigner

可以使用如下两种方式更改、修复或卸载 PowerDesigner：

① 使用 PowerDesigner 的安装程序 PowerDesignerDA165_Evaluation. exe，根据需要选择 Modify、Repair 或 Remove 选项；

② 使用 Windows 控制面板中的"添加/删除应用程序"工具。

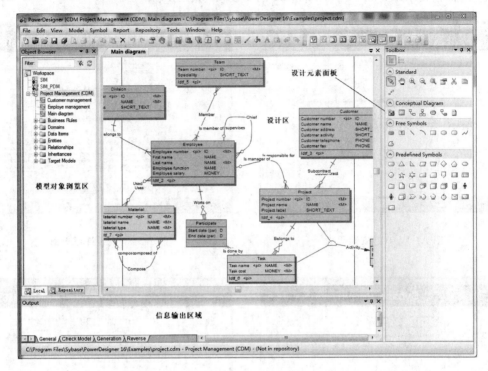

图 A1-5　CDM 设计界面

A. 2　PowerDesigner 概念模型设计

A. 2. 1　目标

① 熟练使用 PowerDesigner 进行 CDM 设计。

② 了解使用 PowerDesigner 检测 CDM 模型的方法。

A. 2. 2　背景知识

可以先手工绘制 E-R 图，然后再使用 PowerDesigner 设计 CDM。实际应用中也可以直接使用 PowerDesigner 设计 CDM。

A. 2. 3　实验内容

简易学生信息管理系统中有如下实体型：

① 学生（student），包括的属性有学号（Sno）、姓名（Sname）、性别（Ssex）、年龄（Sage）。

② 课程（course），包括的属性有课程号（Cno）、课程名（Cname）、学分（Ccredit）。

③ 学院（department），包括的属性有学院编号（Dno）、学院名称（Dname）。

上述实体型之间存在如下联系：

① 一个学生选修多门课程，一门课程由多个学生选修；

② 一个学院有多名学生，一个学生属于一个学院。

上述简易学生信息管理对应 E-R 图如图 A2-1 所示。对于图 A2-1 中绘制的 E-R 图，利用 PowerDesigner 设计 CDM。

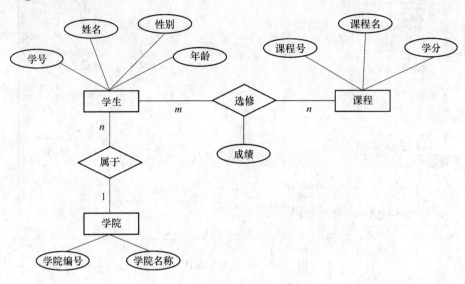

图 A2-1　学生信息管理系统(可更改)

1. 新建 CDM 模型

启动 PowerDesigner，选择"File"→"New Mode"，打开图 A2-2 所示的 New Model 对话框。在左侧的"Model type"列表框中选择"Conceptual data model"(概念数据模型)，然后在模型名称中输入 SIM(Student Information Manage，学生信息管理)，单击"确定"，进入图 A2-3 所示的 CDM 模型设计窗口。

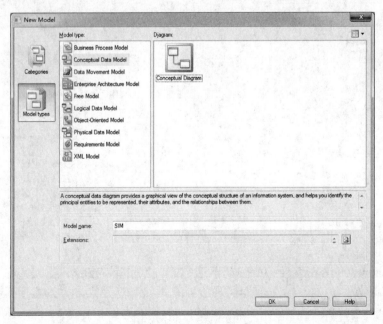

图 A2-2　新建模型窗口

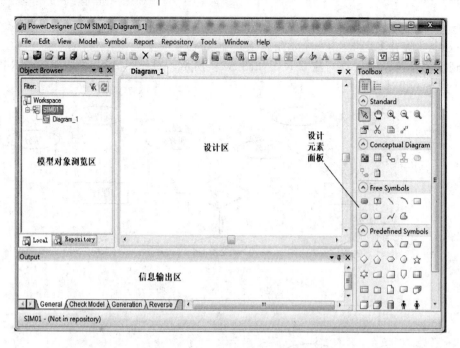

图 A2-3　CDM 模型设计窗口

2. 创建 student 实体

单击设计元素面板上的 Entity（实体）工具，将鼠标指针指向设计区域的合适位置，单击鼠标左键，在设计区域中创建一个实体，如图 A2-4 所示。

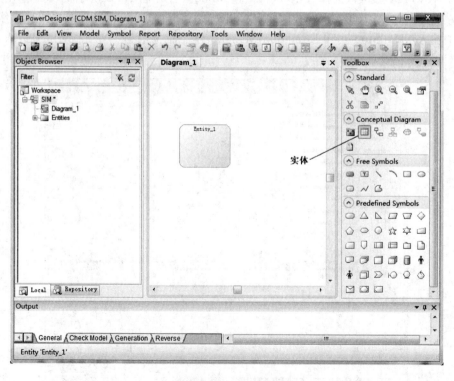

图 A2-4 新建实体

单击设计元素面板上的 Pointer(指针)工具或右击鼠标,释放 Entity 工具,进入对象编辑状态。将鼠标指针指向新建的实体并双击鼠标,则出现实体属性设置界面,如图 A2-5 所示。

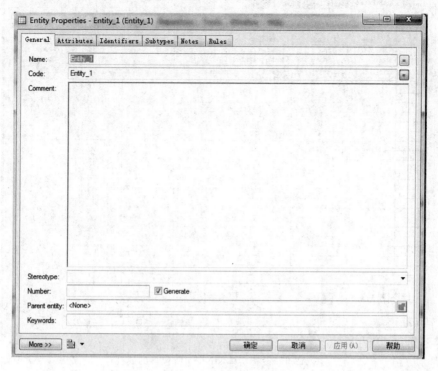

图 A2-5　实体属性设置

图 A2-5 所示的实体属性设置界面包括多个选项卡,General 选项卡设置通用属性,Attributes 选项卡设置实体包含属性。Identifiers 选项卡设置实体码,Notes 选项卡记录备注信息,Rules 选项卡设置规则。General 和 Attributes 选项卡中的内容必须设置,其他内容可以根据需要设置。

选择 General 选项卡,设置该实体的 Name 属性为 student,Code 属性与 Name 属性一致即可。

选择 Attributes 选项卡,设置该实体所包含的属性,如图 A2-6 所示。Name 列设置属性的名称,Code 列设置属性的代码,Data Type 列设置属性的数据类型,Domain 列设置属性的域。M 和 P 列设置属性的约束,M 列设置属性是强制非空的,属性 Sname 要求强制非空。P列设置该属性是主键中的属性,属性 Sno 设置为主键。D 列表示该属性被显示。一般在设置实体的属性时,一般要设置实体的主键,如果某个属性被设置为主键中的属性,则自动强制非空。

Name 与 Code 的区别是:Name 供显示使用,Code 是之后物理数据模型中表(或字段)的代码。

可以使用 根据需要加入新的属性,使用 调整属性排列的上下位置。属性设置结束后,单击"应用"。

在图 A2-6 中,选择 Identifiers 选项卡,出现图 A2-7 所示的实体主、次标示符的定义界面。主标示符指主键,只能有一个,次标示符指其他候选键,可以有多个。主标示符后面的 P 为选中状态,由于前面已经指定属性 Sno 为主键,系统会自动创建标示符并自动命名为 Identifier_1,如图 A2-7 所示。

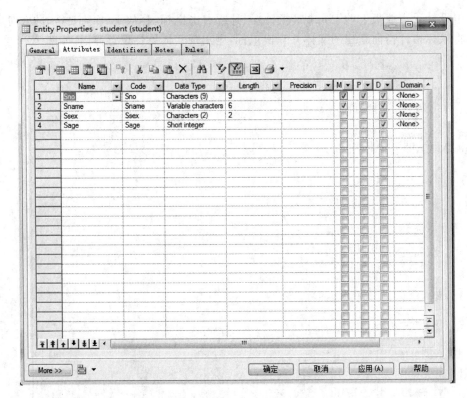

图 A2-6　设置实体 student 所包含的属性

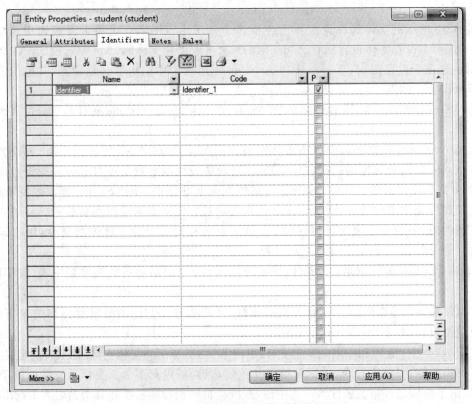

图 A2-7　实体主、次标识符的定义界面

接下来设置规则,要求属性 Ssex 只能取"女"或"男"。

在图 A2-6 中,选择 Rules 选项卡,出现图 A2-8 所示的界面,单击工具条上的"Create an Object"(创建)工具,出现如图 A2-9 所示界面。

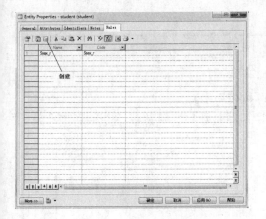

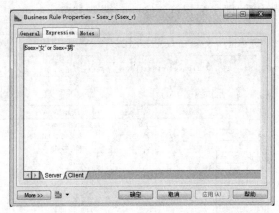

图 A2-8　添加规则界面　　　　　　　　　　　图 A2-9　输入规则内容

在 General 选项卡中输入规则名 Ssex_r,选择 Expression 选项卡,输入规则后,单击"确定",规则设置完毕。

回到实体属性设置界面,单击"确定",回到主窗口,在设计区显示实体 student 的详细信息,如图 A2-10 所示。主标识符带有<pi>,次标识符带有<ai>,主标识符中的属性相应带有<pi>,次标识符中的属性页相应带有<ai>。

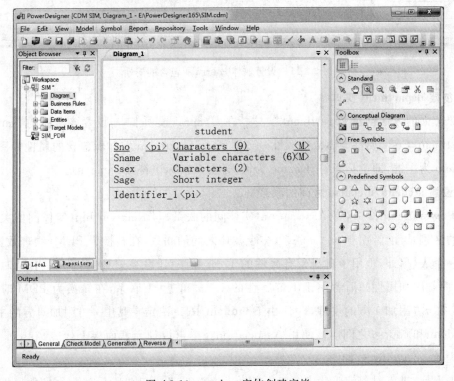

图 A2-10　student 实体创建完毕

3. 创建 course 实体

按照上面的方法创建 course 实体。在 General 选项卡中,设置该实体的 Name 属性为 course,code 属性与 Name 属性一致即可。course 实体所包含的属性如图 A2-11 所示。Cno 为主键,即主标识符。Cname 强制非空。

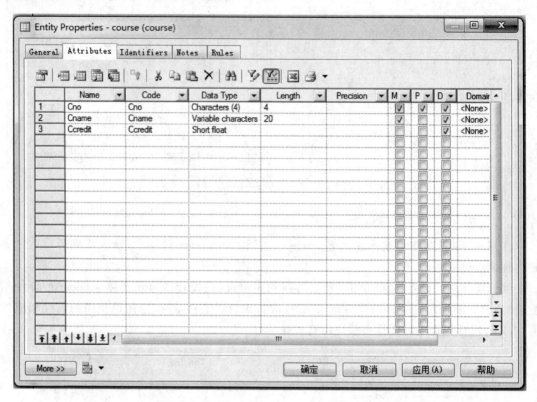

图 A2-11　设置实体 course 所包含的属性

4. 创建 department 实体

按照上面的方法创建 department 实体。在 General 选项卡中,设置该实体的 Name 属性为 department,Code 属性与 Name 属性一致即可。department 实体所包含的属性如图 A2-12 所示。Dno 为主键,即主标识符,Dname 为候选键,即次标识符(Dname_u)。

5. 设置 student 和 course 之间的联系

在 PowerDesigner 中,有 Association(实体间的联系)与 Relationship(实体间的关系),二者之间的区别是:前者用于 $m:n$ 联系、多个实体之间的联系,在转换为 PDM(物理数据模型)时对应一个表(另外,也用于自身带有属性的 $1:n$ 和 $1:1$ 联系,但在转换为 PDM 时不对应一个表,而是附加属性);后者用于不带属性的 $1:n$ 和 $1:1$ 联系,在转换为 PDM 时附加属性($1:n$ 在 n 方附加 1 方的主键,$1:1$ 由 Dominant Role 决定在其中一方附加对方的主键)。

student 和 course 之间应该使用 Association。单击设计元素面板上代表 Association,自动命名为 Association_1,如图 A2-13 所示。

右击鼠标,进入对象编辑状态。双击"Association_1",出现"Association_1"的属性设置界面,如图 A2-14 所示。在 General 选项卡中设置 Name 为 sc,Code 与 Name 相同即可。选择

"Attributes"选项卡,添加 Grade 属性。

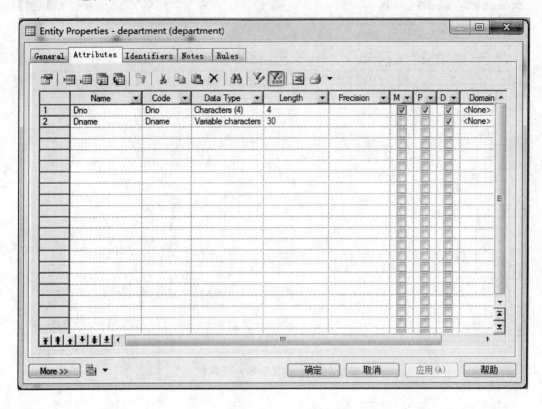

图 A2-12　设置实体 department 所包含的属性

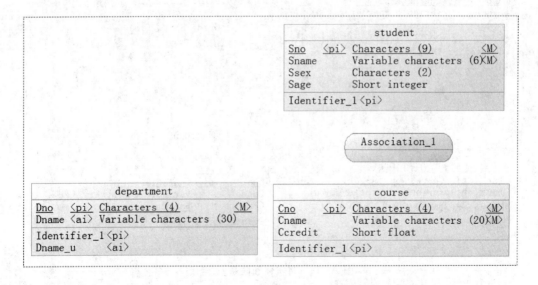

图 A2-13　创建 student 与 course 之间的关系

接下来单击设计元素面板上代表 Association Line 的图标,然后将实体 student 与 sc 连接起来,同样将实体 course 和 sc 连接起来,如图 A2-15 所示。

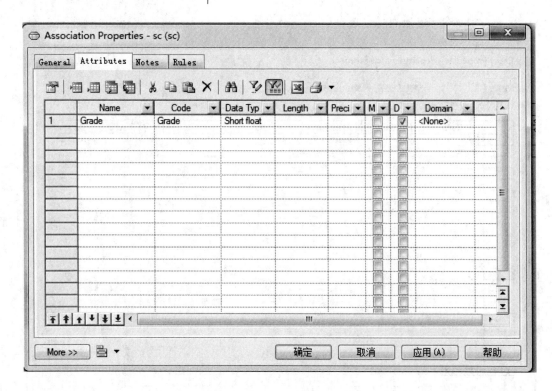

图 A2-14　设置联系 sc 的属性

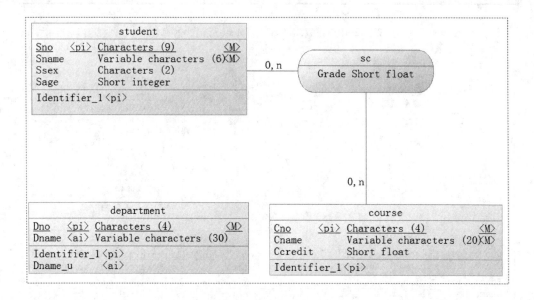

图 A2-15　将实体和联系 sc 连接

6. 设置 student 和 department 之间的关系

自设计元素面板上单击代表 Relationship 的图标，光标置于 department 实体，按下左键并从 department 实体拖动到 student 实体，此时在两个实体间创建了一个 Relationship，如图 A2-16 所示。

右击鼠标,进入对象编辑状态。双击 student 和 department 之间的关系,出现图 A2-17 所示的关系属性设置界面。在 General 选项卡中设置 Name 为 ds,Code 与 Name 一致即可。在 Cardinalities 选项卡中设置关系类型和每一个方向上的基数(Cardinality)。

设置关系类型为 One-Many,意思是由 Entity1 到 Entity2 为 One-Many。由于创建该关系时,鼠标是由 department 拖动到 student,因此,Entity1 指 department,Entity2 指 student。也可以在 General 选项卡中重新设置。

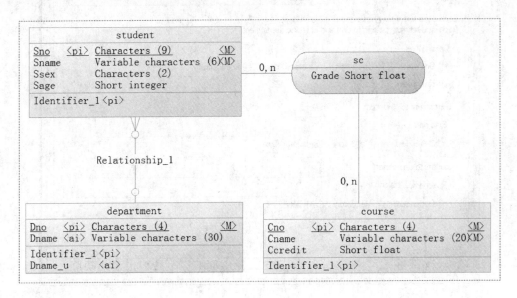

图 A2-16　创建 student 与 department 之间的关系

在 Cardinalities 选项卡中,关系的每个方向都包含一个选项区域,每个选项区域中包含下列属性。

① Role name:用来描述该方向关系的作用,例如,在"department to student"选项区域中可以填写 have,而在"student to department"选项区域中可以填写 belong to。

② Department:用来表示该方向两个实体之间的依赖关系,只有子实体依赖于父实体。

③ Mandatory:表示该方向具有强制特性。

④ Cardinality:表示该方向关系的基数。例如,对于"department to student",基数指对于 department 中的一个院系在 student 中可能存在的最大与最小实例数。现实世界中,一个院系可以拥有多个学生,也可以没有任何学生,所以"department to student"方向的基数应选择"$0,n$",不设置 Mandatory。而一个学生必须属于一个院系,并且只能属于一个院系,所以"student to department"方向的基数应选择"$1,1$",设置 Mandatory。

"Dominant Role"只在一对一联系中才进行设置,表示支配方向。所选择的支配方向在生成 PDM 时产生一个参照。

至此,根据图 A2-1 中的 E-R 图创建的 CDM 已经完成,完整的 CDM 如图 A2-18 所示。

7. 验证 CDM 的正确性

在 PowerDesigner 的主窗口中选择"Tools"→"Check Model",进入图 A2-19 所示"Check

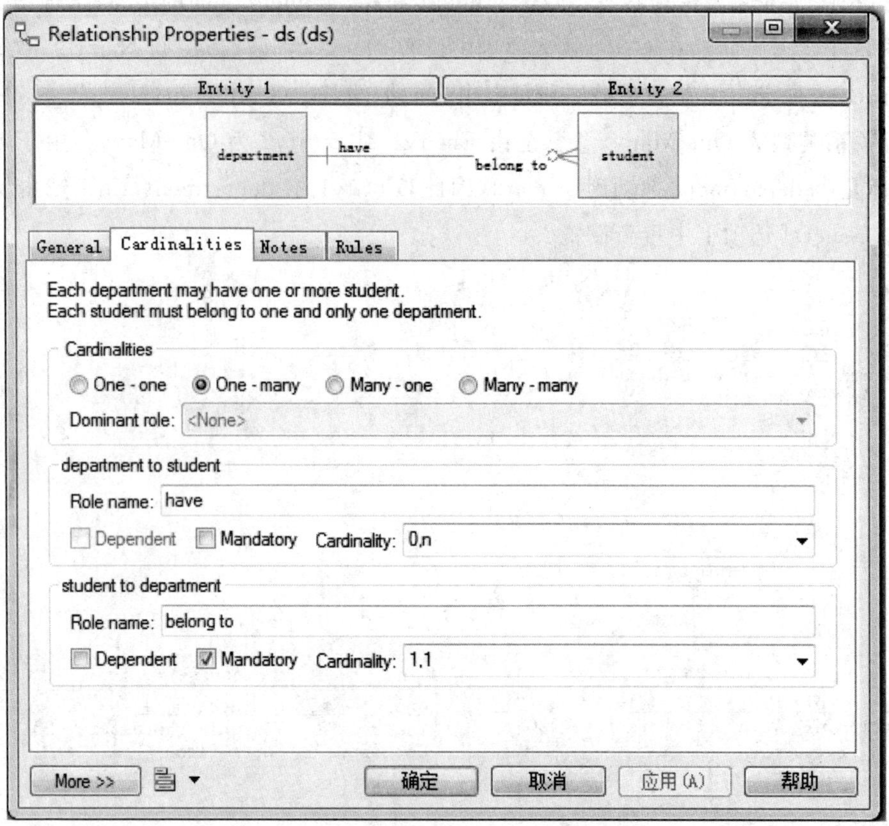

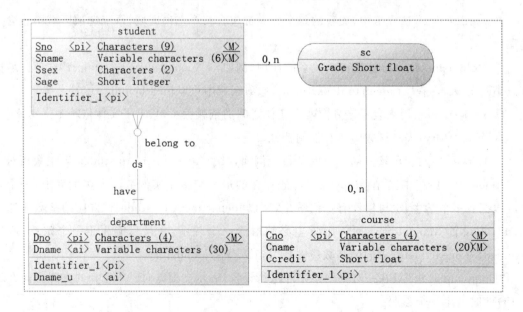

图 A2-17　设置 student 与 department 之间关系的属性

图 A2-18　完整的 CDM

Model Parameters"（模型检查设置）界面。选择要检查的内容，单击"确定"，进入图 A2-20 所示的检查结果界面。检查结果包括警告和错误，警告不影响之后生成 PDM，但有错误的模型是不能生成 PDM 的。如果有错误,将鼠标指针指向错误列表中的错误并单击鼠标,可以查看发出错误的实体或数据项。

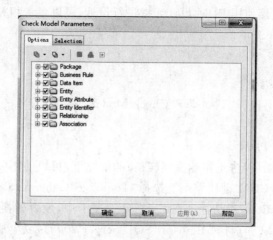

图 A2-19　模型检查设置界面

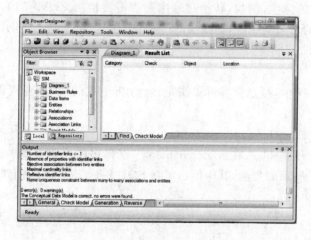

图 A2-20　检查结果界面

8. 保存 CDM 图

选择"File"→"Save",保存该 CDM,也可以在之前的任何步骤保存 CDM。

A.3　PowerDesigner 自动生成 PDM

A.3.1　目标

掌握使用 PowerDesigner 将 CDM 转化为 PDM 的方法。

A.3.2　背景知识

在概念结构的基础上,选择一种合适的 DBMS 就可以进行数据库逻辑结构和物理结构的设计了。为了方便局部用户的使用,提高用户使用效率,逻辑结构设计还包括用户子模式的设计。PowerDesigner 的 PDM 可以描述逻辑结构和物理结构，进行 PDM 设计有两种方式：①根据 CDM 生成 PDM；②直接使用 PDM 设计元素进行设计。这里只要求掌握将 CDM 转化为 PDM 的方法，对于直接使用 PDM 设计元素进行设计，可以参考相关资料。

A.3.3 实验内容

1. 检查 CDM 的正确性

在 CDM 设计界面上选择"Tools"→"Check Model"，检查 CDM 的正确性，如果存在错误，请检查并更正。

2. 将 CDM 转换为 PDM

在 CDM 不存在错误（警告不影响模型转换）的情况下，可以使用将 CDM 转换为 PDM 的工具进行模型转换。在 CDM 设计界面上选择"Tools"→"Generate Physical Data Model"，出现 PDM Generation Options 对话框。在 General 选项卡中，设置转换生成的 PDM 的基础属性，包括使用哪种 DBMS（如选择 Microsoft SQL Server 2005），要生成的 PDM 模型的 Name 属性（设置为 SIM_PDM），Code 属性与 Name 属性一致即可，如图 A3-1 所示。在 Detail 选项卡中设置转换过程中的选项，例如，转换过程中是否需要检测 CDM 模型，转换生成表时是否增加前缀，各种约束的命名规则等，如图 A3-2 所示。在 Selection 选项卡中设置需要转换的实体，如图 A3-3 所示。

3. 保存 PDM

PDM 如图 A3-4 所示，可以查看对象浏览区，分析生成的表、商业规则、参照，选择"File"→"Save"，保存该 PDM。

4. 查看 DDL 语句

在对象浏览区展开 Tables，右击"department"，在弹出的快捷菜单中选择"SQL Preview"命令，将出现图 A3-5 所示的界面，其中给出了在 SQL Server 2005 中创建 department 表对应的 DDL 语句。

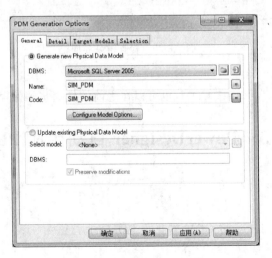

图 A3-1　设置 General 选项卡

图 A3-2　设置 Detail 选项卡

图 A3-3　设置 Selection 选项卡

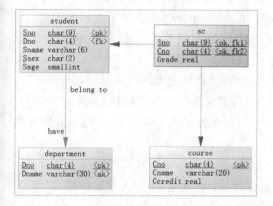

图 A3-4　SIM-PDM

图 A3-5　创建 department 表的 DDL 语句

参考文献

[1]   王珊,萨师煊. 数据库系统概论. 4 版. 北京:高等教育出版社,2006.

[2]   施伯乐,丁宝康. 数据库技术. 北京:科学出版社,2002.

[3]   徐洁磐. 现代数据库系统教程. 北京:北京希望电子出版社,2003.

[4]   王能斌. 数据库系统教程. 北京:电子工业出版社,2002.

[5]   李俊山,孙满囤,韩先锋,等. 数据库系统原理与设计. 西安:西安交通大学出版社,2003.

[6]   钱雪忠,罗海驰,钱鹏江. 数据库系统原理学习辅导. 北京:清华大学出版社,2004.

[7]   钱雪忠,陶向东. 数据库原理及应用实验指导. 北京:北京邮电大学出版社,2005.

[8]   钱雪忠,周黎,钱瑛,等. 新编 Visual Basic 程序设计实用教程. 北京:机械工业出版社,2004.

[9]   钱雪忠,黄学光,刘肃平. 数据库原理及应用. 北京:北京邮电大学出版社,2005.

[10]   钱雪忠,黄建华. 数据库原理及应用. 2 版. 北京:北京邮电大学出版社,2007.

[11]   钱雪忠,罗海驰,程建敏. SQL Server 2005 实用技术及案例系统开发. 北京:清华大学出版社,2007.

[12]   钱雪忠. 数据库与 SQL Server 2005 教程. 北京:清华大学出版社,2007.

[13]   钱雪忠,罗海驰,陈国俊. 数据库原理及技术课程设计. 北京:清华大学出版社,2009.

[14]   钱雪忠,李京. 数据库原理及应用. 3 版. 北京:北京邮电大学出版社,2010.

[15]   钱雪忠,陈国俊. 数据库原理及应用实验指导. 2 版. 北京:北京邮电大学出版社,2010.

[16]   钱雪忠,王燕玲,林挺. 数据库原理及技术. 北京:清华大学出版社,2011.

[17]   钱雪忠,王燕玲,张平. MySQL 数据库技术与实验指导. 北京:清华大学出版社,2012.

[18]   钱雪忠,林挺,张平. Oracle 数据库技术与实验指导. 北京:清华大学出版社,2012.

[19]   钱雪忠,赵芝璞,宋威,等. 新编 C 语言程序设计实验与学习辅导. 北京:清华大学出版社,2014.

[20]   钱雪忠,宋威,吴秦,等. 新编 C 语言程序设计. 北京:清华大学出版社,2014.

[21]   单建魁,赵启升. 数据库系统实验指导. 北京:清华大学出版社,2004.